# Elemente des Werkzeugmaschinenbaues

## Ihre Berechnung und Konstruktion

Von

Dipl.-Ing. **Max Coenen**
Professor an der Staatlichen Gewerbeakademie Chemnitz

Mit 297 Abbildungen im Text

**Berlin**
Verlag von Julius Springer
1927

ISBN-13: 978-3-642-89608-8 e-ISBN-13: 978-3-642-91465-2
DOI: 10.1007/978-3-642-91465-2



Reprint of the hardcover 1st edition 1927

# Vorwort.

Das vorliegende Buch ist in erster Linie für Studierende bestimmt. Doch wird auch der bereits in der Praxis stehende Ingenieur Anregungen darin finden.

Das Buch setzt die Kenntnisse der Wirkungsweise der Werkzeugmaschinen voraus, die man während der praktischen Ausbildung in der Werkstatt erlangen kann, dann Kenntnisse der Mathematik, der Mechanik und der Maschinenelemente, wie sie von jeder guten Maschinenbauschule vermittelt werden.

Unter Element ist hier zum Teil eine Zusammenfassung von Einzelelementen zu verstehen. So bildet das Stufenscheibengetriebe, bestehend aus Stufenscheibe und Rädervorgelegen, für den Werkzeugmaschinenbau ein Element.

Vielleicht wäre es wünschenswert gewesen, noch den einen oder den anderen Konstruktionsteil, der im Werkzeugmaschinenbau verwendet wird, zu behandeln. Es ist aber im Interesse des Umfanges und damit des Preises des Buches, den heutigen wirtschaftlichen Verhältnissen entsprechend, zunächst davon abgesehen worden. Aus demselben Grunde enthält es auch keine Beschreibungen vollständiger Maschinen, zumal an guten Werken mit derartigen Beschreibungen kein Mangel besteht. Es sei hier nur auf die Werke von Hülle, Preger, Meyer u. a. hingewiesen.

Besonders betont und durch Beispiele erläutert wurde die rechnerische Behandlung. Man trifft ja immer noch auf das Vorurteil, der Werkzeugmaschinenbau sei der Rechnung weniger zugänglich als andere Zweige des Maschinenbaues.

Das Buch soll der Erziehung des Konstrukteurnachwuchses dienen. Es sind darin auch Erfahrungen niedergelegt, die ich in langjähriger Tätigkeit als Konstrukteur erster Firmen des Faches sammeln konnte. Nachdem in den letzten Jahren die Fertigung im Vordergrunde des Interesses gestanden hat, wird es Zeit, sich wieder mehr mit der Konstruktion zu befassen.

Den Firmen, die mir in bereitwilliger Weise zeichnerische Unterlagen zur Verfügung stellten, sei auch an dieser Stelle gedankt.

Die Fachgenossen bitte ich um wohlwollende Beurteilung.

Chemnitz, im Februar 1927.

**M. Coenen.**

# Inhaltsverzeichnis.

# I. Arbeitsgeschwindigkeiten und Arbeitswiderstände.

## 1. Schnittgeschwindigkeiten beim Drehen, Bohren, Fräsen und Hobeln.

Geschwindigkeiten und Widerstände bilden die Rechnungsgrundlagen für den Entwurf von Werkzeugmaschinen. Die Geschwindigkeiten hängen ab von dem Stoff, aus welchem das Werkzeug besteht, und vom Werkstückmaterial. Stoffe für Werkzeuge sind der Werkzeugstahl (Kohlenstoffstahl), der Schnellstahl und das Hartmetall (Stellit, Caedit, Akrit). Der Werkzeugstahl hat bis 1,6 vH Kohlenstoff und geringe Mengen anderer Stoffe, wie Wolfram, Mangan usw. Bei dem Schnellstahl hoher Gehalt von Wolfram bis 25 vH und von Chrom bis 8 vH. Der Kohlenstoffgehalt ist meist etwas geringer als bei dem Werkzeugstahl. Das Hartmetall besteht in der Hauptsache aus Kobalt bis 55 vH, Chrom bis 35 vH, Wolfram bis 15 vH und kleinen Mengen von Eisen, Mangan usw. Der Kohlenstoffgehalt beträgt 0,5÷1,75 vH.

Die mittleren Schnittgeschwindigkeiten für die drei Werkzeugstoffe verhalten sich etwa wie 1 : 2 : 5 und sind aus der folgenden Zahlentafel zu ersehen.

Mittlere Schnittgeschwindigkeiten in m/min.

| | | | Gußeisen | Stahl | Nickelstahl, Chromnickelstahl | Bronze, Rotguß, Messing | Elektron, Silumin, Aluminium |
|---|---|---|---|---|---|---|---|
| 1. | Drehen . . . | Werkzeugstahl | 6÷18 | 10÷20 | 7÷15 | 15÷28 | — |
| | | Schnellstahl | 15÷24 | 16÷32 | 12÷24 | 20÷40 | 200÷500 |
| | | Hartmetall | 30÷70 | 60÷130 | 45÷100 | 90÷150 | — |
| 2. | Abstechen . . | Werkzeugstahl | 5÷8 | 5÷10 | 4÷8 | 12÷15 | — |
| | | Schnellstahl | 15÷18 | 12÷18 | 9÷13 | 18÷22 | 150÷300 |
| | | Hartmetall | 30÷40 | 45÷65 | 30÷45 | 80÷100 | — |
| 3. | Bohren . . . | Werkzeugstahl | 8÷12 | 10÷18 | 7÷12 | 16÷22 | — |
| | | Schnellstahl | 16÷24 | 18÷30 | 12÷24 | 25÷35 | 60÷100 |
| | | Hartmetall | 32÷48 | 68÷100 | 55÷80 | 110÷150 | — |
| 4. | Planfräsen . | Werkzeugstahl | 10÷16 | 12÷22 | 9÷18 | 25÷40 | — |
| | | Schnellstahl | 25÷40 | 25÷50 | 19÷38 | 45÷70 | 500÷1000 |
| | | Hartmetall | 70÷120 | 60÷160 | 45÷120 | 90÷180 | — |
| 5. | Zahnfräsen . | Werkzeugstahl | 9÷12 | 12÷16 | 8÷12 | 20÷40 | — |
| | | Schnellstahl | 15÷20 | 15÷24 | 11÷18 | 40÷60 | — |
| | | Hartmetall | — | — | — | — | — |

Mittlere Schnittgeschwindigkeiten in m/min. (Fortsetzung.)

| | | | Gußeisen | Stahl | Nickelstahl, Chrom-nickelstahl | Bronze, Rotguß, Messing | Elektron, Silumin, Aluminium |
|---|---|---|---|---|---|---|---|
| 6. | Hobeln, Stoßen . . | Werkzeugstahl | 8÷10 | 8÷12 | 8÷12 | 10÷12 | — |
| | | Schnellstahl | 10÷15 | 10÷16 | 10÷15 | 15÷25 | — |
| | | Hartmetall | 20÷30 | 20÷30 | 20÷30 | 20÷30 | — |
| 7. | Gewindeschn. mit Stichel | Werkzeugstahl | 5÷8 | 6÷12 | 5÷10 | 10÷15 | — |
| | | Schnellstahl | 10÷15 | 12÷18 | 10÷16 | 18÷22 | — |
| | | Hartmetall | 20÷30 | 45÷60 | 35÷50 | 80÷100 | — |
| 8. | Gewindeschn. m. Bohrer u. Schneideisen | Werkzeugstahl | 2÷5 | 2÷6 | 2÷5 | 6÷8 | — |
| | | Schnellstahl | 4÷8 | 5÷10 | 4÷8 | 8÷12 | 40÷60 |
| | | Hartmetall | — | — | — | — | — |
| 9. | Sägen . . . | Werkzeugstahl | 6÷10 | 8÷15 | 5÷10 | 12÷20 | — |
| | | Schnellstahl | 12÷20 | 12÷25 | 9÷18 | 22÷35 | 150÷300 |
| | | Hartmetall | 30÷60 | 30÷80 | 25÷60 | 45÷90 | — |

Die Zahlentafel gibt einen ungefähren Anhalt für die Bestimmung der Schnittgeschwindigkeiten für normale Arbeiten. Diese Geschwindigkeiten können im gegebenen Falle über oder unterschritten werden. Zur genaueren Erfassung der günstigsten Schnittgeschwindigkeit stellte Kronenberg[1]) für das Drehen die Formel auf:

$$v = \frac{C v}{\sqrt[\varepsilon_v]{q}}.$$

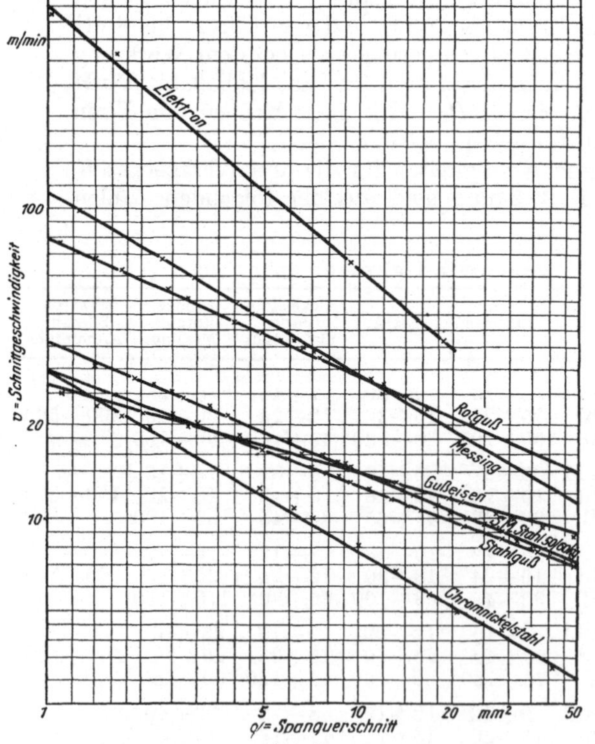

Abb. 1.

Hierin bedeutet $Cv$ die Schnittgeschwindigkeit in m/min für einen Spanquerschnitt $q = 1$ mm² und $\varepsilon_v$ den Exponenten der Wurzel des Spanquerschnittes. $Cv$ und $\varepsilon$ hängen vom Werkstoff ab. Auf Grund der Richtwerte des Ausschusses für wirtschaftliche Fertigung ist dann das Schaubild Abb. 1 angefertigt worden, dem die Schnittgeschwindigkeiten für ein

[1]) Maschinenbau, Sonderheft Zerspanung, 1926, S. 47.

bestimmtes Material und einen bestimmten Spanquerschnitt entnommen werden können.

Über die Form der Werkzeuge sei hier nur angeführt, daß die Grundform für alle Schneiden spanabhebender Werkzeuge der Keil ist. In den Abb. 2÷5 sind die vom Ausschuß für wirtschaftliche Fertigung festgelegten Winkelbezeichnungen für die Schneide des Drehstahls wiedergegeben. Diese Winkel kehren aber bei allen anderen Werkzeugarten wieder.

Im Interesse eines geringen Schnittwiderstandes seien die Winkel $\alpha$ und $\gamma$ groß und der Meißelwinkel $\beta$ klein. Je kleiner allerdings $\beta$, um so geringer ist die Widerstandsfähigkeit der Schneide, und bei zu großem Anstellwinkel $\alpha$ tritt die Gefahr des Hakens der Schneide ein. Die Größen der Winkel sind der Materialbeschaffenheit anzupassen und der Art der betreffenden Arbeit. Erprobte Werte sind in der folgenden Zahlentafel[1]) zusammengestellt.

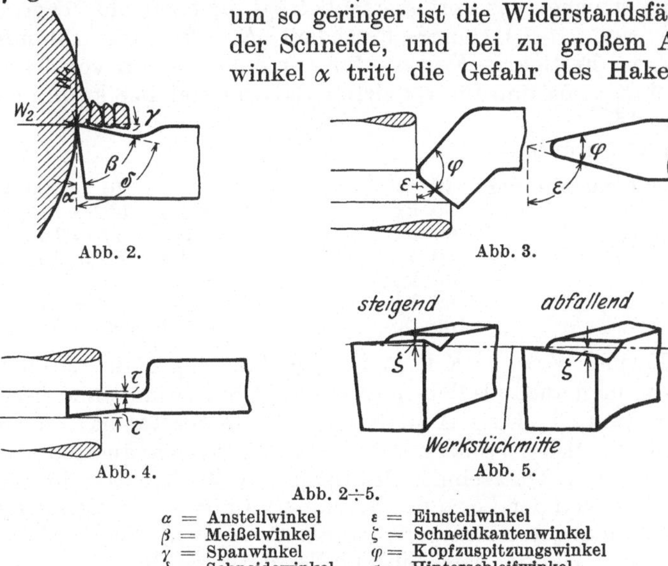


Abb. 2. Abb. 3. Abb. 4. Abb. 5.

Abb. 2÷5.

$\alpha$ = Anstellwinkel
$\beta$ = Meißelwinkel
$\gamma$ = Spanwinkel
$\delta$ = Schneidewinkel
$\varepsilon$ = Einstellwinkel
$\zeta$ = Schneidkantenwinkel
$\varphi$ = Kopfzuspitzungswinkel
$\tau$ = Hinterschleifwinkel

| | | |
|---|---|---|
| Für Hartguß . . . . | $\beta = 90^0$, | $\alpha = 3^0 \div 8^0$, |
| „ Stahl . . . . . | $\beta = 45^0 \div 87^0$, | $\alpha = 3^0 \div 12^0$, |
| „ Gußeisen . . . | $\beta = 50^0 \div 87^0$, | $\alpha = 3^0 \div 12^0$, |
| „ Bronze . . . . | $\beta = 62^0 \div 87^0$, | $\alpha = 3^0 \div 12^0$, |
| „ Messing . . . . | $\beta = 65^0 \div 87^0$, | $\alpha = 3^0 \div 12^0$, |
| „ Silumin . . . . | $\beta = 30^0 \div 40^0$, | $\alpha = 5^0 \div 10^0$. |

## 2. Schnittwiderstand bei Dreh- und Hobelstählen.

Der Schnittwiderstand wird in erster Linie bestimmt durch den abzuhebenden Spanquerschnitt und durch das Material, welches bearbeitet werden soll. Für einschneidige Werkzeuge, wie Dreh- und Hobelstähle, wird der Schnittwiderstand meist nach der Formel berechnet:

---

[1]) Preger: Werkzeuge u. Werkzeugmaschinen.

$W_1 = q \cdot K$ (Abb. 2), wobei $K = a \cdot Kz$. Hierbei ist $q$ = Spanquerschnitt in mm², $Kz$ = Zerreißfestigkeit in kg/mm², $K$ = Stoffzahl.

$q = s \cdot t$, wobei $s$ = Vorschub je Umdrehung bzw. Hub und $t$ = Schnittiefe ist.

$a = 2{,}5 \div 3{,}2$ für Stahl, $a = 4{,}5 \div 5{,}5$ für Gußeisen.
$Kz = 34 \div 100$ bei Stahl. $Kz = 20$ bei Rotguß.
$Kz = 45 \div 70$ bei Stahlguß. $Kz = 15$ bei Messing.
$Kz = 12 \div 24$ bei Gußeisen.

Nach Versuchen des Verfassers[1]) beträgt die Stoffzahl für gegossenes Elektron von 16,7 kg/mm² Festigkeit $K = 21$, für Silumin von 14,6 kg/mm² Festigkeit $K = 65$, für veredeltes Aeron von 34 kg/mm² Festigkeit $K = 54$ und für veredeltes Skleron von 45,8 kg/mm² Festigkeit $K = 45$.

Nach Hegner[2]) ist:

| | | | |
|---|---|---|---|
| Für Maschinenstahl von | 40 kg | Festigkeit | $K = 2{,}5 \cdot 40 = 100$ kg/mm² |
| ,, ,, ,, | 50 kg | ,, | $K = 2{,}6 \cdot 50 = 130$ kg/mm² |
| ,, ,, ,, | 60 kg | ,, | $K = 2{,}7 \cdot 60 = 162$ kg/mm² |
| ,, ,, ,, | 70 kg | ,, | $K = 2{,}8 \cdot 70 = 196$ kg/mm² |
| ,, ,, ,, | 80 kg | ,, | $K = 2{,}9 \cdot 80 = 232$ kg/mm² |
| ,, ,, ,, | 90 kg | ,, | $K = 3 \cdot 90 = 270$ kg/mm² |
| ,, ,, ,, | 100 kg | ,, | $K = 3{,}2 \cdot 100 = 320$ kg/mm² |

Der Formel $W_1 = q \cdot K$ liegt die Annahme zugrunde, daß die Stoffzahl $K$, die man auch als den spezifischen Schnittwiderstand bezeichnen kann, konstant ist. Diese Annahme ist aber in der Tat nicht zutreffend. Der spezifische Schnittwiderstand ist bei kleinem Spanquerschnitt größer als bei größerem Querschnitt des Spans. Außerdem besteht noch eine Abhängigkeit von der Form des Spanquerschnittes. Bei flachen Spänen ist der Schnittwiderstand geringer als bei hohen, die gleichen Querschnitt haben. Um den tatsächlichen Verhältnissen Rechnung zu tragen, brachte Friedrich[3]) die Stoffzahl $K$ in Abhängigkeit vom Spanquerschnitt und der Schnittbogenlänge und stellte die folgenden Formeln auf: $K = k + \frac{\beta}{q} \cdot w$ und $K = k + \frac{w_1}{\sqrt{q}}$, wobei $w_1 = \frac{\beta}{\sqrt{q}} \cdot w$.

In diesen Formeln bezeichnet $k$ den Materialwiderstand für 1 mm² Spanquerschnitt, $\beta$ die Schnittbogenlänge und $w$ die Widerstandsarbeit für 1 mm² Spanschnittfläche. Nach den Versuchen von Nicolson ist nun folgende Zahlentafel zusammengestellt worden.

| Material | Festigkeit | Konst. $k$ kg/mm² | Konst. $w_1$ mmkg/mm² |
|---|---|---|---|
| Gußeisen . . | 8,6 | 55 | 71 |
| | 12,6 | 57 | 210 |
| | 17,8 | 81 | 151 |
| Stahl . . . | 41,5 | 167 | 51,2 |
| | 45,6 | 145 | 55,5 |
| | 73,8 | 209 | 62 |

[1]) Maschinenbau, 1926, S. 944.
[2]) Lehrbuch der Vorkalkulation. S. 134.
[3]) Z. 1909, S. 860.

Nach umfangreichen Untersuchungen über die Dreharbeit kam Klopstock[1]) zu folgenden Ergebnissen:

$W_1 = q^{0,862} \cdot 229$ für Stahl von 45 ÷ 50 kg Festigkeit,
$W_1 = q^{0,865} \cdot 95{,}5$ für Gußeisen von 20 kg Festigkeit,
$W_1 = q^{0,802} \cdot 367$ für Chromnickelstahl von 85 kg Festigkeit.

Auf Grund der Richtwerte des Ausschusses für wirtschaftliche Fertigung stellte schließlich Kronenberg[2]) noch die Formel auf:

$$K = \frac{C_k}{\sqrt[\varepsilon_k]{q}}.$$

Hierin bedeutet $C_k$ den spezifischen Schnittwiderstand für 1 mm² und $\varepsilon_k$ den Wurzelexponenten des Spanquerschnittes $q$, wobei $C_k$ und $\varepsilon_k$ vom Material des Werkstückes abhängen. Für einen bestimmten Werkstoff und einen bestimmten Spanquerschnitt können die spezifischen Schnittwiderstände dem Schaubild Abb. 6 entnommen werden.

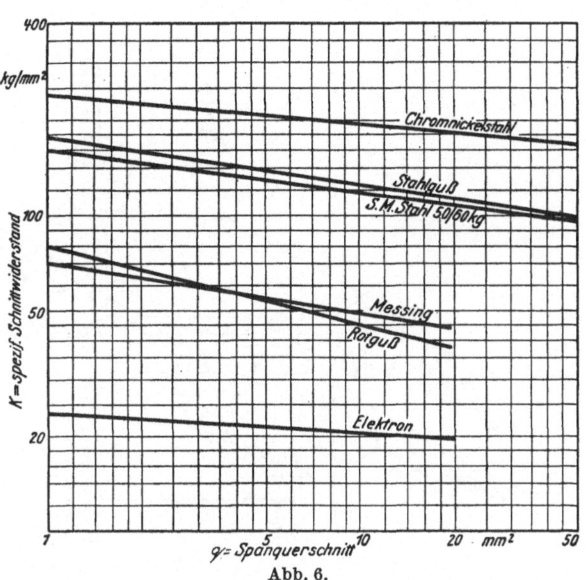

Abb. 6.

Ein Vergleich der vier Rechnungsarten für einen Spanquerschnitt von 18 mm² bei einer Schnittiefe $t = 9$ mm und einem Vorschub $s = 2$ mm in Stahl von 50 kg Festigkeit ergibt:

1. $W_1 = q \cdot K = s \cdot t \cdot K = 2 \cdot 9 \cdot 2{,}6 \cdot 50 = 2340$ kg;
2. $W_1 = s \cdot t\left(k + \frac{w_1}{\sqrt{q}}\right) = 2 \cdot 9\left(145 + \frac{55{,}5}{\sqrt{18}}\right) = 2850$ kg;
3. $W_1 = (s \cdot t)^{0,862} \cdot 229 = 18^{08,62} \cdot 229 = 2771$ kg;
4. $W_1 = q \cdot K = s \cdot t \cdot K = 2 \cdot 9 \cdot 110 = 1980$ kg;

wobei das $K$ der letzten Rechnungsart dem Schaubild Abb. 6 entnommen ist.

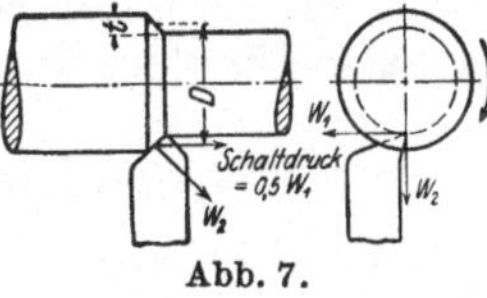

Abb. 7.

Für den Entwurf kann man den Druck auf den Rücken der Schneide $W_2 = W_1$ annehmen und den Schaltdruck $= 0{,}5\ W_1$.

Das Drehmoment $M = W_1 \cdot \frac{D}{2}$ nach Abb. 7.

[1]) W. T. 1923, S. 654.
[2]) Maschinenbau, Sonderheft Zerspanung. 1926, S. 47.

Für genauere Untersuchungen, z. B. bei Bestimmung des Wirkungsgrades[1]) einer ausgeführten Drehbank, muß der Schnittwiderstand unmittelbar gemessen werden, was mit Hilfe eines Prüfsupportes geschehen kann. Abb. 8 stellt den von der Firma Losenhausen, Düsseldorf, gebauten Prüfsupport schematisch dar. Hierbei wird der eigentliche Schnittdruck $W_1$ unmittelbar gemessen, der zu $W_1$ und zur Schneid-

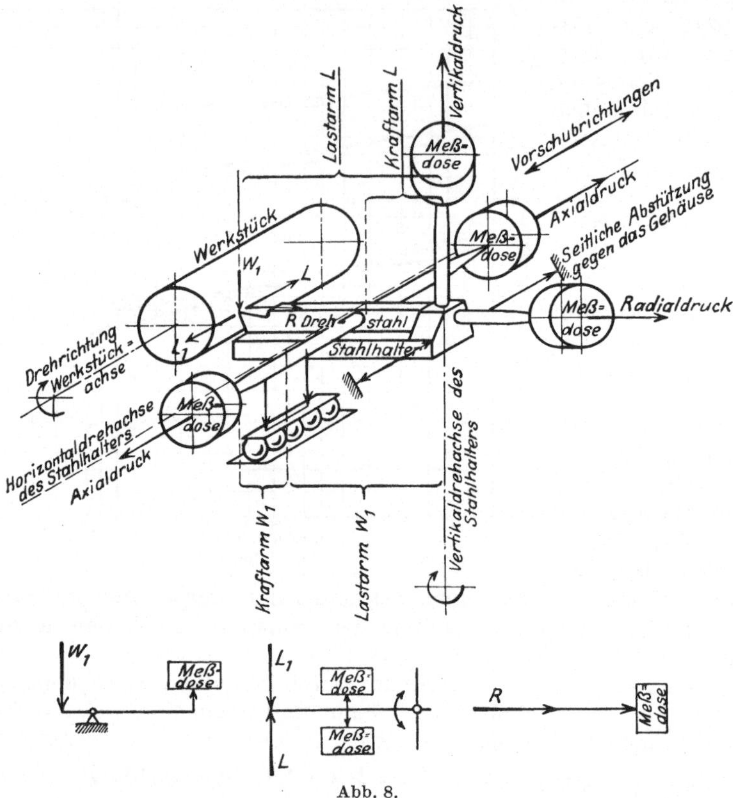


Abb. 8.

kante senkrechte Druck auf den Rücken $W_2$ (Abb. 7) dagegen wird zerlegt in eine Kraft $R$ in Richtung des Meißelschaftes und in eine Kraft $L$ parallel zur Werkstückachse. Die Kraft $L$ entspricht dem Schaltdruck, muß also vom Vorschubantrieb überwunden werden. Nach Versuchen verhalten sich im Mittel $L : R : W_1 = 1 : 2{,}25 : 4{,}3$. Rechnet man also für den Entwurf nach obigen Angaben, so geht man sicher.

## 3. Schnittwiderstand bei Bohrern.

Nach Fischer[2]) ist der Schnittwiderstand $W_1$ für eine Bohrerschneide $= \frac{d}{2} \cdot \frac{s}{2} \cdot K$ (Abb. 9). Das zu überwindende Drehmoment ist

[1]) Die Werkzeugmaschine, 1926, S. 25.
[2]) Fischer: Werkzeugmaschinen. 1905, S. 16.

also $M = \frac{d^2}{8} \cdot s \cdot K$ in kgmm. Unter der Annahme, daß der zu $W_1$ senkrechte Druck $W_2$ auf den Rücken der Schneide $= W_1$ ist, ergibt sich der Schaltdruck in der Achsenrichtung : $P = 2 \cdot W_1 \cdot \sin \frac{\alpha}{2}$. Hat der Spitzenwinkel $\alpha$, wie vielfach üblich, eine Größe von $120^0$, so erhält man:

$$P = 0{,}433 \cdot d \cdot s \cdot K \, .$$

In diesen Ausdrücken bedeutet $d$ den Lochdurchmesser in mm, $s$ den Vorschub in mm je Umdrehung und $K$ die Stoffzahl.

Versuche mit Spiralbohrern beim Bohren in Stahl von 45 kg Festigkeit, 30 mm Lochdurchmesser bei 105 Umdrehungen ergaben (s. nebenstehende Tabelle):

| Vorschub | Schaltdruck | Drehmoment |
|---|---|---|
| 0,28 mm | 700 kg | 750 kgcm |
| 0,36 mm | 800 kg | 1260 kgcm |
| 0,56 mm | 1250 kg | 1700 kgcm |

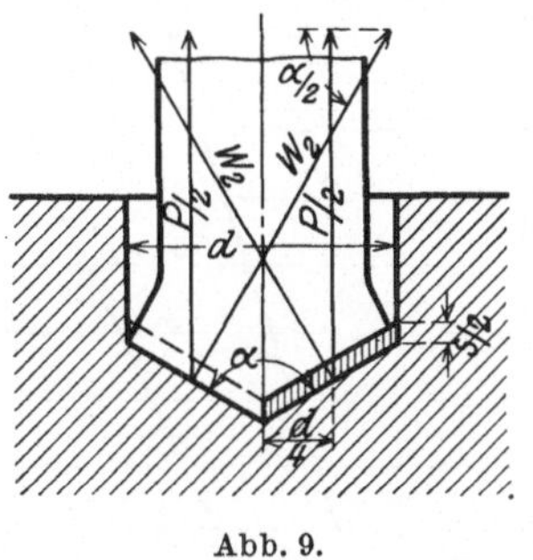


Abb. 9.

Hiernach empfiehlt es sich, zu den nach den Formeln von **Fischer** errechneten Werten zum Schaltdruck einen Zuschlag von 50 vH und zum Drehmoment einen solchen von 75 ÷ 100 vH zu nehmen.

Nach den Versuchen von **Smith-Poliakoff**[1]) wurde gefunden: $M = 31{,}4 \cdot d^{1,8} \cdot s^{0,7}$ und $P = 148 d^{0,7} \cdot s^{0,75}$ bei weichem Gußeisen mit einer Druckfestigkeit von 41 kg/mm². Bei Versuchen mit mittelhartem Stahl mit einer

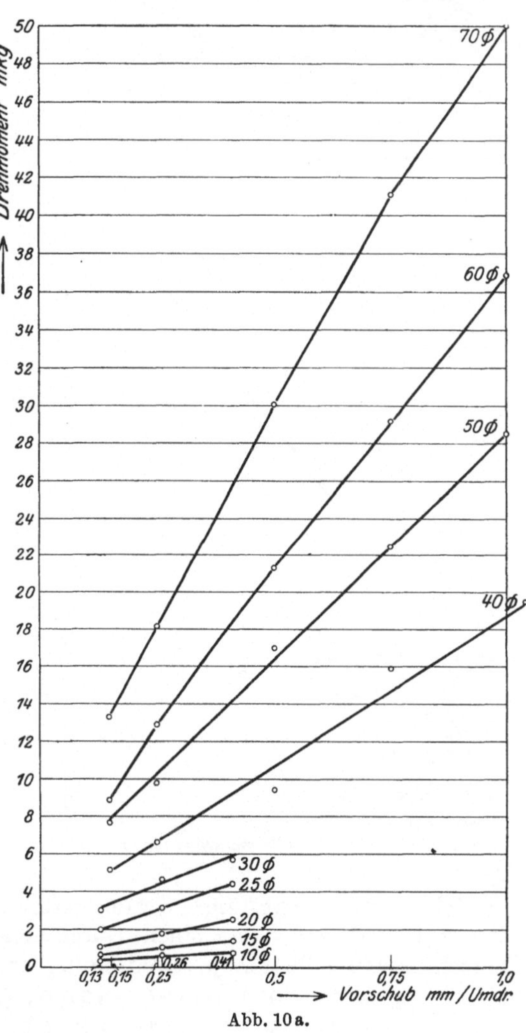


Abb. 10a.

1) W. T. 1911, S. 99.

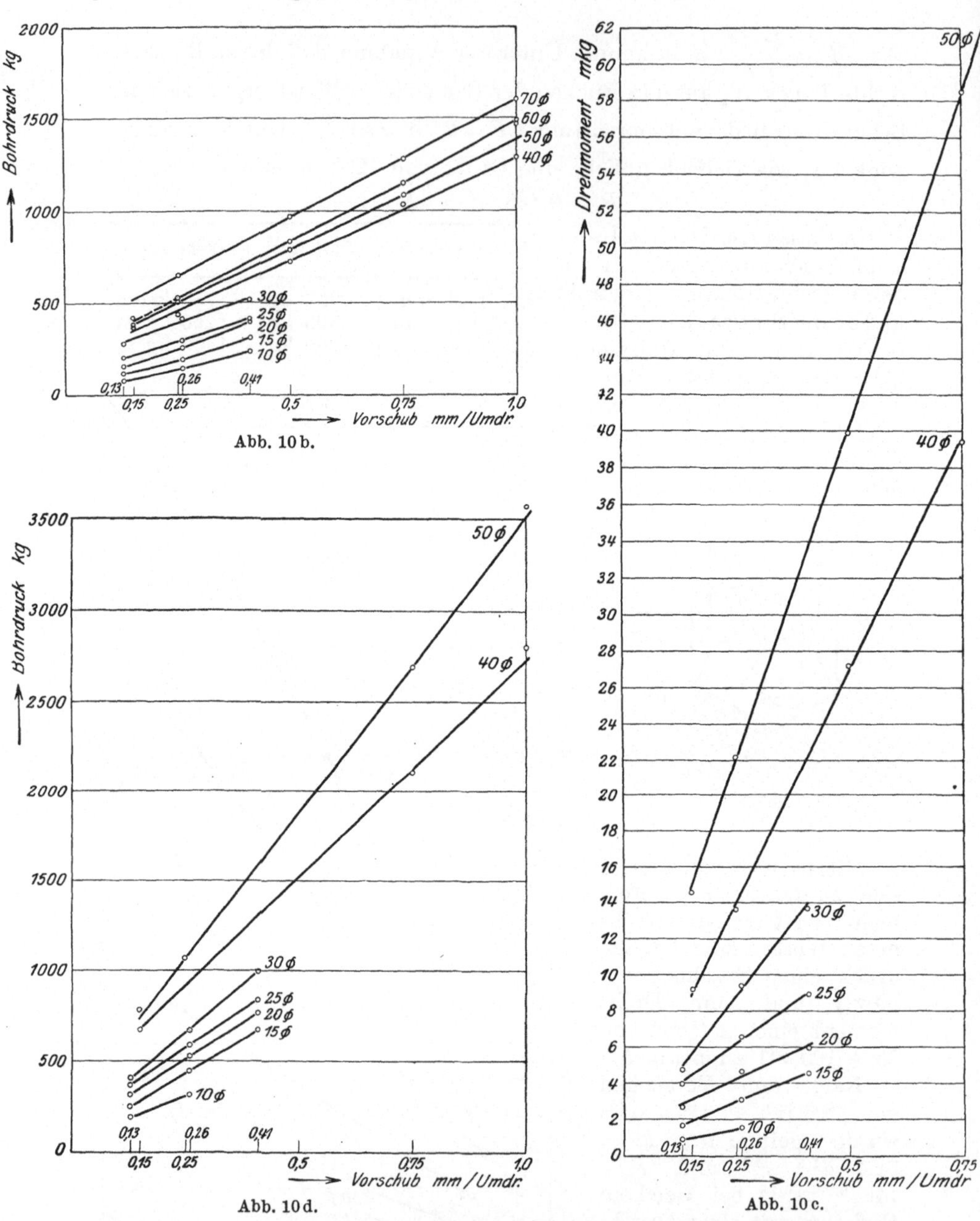


Abb. 10 b.

Abb. 10 d.

Abb. 10 c.

Festigkeit von 51 kg/mm² wurde gefunden: $M = 70 \cdot d^{1,8} \cdot s^{0,7}$ und $P = 241 \cdot d^{0,7} \cdot s^{0,6}$. Für einen Durchmesser von 30 mm und einen Vorschub von 0,28 mm je Umdrehung ergibt sich hiernach:

$$M = 70 \cdot 30^{1,8} \cdot 0{,}28^{0,7} = 13100 \text{ kgmm} = 1310 \text{ kgcm};$$
$$P = 241 \cdot 30^{0,7} \cdot 0{,}28^{0,6} = 1215 \text{ kg}.$$

Abb. 10a gibt einen Überblick der beim Bohren von Gußeisen auftretenden Momente, Abb. 10b den der Schaltdrücke, während Abb. 10c die Größe der Momente beim Bohren von Stahl von etwa 45 kg/mm² Festigkeit erkennen läßt und Abb. 10d die Größe der Schaltdrücke. Diese Angaben stammen von Schlesinger[1]).

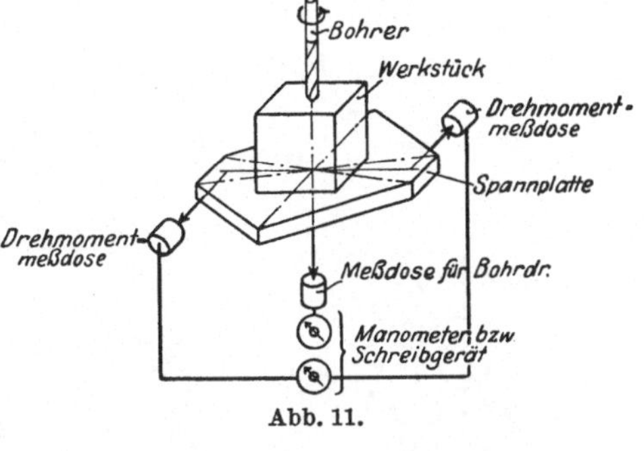

Abb. 11.

Zur Vornahme von Bohrversuchen sind die Versuchsbohrtische, wie sie von den Firmen Losenhausen, Düsseldorf, und Mohr u. Federhoff, Mannheim, geliefert werden, sehr geeignet. Abb. 11 zeigt das Schema eines derartigen Versuchsbohrtisches. Drehmoment und Schaltdruck werden auf Meßdosen übertragen, die ihrerseits auf ein Schreibgerät wirken, welches ein Diagramm auf einen fortlaufenden Papierstreifen aufzeichnet.

## 4. Schnittwiderstand bei Fräsern[2]).

Es bezeichne: $b$ die Spanbreite in mm, $t$ die Spantiefe in mm, $s$ den Vorschub pro Umdrehung in mm, $c$ die Schaltung in mm/min, $c = s \cdot n$, $v$ die Schnittgeschwindigkeit in m/min, $D$ den Fräserdurchmesser in mm und $z$ die Zähnezahl, dann ist der Schnittdruck, wenn nur ein Zahn (Abb. 12) arbeitet:

$$W_1 = 2 \cdot \pi \cdot \frac{c}{v} \cdot \frac{1}{1000} \cdot \frac{b}{Z} \sqrt{D \cdot t - t^2} \cdot K \text{ in kg},$$

das Drehmoment

$$M = \pi \frac{c}{v} \cdot \frac{D}{10000} \cdot \frac{b}{Z} \sqrt{D \cdot t - t^2} \cdot K \text{ in kgcm},$$

der auf die Fräserwelle biegend wirkende Druck

$$R = 8{,}9 \cdot \frac{c}{v} \cdot \frac{1}{1000} \cdot \frac{b}{Z} \sqrt{D \cdot t - t^2} \cdot K \text{ in kg}.$$

Wenn mehrere Zähne gleichzeitig arbeiten, dann ist:

$$W_1 = \frac{c}{v} \cdot \frac{1}{1000} \cdot b \cdot t \cdot K \text{ in kg},$$

$$M = 0{,}5 \cdot \frac{c}{v} \cdot \frac{1}{10000} \cdot b \cdot t \cdot D \cdot K \text{ in kgcm},$$

$$R = 1{,}4 \cdot \frac{c}{v} \cdot \frac{1}{1000} \cdot b \cdot t \cdot K \text{ in kg}.$$

---

[1]) W. T. 1923, S. 421.

[2]) Fischer: Werkzeugmaschinen. 1905, S. 16.

Bei Langlochbohrern mit nur 2 Schneiden (Abb. 13) ist:

$$W_1 = \pi \cdot \frac{c}{v} \cdot \frac{D}{1000} \cdot \frac{b}{2} \cdot K \text{ in kg},$$

$$M = \frac{\pi}{4} \cdot \frac{c}{v} \cdot \frac{1}{10000} \cdot b \cdot D^2 \cdot K \text{ in kgcm},$$

$$R = 2{,}2 \cdot \frac{c}{v} \cdot \frac{1}{1000} \cdot b \cdot D \cdot K \text{ in kg}.$$

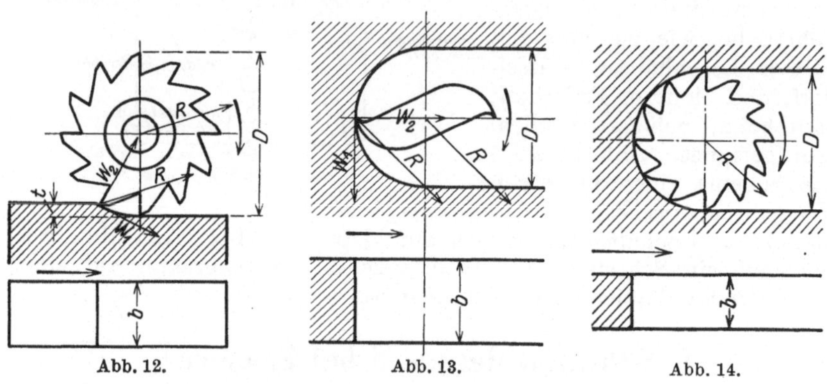


Abb. 12. Abb. 13. Abb. 14.

Bei den Langlochfräsern (Abb. 14) kann man setzen:

$$M = 0{,}5 \cdot \frac{c}{v} \cdot \frac{1}{10000} \cdot b \cdot D^2 \cdot K \text{ in kgcm},$$

$$R = 1{,}1 \cdot \frac{c}{v} \cdot \frac{1}{1000} \cdot b \cdot D \cdot K \text{ in kg}.$$

Wenn von Maschinenstahl von 50 kg Festigkeit mit einem Fräser aus Schnellstahl eine Schicht von 10 mm Tiefe und 200 mm Breite abzunehmen ist bei einem Durchmesser des Fräsers von 100 mm, einer Schnittgeschwindigkeit von 30 m/min und einem Vorschub von 200 mm/min unter der Voraussetzung, daß mehrere Zähne gleichzeitig arbeiten, so erhält man:

$$W_1 = \frac{200}{30} \cdot \frac{1}{1000} \cdot 200 \cdot 10 \cdot 130 = 1730 \text{ kg},$$

$$M = W_1 \cdot \frac{D}{2} = 1730 \cdot 5 = 8650 \text{ kgcm},$$

$$R = 1{,}4 \cdot W_1 = 1{,}4 \cdot 1730 = 2422 \text{ kg}.$$

Für das Fräsen einer Nute von 30 mm Durchmesser und 20 mm Tiefe in Stahl von 60 kg Festigkeit bei einer Schnittgeschwindigkeit von 25 m/min und einem Vorschub von 200 mm/min ergibt sich:

$$M = 0{,}5 \cdot \frac{200}{25} \cdot \frac{1}{10\,000} \cdot 20 \cdot 30^2 \cdot 162 = 1170 \text{ kgcm},$$

$$R = 1{,}1 \cdot \frac{200}{25} \cdot \frac{1}{1000} \cdot 20 \cdot 30 \cdot 162 = 856 \text{ kg}.$$

Auch diesen Formeln liegt die Annahme zugrunde, daß die Stoffzahl $K$ konstant ist, was nicht zutrifft. Diesem Umstand trägt Salomon[1]) Rechnung in seinem Aufsatz über die Fräsarbeit, auf den hier nur hingewiesen sei. Versuche zur Bestimmung des Schnittdruckes wären sehr wünschenswert. Zur Ausführung solcher Versuche sind die von Kurrein[2]) angegebenen Vorrichtungen zu empfehlen. Siehe auch die Arbeit von Beckh: Die Metallbearbeitung mittels Walzenfräser[3]).

## 5. Geschwindigkeiten und Widerstände bei Schleifscheiben.

Für das Schleifen von Stahl, also auch von Werkzeugen, verwendet man Scheiben aus Aloxit, für das Schleifen von Gußeisen Scheiben aus Karborundum.

Grundstoffe für Schleifscheiben sind: Krist. Aluminiumoxyd (Alundum, Korund, Elektrorubin) und Siliziumkarbid (Karborundum). Bindung keramisch, bei dünnen Scheiben, die elastisch sein sollen, vegetabil (Ölbindung).

Auswahl der Schleifscheiben. Zu harte Scheiben halten die stumpf gewordenen Körnchen zu lange fest und hören auf zu schneiden; zu weiche stoßen die Körnchen zu schnell ab, nützen sich daher rasch ab und werden unrund. Beide müssen daher bald abgerichtet werden. Eine etwas weichere Scheibe ist aber trotz größerer Abnutzung zweckdienlicher als eine zu harte, da sie länger schnittfähig bleibt und weniger Kraft verbraucht. Die Leistung ist etwa 20 ÷ 25 kg Späne auf 1 kg Schleifscheibe.

Geschwindigkeiten für den Rundschliff.

| Schmiedeeisen und Stahl | | | | |
|---|---|---|---|---|
| Umfangsgeschwindigkeit | | | Anstellung der Schleifscheibe mm | Vorschub der Schleifscheibe bei einer Umdrehung des Arbeitsstückes |
| des Arbeitsstückes bei | | der Schleifscheibe m/sek | | |
| Durchmesser bis 50 mm m/min | Durchmesser bis 150 mm m/min | | | |
| 10÷12 | 15 | 25÷35 | 0,01÷0,05 | $^1/_2 \div ^3/_4$ der Scheibenbreite |

| Gußeisen | | | | |
|---|---|---|---|---|
| Umfangsgeschwindigkeit | | | Anstellung der Schleifscheibe mm | Vorschub der Schleifscheibe bei einer Umdrehung des Arbeitsstückes |
| des Arbeitsstückes bei | | der Schleifscheibe m/sek | | |
| Durchmesser bis 50 mm m/min | Durchmesser bis 150 mm m/min | | | |
| 12÷15 | 18÷20 | 25 | 0,01÷0,1 | $^3/_4 \div ^5/_6$ der Scheibenbreite |

[1]) W. T. 1926, S. 469.
[2]) W. T. 1915, S. 193 und W. T. 1920, S. 121.
[3]) Maschinenbau. 1926, Heft 11/12.

Die Umfangsgeschwindigkeiten der Schleifscheibe gelten für den Außenschliff. Für den Innenschliff kann man etwa die Hälfte dieser Werte annehmen.

Für das Planschleifen beträgt die Umfangsgeschwindigkeit der Schleifscheibe 20 ÷ 26 m/sek. Die höheren Werte für schmale zylindrische Scheiben, die geringeren für breite zylindrische Scheiben und für Topfscheiben.

Nach den Versuchen von Schlesinger[1]) wächst der Schnittwiderstand am Umfang der Schleifscheibe mit zunehmendem Vorschub und zunehmender Schnittiefe und fällt mit zunehmender Umfangsgeschwindigkeit der Schleifscheibe. Es sei $v$ die Umfangsgeschwindigkeit der Scheibe in m/sek, $s$ der Vorschub des Werkstückes in mm, $t$ die Schnittiefe in mm, $W_1$ der Schnittwiderstand in kg, $c$ die Umfangsgeschwindigkeit des Werkstückes in m/min. Die letztere betrug bei allen Versuchen 30 m/min. Es ergaben sich folgende Mittelwerte für $W_1$:

| Material | Stahl | | | | | | Gußeisen | | | | | |
|---|---|---|---|---|---|---|---|---|---|---|---|---|
| $v$ | 25 m/sek | | | 35 m/sek | | | 25 m/sek | | | 35 m/sek | | |
| $t$ | 0,02 | 0,14 | 0,14 | 0,02 | 0,14 | 0,14 | 0,02 | 0,14 | 0,14 | 0,02 | 0,14 | 0,14 |
| $s$ | 12 | 12 | 24 | 12 | 12 | 24 | 12 | 12 | 24 | 12 | 12 | 24 |
| $W_1$ | 12 | 28 | 45 | 7 | 23 | 40 | 11 | 27 | 42 | 8 | 24 | 32 |

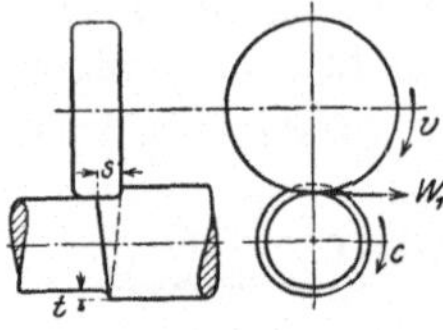

Abb. 15.

Nach dem Vorgang von Friedrich[2]) kann man die Schleifscheibe als einen Fräser mit sehr viel kleinen Zähnen auffassen und daher den Schleifwiderstand (Abb. 15) nach der Formel berechnen:

$$W_1 = \frac{c}{v} \cdot \frac{1}{60} \cdot s \cdot t \cdot K \text{ in kg.}$$

Hierbei ist $K$ in kg/mm² keine Konstante, sondern von $s$ und $t$ abhängig. Für Schnittiefen von 0,05 mm bis 0,14 mm können die Werte $K$ den Kurven in Abb. 16 und 17 entnommen werden. Die Werte sind aus den obenerwähnten Versuchen von Schlesinger errechnet.

Beispiel: Schnittiefe $= 0{,}05$ mm, $v = 32$ m/sek, $c = 15$ m/min, Arbeitsstück Stahl, Scheibenbreite $= 50$ mm, Vorschub $= 25$ mm, dann ist:

$$W_1 = \frac{15}{32} \cdot \frac{1}{60} \cdot 25 \cdot 0{,}05 \cdot 1400 = 13{,}7 \text{ kg.}$$

Die Versuche von Schlesinger und Uber[3]) an einer Welle von rund 37 mm Durchmesser und an einer von rund 70 mm Durchmesser ergaben folgendes:

---

[1]) Schlesinger: Versuche über die Leistung von Schleifscheiben. Mitt. über Forschungsarbeiten 1907, Heft 43.

[2]) Z. 1909, S. 864.

[3]) W. T. 1920, S. 489.

| Dünne Welle | | | | Dicke Welle | | | |
|---|---|---|---|---|---|---|---|
| Schnittiefe | $W_1$ | $W_2$ | $R$ | Schnittiefe | $W_1$ | $W_2$ | $R$ |
| 0,01 | 3,51 | 2,63 | 4,4 | 0,01 | 4,18 | 3,34 | 5,40 |
| 0,02 | 4,39 | 3,51 | 5,65 | 0,02 | 6,27 | 5,57 | 8,40 |
| 0,03 | 6,67 | 3,51 | 7,53 | 0,03 | 8,36 | 10,30 | 13,30 |
| | | | | 0,04 | 9,75 | 11,14 | 15,10 |
| | | | | 0,05 | 9,75 | 17,30 | 19,80 |
| | | | | 0,06 | 11,14 | 23,70 | 26,60 |
| | | | | 0,07 | 12,50 | 31,20 | 33,50 |
| | | | | 0,08 | 18,10 | 39,00 | 41,00 |

Geschw. der Schleifscheibe
$v = 30$ m/sek

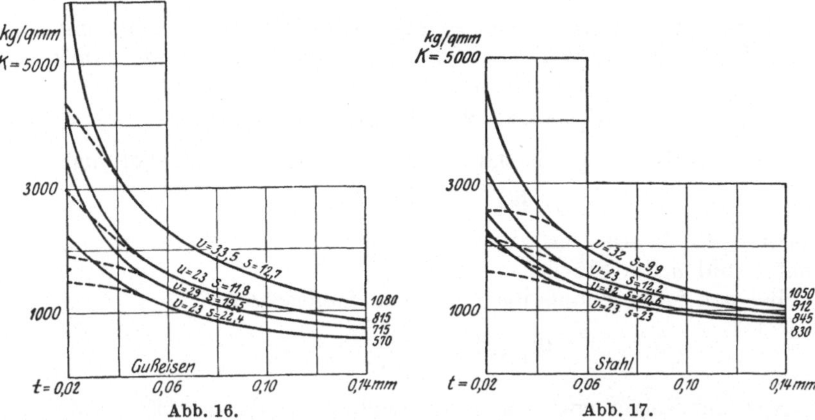

Abb. 16. Abb. 17.

Hierbei ist $W_2$ der zu $W_1$ (Abb. 15) senkrechte Druck und $R$, die Resultierende aus $W_1$ und $W_2$, der auf die Schleifscheibenwelle biegend wirkende Druck.

## 6. Geschwindigkeiten und Widerstände bei Schnitt- und Stanzwerkzeugen.

Schnitt- und Stanzwerkzeuge aus Werkzeugstahl oder besser, weil haltbarer, aus Sonderstahl mit etwa 2 vH Wolfram und 1 vH Chrom.

Bei Scheren und Pressen bzw. Lochmaschinen legt man die Zahl der minutlichen Hübe der Berechnung zugrunde, da die Schnittgeschwindigkeit von der Hublänge abhängt und dementsprechend sehr verschieden ist. Die Hubzahl ist dadurch bedingt, daß zwischen den einzelnen Hüben Zeit bleibt zum Verschieben des Werkstückes.

Hubzahl bei Maschinen mit Exzenterantrieb etwa $10 \div 30$/min.
„ „ „ „ Hebelantrieb etwa 30/min.
„ „ Tafelblechscheren $3 \div 11$/min je nach Größe der Maschine.

Die angegebenen Hubzahlen gelten für die im Schiff- und Eisenbau verwendeten größeren Maschinen und Abgratpressen, bei denen das Werkstück verhältnismäßig schwer ist und unter Benutzung eines Transportmittels von Hand bewegt wird. Bei den in der Metallwarenherstellung benutzten Maschinen, bei welchen der Vorschub der Arbeitsstücke vielfach automatisch erfolgt, werden höhere Werte genommen, z. B. bei Exzenterpressen mit Rädervorgelege 25 ÷ 60/min, je nach Maschinengröße, bei Exzenterpressen ohne Rädervorgelege 80 ÷ 150/min.

Der Schnittwiderstand der Lochwerkzeuge beträgt:

$$W_1 = d \cdot \pi \cdot \delta \cdot 1{,}1 \cdot K_z.$$

Hierbei bedeutet $W_1$ den Lochdurchmesser in mm, $K_z$ die Festigkeit in kg/mm², $\delta$ die Blechstärke in mm. Bei Schnitten berechnet sich der Widerstand zu

$$W_1 = F \cdot 1{,}1 \cdot K_z = U \cdot \delta \cdot 1{,}1\, K_z.$$

Hierbei $F$ = Schnittfläche = Umfang des Schnittes mal Blechstärke.

Soll in Flußeisenblech von 240 kg Festigkeit und 2 mm Stärke ein Ausschnitt von 450 mm Umfang hergestellt werden, dann

$$W_1 = 450 \cdot 2 \cdot 1{,}1 \cdot 40 = 39\,600 \text{ kg}.$$

Bei Scherblättern mit parallelen Schneidkanten rechnet man:

$$W_1 = b \cdot \delta \cdot 1{,}1 \cdot K_z,$$

wobei $b$ die Breite des zu schneidenden Querschnittes in mm bedeutet und $\delta$ die Stärke.

Bei geneigten Schneidkanten kann man setzen:

$$W_1 = 0{,}5 \cdot \frac{\delta^2}{\operatorname{tg}\alpha} \cdot 1{,}1 \cdot K_z.$$

$\alpha$ ist der Neigungswinkel der Schneidkanten, der gewöhnlich 5 ÷ 12° beträgt.

Der Schnittwiderstand nach Fischer[1]): $W_1 = 0{,}225 \cdot \frac{\delta^2}{\operatorname{tg}\alpha} \cdot K$. Hierbei ist $K = 1{,}7\, K_s$ und $K_s$ die Scherfestigkeit. Beim Entwurf ist mit dem ersten, größeren Wert zu rechnen.

Bei Winkeleisen und sonstigen Profileisenscheren beträgt

$$W_1 = F \cdot 1{,}1 \cdot K_z.$$

$F$ bedeutet die Fläche des zu schneidenden Querschnittes in mm². Wenn Schneidkanten gegeneinander geneigt, $\frac{2}{3}F$ statt $F$ einsetzen.

Bei größeren Knüppelscheren wird das Werkstück nach Abb. 18 mit entsprechend geformten Messern geschnitten. Es ergeben sich dann kleinere Drücke als beim Schneiden mit parallelen Schneidkanten. So ist bei einer von Pels ausgeführten Schere zum Schneiden von Knüppeln 200 · 200 mm von 50 kg Festigkeit ein Druck von 1 600 000 kg erforderlich.

Abb. 18.

## 7. Geschwindigkeiten und Widerstände bei Biege- und Richtwerkzeugen.

Die Walzenumfangsgeschwindigkeiten betragen 2,4 ÷ 4,2 m/min und die Anstellgeschwindigkeit 30 mm/min.

[1]) Fischer: Werkzeugmaschinen. 1905, S. 538.

Druck auf eine Unterwalze $P = \frac{B \cdot \delta^2}{6 \cdot l} \cdot \sigma_f$. $B$ = Blechbreite in cm, $\delta$ = Blechstärke in cm $l$ = Hebelarm in cm, $\sigma_f$ = Spannung an der Fließgrenze in kg/cm², $\sigma_f = 2800 \div 3500 \div 4000$ kg/cm², $R$ = Druck auf die Oberwalze ist die Mittelkraft aus den Unterwalzendrücken (Abb. 19).

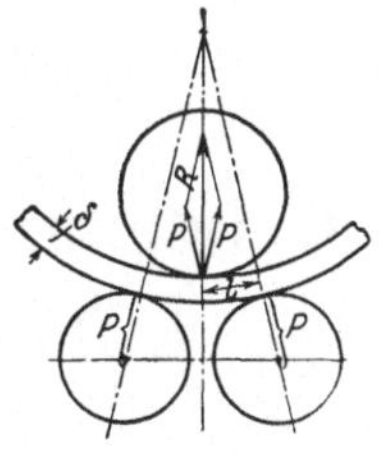

Abb. 19.

Soll das Material im erwärmten Zustand gebogen oder gerichtet werden, so kann man bei einer Erwärmung von etwa 600° $^1/_4$ der obigen Werte von $\sigma_f$ in die Formeln einsetzen. Nach Versuchen beträgt z. B. die Spannung an der Fließgrenze bei einem Material von 75 kg Festigkeit und einer Erwärmung von 580° = 1000 kg/cm². Zander[1]) setzt an die Stelle des Widerstandsmomentes $\frac{B \cdot \delta^2}{6}$ das statische Moment $\frac{B \cdot \delta^2}{4}$, da die obige Biegungsformel eigentlich nur für Spannungen innerhalb der Proportionalitätsgrenze gilt. Hierbei wird bei Kesselblech $\sigma_f = 2200$ kg/cm² genommen gegenüber 2800 kg/cm² bei obiger Rechnungsmethode.

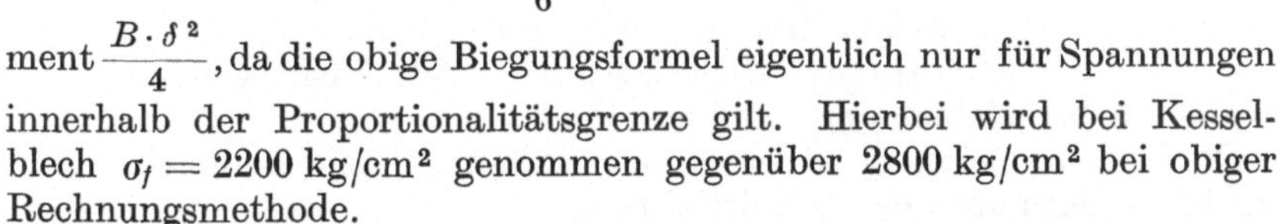

Die auf den Dreiwalzen-Biegemaschinen gebogenen Bleche weisen den Übelstand auf, daß sie an den beiden Enden ein gerades Stück haben, dessen Breite etwa der halben Mittenentfernung der Unterwalzen entspricht. Wesentlich bessere Ergebnisse lassen sich auf der Vierwalzen-Biegemaschine erzielen, da hierbei die Walzen einander näher gebracht werden können. Bei diesen Maschinen wird häufig nur die Oberwalze angetrieben und die Seitenwalzen werden verstellt.

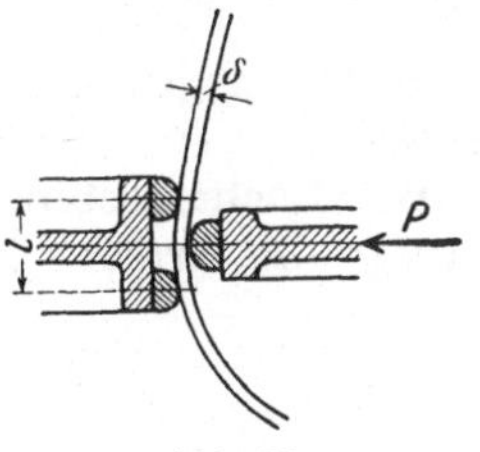

Abb. 20.

Ganz vermieden wird der erwähnte Übelstand bei den Biegepressen, die mit Hilfe von Backen das Blech stückweise biegen. Derartige Pressen werden zur Herstellung starkwandiger Kessel verwendet. Diese Biegepressen arbeiten nach dem sogenannten Dreipunktsystem (Abb. 20).

Biegedruck: $P = \frac{B \cdot \delta^2 \cdot 4}{6 \cdot l} \cdot \sigma_f$.

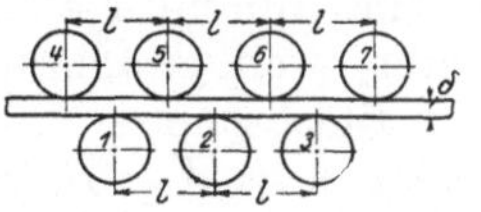

Abb. 21.

Den bei Trägerbiege- und Richtmaschinen erforderlichen Stößeldruck bestimmt man nach der Formel: $\frac{P \cdot l}{4} = W \cdot \sigma_f$, wobei die Entfernung der Auflager in cm und $W$ das Widerstandsmoment des Trägers ist.

Widerstand beim Blechrichten:

$$\text{Druck auf Walzen 1 u. 3: } P_1 \cdot l \cdot \frac{3}{16} = \frac{B \cdot \delta^2}{6} \cdot \sigma_f \text{, (Abb. 21)}$$

[1]) Zander: W. T. 1912, S. 314. Siehe auch Walther: Vers. über den Arbeitsbedarf und die Widerstände beim Blechbiegen. F. A. 1912, Heft 113.

Druck auf Walze 2: $P_2 \cdot \frac{l}{7,5} = \frac{B \cdot \delta^2}{6} \sigma_f$,

„ „ Walzen 4 u. 7: $P_4 = \frac{5}{16} P_1$,

„ „ Walzen 5 u. 6: $P_5 = \frac{11}{16} P_1 + \frac{1}{2} P_2$.

# II. Leistungsbedarf der Werkzeugmaschinen.

## 1. Berechnung des Leistungsbedarfes.

$$N = \frac{W_1 \cdot v}{75 \cdot 60} \cdot \frac{1}{\eta}.$$

Hierbei bezeichnet $W_1$ den Schnittwiderstand in kg, $v$ die Schnittgeschwindigkeit in m/min und $\eta$ den Wirkungsgrad.

$\eta \sim 0,7$ bei Drehbänken, Bohrmaschinen und Fräsmaschinen;

$\eta \sim 0,6$ bei Hobel- und Stoßmaschinen.

Die Vorschubleistung ist wegen der geringen Geschwindigkeit meist sehr klein gegenüber der Schnittleistung.

Bei der Berechnung aus dem Drehmoment ergibt sich:

$$N = \frac{M \cdot n}{71620 \cdot \eta},$$

wenn $M$ das Drehmoment in kgcm, $n$ die minutliche Drehzahl bedeutet.

Bei Lochmaschinen und Scheren mit parallelen Scherblattkanten beträgt die Arbeit für einen Schnitt:

$$A = W_1 \cdot \frac{\delta}{2} \text{ kgm},$$

wobei $\delta$ in Meter einzusetzen ist, daher

$$N = \frac{A \cdot n}{60 \cdot 75 \cdot \eta}. \qquad \eta \sim 0,7.$$

Man nimmt vielfach Motoren kleinerer Leistung, als die Rechnung ergibt, weil gewöhnlich nicht bei jedem Hub geschnitten wird. Bei den Blechscheren mit geneigten Schneidkanten beträgt die Schnittarbeit $A = W_1 \cdot B \cdot \operatorname{tg} \alpha = 1,1 \cdot 0,5 \cdot \delta^2 \cdot K_z \cdot B$ in kgm, $B$ = Schnittbreite in m.

$$N = \frac{A \cdot n}{60 \cdot 75 \cdot \eta}.$$

Leistungsbedarf einer Blechbiegemaschine mit drei Walzen (Abb. 19)

$$N_{th} = (2 \cdot P + R) \cdot \mu_z \cdot \frac{d_1}{D_1} \cdot \frac{v}{60} \cdot \frac{1}{75} + \left( \frac{2P}{\frac{D_1}{2}} + \frac{R}{\frac{D_2}{2}} \right) \cdot f \cdot \frac{v}{60} \cdot \frac{1}{75}; \quad N = \frac{N_{th}}{\eta};$$

$\mu_z$ = Zapfenreibungszahl, $d_1$ = Zapfendurchmesser einer Unterwalze in cm, $D_1$ = Durchmesser einer Unterwalze in cm, $D_2$ = Durchmesser der Oberwalze in cm, $v$ = Biegegeschwindigkeit in m/min, $f$ = Rollziffer in cm. $\mu_z = 0{,}08 \div 0{,}1$; $f \sim 0{,}08$; $\eta \sim 0{,}6$.

In ähnlicher Weise ist der Leistungsbedarf von Blechrichtmaschinen zu berechnen. Durch Wälzlager könnte der Leistungsbedarf wohl noch verringert werden.

Die für das Lochen, Schneiden, Biegen und Richten angegebenen Formeln entsprechen streng wissenschaftlichen Anforderungen nicht. Sie haben sich aber in der Praxis durchaus bewährt. Es empfiehlt sich daher die Weiterverwendung, bis die Auffindung einfacher Ausdrücke, die genannter Forderung genügen, gelungen ist.

## 2. Überschlagswerte des Leistungsbedarfes in PS für den Entwurf von Werkstätten.

| | |
|---|---|
| Spitzendrehbänke | $\sim \frac{1}{100} \times$ Spitzenhöhe in mm; |
| Plandrehbänke | $\sim \frac{1}{300} \div \frac{1}{500} \times$ Drehdurchmesser in mm. |
| Karusselldrehbänke | $\sim \frac{1}{100} \times$ Durchdurchmesser in mm; |
| Revolverbänke | $\sim \frac{1}{10} \times$ Rohstangendurchmesser in mm; |
| Bohrmaschinen | $\sim \frac{1}{10} \times$ Lochdurchmesser in mm; |
| Fräsmaschinen | $\sim \frac{1}{1000} \times$ Tischfläche in $cm^2$; |
| Räderfräsmaschinen | $\sim \frac{1}{2} \times$ Modul; |
| Hobelmaschinen | $\sim \frac{1}{100} \times$ Hobelbreite in mm; |
| Shaping- und Stoßmaschinen | $\sim \frac{1}{100} \times$ Hub in mm; |
| Rundschleifmaschinen | $\sim \frac{1}{10} \div \frac{1}{15} \times$ Arbeitsdurchmesser in mm; |
| Walzendrehbänke | $\sim \frac{1}{80} \div \frac{1}{100} \times$ Walzendurchmesser in mm; |
| Radsatzdrehbänke | $\sim \frac{1}{100} \times$ Raddurchmesser in mm; |

Wenn ein Gruppenantrieb vorliegt, dann ist die Zahl der PS zu bestimmen durch Addieren und ein Motor von $^3/_4$ dieser Zahl Normalleistung zu nehmen.

# III. Getriebe.

Bei fast allen Werkzeugmaschinen hat man eine Haupt- oder Schnittbewegung und eine Vorschub- oder Schaltbewegung, erstere auch kurz Antrieb, letztere Schaltung genannt. Außerdem sind die Einstellbewegungen erforderlich, die meist von Hand erfolgen. Die größeren

Maschinen haben dann noch die Eilbewegungen, die maschinell erfolgen, damit die Werkzeuge schnell in die Arbeitsbereitschaft gebracht werden können und so die Leerlaufzeiten verkürzt werden. Die Hauptbewegung ist entweder eine kreisende, z. B. bei Drehbänken, oder eine gerade, wie bei Hobelmaschinen. Bei der Schaltung unterscheidet man dauernde und ruckweise Schaltung. Die Schaltung ist vielfach von der Hauptbewegung abhängig und bezieht sich dann auf eine Umdrehung der Hauptspindel bzw. auf einen Hub der betreffenden Maschine. Vielfach aber ist die Schaltung unabhängig von der Hauptbewegung, so z. B. bei den Fräsmaschinen. Aber auch Schruppdrehbänke sind mit dieser Art der Schaltung ausgeführt worden. Die Drehzahlen der Werkstücke bzw. Werkzeuge müssen nun in weiten Grenzen veränderlich sein, damit bei der Bearbeitung der verschiedenen Materialien und Verwendung von Werkzeugen aus verschiedenen Stoffen die verschiedenen Durchmesser mit wirtschaftlichen Schnittgeschwindigkeiten bearbeitet werden können. Für die Werkzeugmaschinen sind deshalb die Getriebe, die eine solche Drehzahländerung gestatten, besonders charakteristisch und sollen daher zuerst behandelt werden.

## 1. Stufenfreie Getriebe.

Es ist wohl ohne weiteres klar, daß es wünschenswert ist, innerhalb der Grenzdrehzahlen während des Laufens jede beliebige Zwischendrehzahl geben zu können. Mit Hilfe von direkten oder indirekten Reibgetrieben, ferner durch Verwendung von kegelförmigen Trommeln bei Riementrieben ist das zu erreichen. Trotz des erwähnten großen Vorzuges werden die Reibgetriebe im Werkzeugmaschinenbau nur wenig verwendet wegen ihrer geringen Durchzugsleistung und der Unsicherheit der Kraftübertragung. Die Verwendung beschränkt sich auf den Antrieb von Vorschüben. Wichtig ist das Getriebe nur für die Reibspindelpressen. Bei den indirekten Reibgetrieben tritt ein sehr starker Riemenverschleiß ein. Auch bei Riemengetrieben, die mit kegelförmigen Trommeln ausgestattet sind, können nur kleinere Leistungen übertragen werden, da die Riemen nur schmal sein dürfen. Mehr Bedeutung haben die hydraulischen Getriebe erlangt. Abb. 22 u. 23 zeigen das Getriebe des Sturm-Konzerns in Stuttgart.

Das Getriebe besteht nach Abb. 22 aus zwei Flügelpumpen *B* und *C*, die in ein gemeinschaftliches Gehäuse *A* eingebaut sind. Der Antrieb der Pumpe *B* erfolgt über die Welle *D* durch Elektromotor oder Transmission. Die Pumpe *C* arbeitet als Flüssigkeitsmotor entweder unmittelbar auf die Hauptspindel *E* der Werkzeugmaschine oder über ein Rädervorgelege (Abb. 23). Beide Pumpen haben radial verstellbare Laufgehäuse, welche durch Exzenter *H* und *J* verstellt werden können. Hierdurch wird die Treibmittelmenge geändert und dadurch die Umlaufzahl der getriebenen Welle. Die Flügel beider Pumpen sind radial verschiebbar. Das Treibmittel — Maschinenöl — wird auch unter die Flügel geleitet, wodurch sie vollkommen abdichtend an die Laufwand des Gehäuses angelegt werden. Die Führung der Flügel erfolgt dadurch, daß die Laufbolzen $K$ (Abb. 22 und 23) seitlich über die Flügel vorstehen und auf Ansätzen der beiden Stirnwände aufliegen. Wenn der Regelbereich des Flüssigkeitsgetriebes $\cong 1:8$, der des Räder-

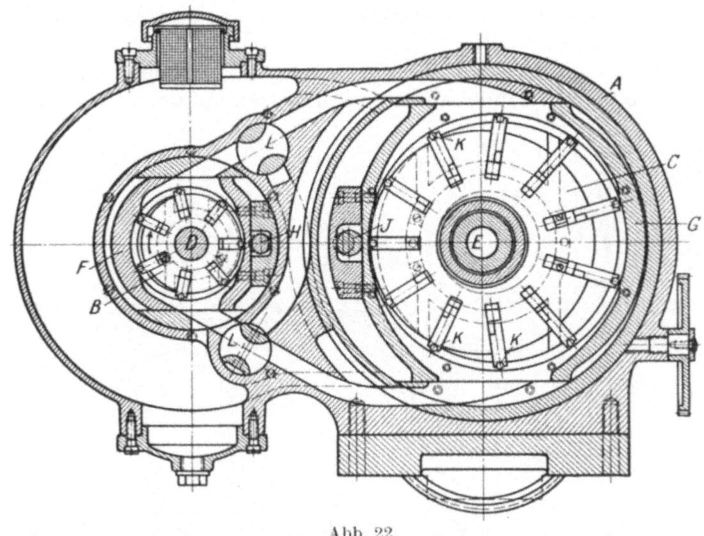


Abb. 22.

vorgeleges $\cong 1:6,4$, dann kann der Hauptspindel eine stufenlose Drehzahlenreihe im Bereich von $1:50$ gegeben werden, was für die meisten Werkzeugmaschinen wohl ausreichend ist. Durch die Dreh-

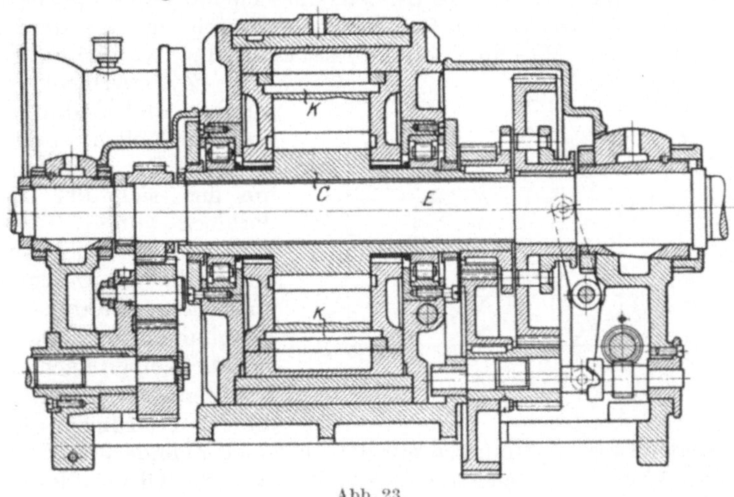


Abb. 23.

schieber $L$ (Abb. 23) kann die getriebene Pumpe plötzlich still gesetzt oder umgesteuert werden, so daß das Getriebe auch für den Antrieb von Shaping-Hobel- und Stoßmaschinen, deren Stößel oder Tisch durch Zahnstange bewegt wird, verwendet werden kann.

Abb. 24 und 25 zeigen Schnitte durch das Lauf-Thoma-Preßölkolbengetriebe, welches von der Magdeburger Werkzeugmaschinenfabrik A. G. ausgeführt wird, und zwar für den Antrieb von Werkzeugmaschinen für gleichbleibende Leistung. Das Getriebe besteht aus einer Kolbenpumpe und einem Kolbenmotor. Die Pumpe — der Primärteil hat radial angeordnete Zylinder — saugt Öl aus einem Behälter an und führt es einem gleichgebauten Sekundärteil zu, der als Motor wirkt.

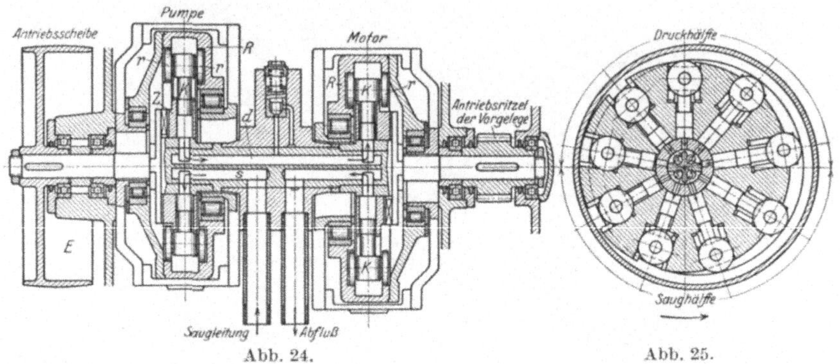

Abb. 24. Abb. 25.

Durch Verstellung des Hubes der Kolben wird die Fördermenge und die Drehzahl des Sekundärteiles geändert. Wie aus Abb. 24 zu ersehen, ist die Antriebsscheibe mit dem umlaufenden Zylinderblock gekuppelt, in dem sich radiale Bohrungen befinden. In diesem bewegen sich, durch große Kreuzköpfe geführt, die Kolben, die sich mit Rollen gegen eine umlaufende zylindrische Laufbahn legen. Durch ein Handrad am Spindelkasten der Maschine kann diese Laufbahn exzentrisch gegen den Zylinderblock verschoben und dadurch der Hub der Kolben verändert werden. Der Mittelzapfen, um den sich der Zylinderblock dreht, besitzt mehrere Durchbohrungen, durch die das Öl zu- und abfließt. Während des Saughubes, d. h. während sich die Kolben nach außen bewegen, ist die Hälfte dieser Bohrungen durch entsprechende Steueröffnungen mit den einzelnen Zylindern verbunden. Im Totpunkt sperren Steuerstege die Kolben von den Ölzuflußleitungen ab. Während der darauffolgenden Einwärtsbewegung der Kolben wird das Öl durch andere Steueröffnungen und Bohrungen einem entsprechend gebauten, als Motor wirkenden Sekundärteil zugeführt. Eine genügende Anzahl von Kolben sorgt für einen stetig fließenden Ölstrom. Abb. 26 zeigt den Übertragungsverlauf einer Leistung von

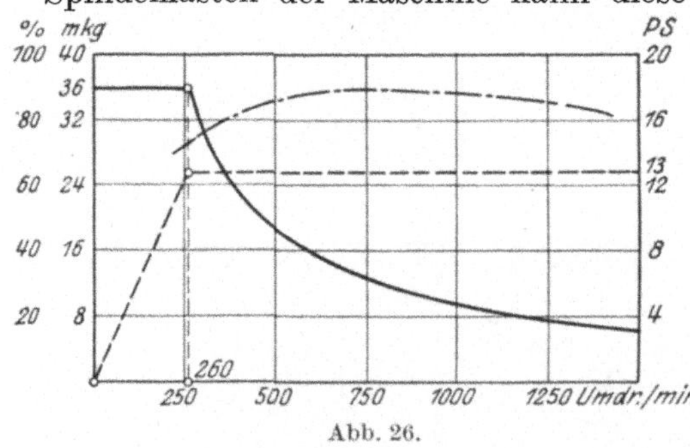

Abb. 26.

13 PS durch ein Lauf-Thomagetriebe. Das Getriebe wird mit 700 Umdrehungen in der Minute angetrieben. Das größte Drehmoment, das dieses Getriebe zu übertragen vermag, ist mit 36 mkg angegeben. Daher hat man bei niedrigen Drehzahlen dieses Drehmoment zur Verfügung, und die übertragbare Leistung steigt bis zu einer Drehzahl von 260 in der Minute gleichmäßig an. Bei 260 Umdrehungen ist die gewünschte Übertragung von 13 PS erreicht. Von hier an aufwärts kann das Getriebe die volle Leistung übertragen, dementsprechend fällt das Drehmoment ab, wie die Schaulinie zeigt. Die Abbildung zeigt ferner, daß das Getriebe einen hohen Wirkungsgrad hat, der dem Wirkungsgrad bester Rädergetriebe entspricht.

Fast ununterbrochene Drehzahlenreihen lassen sich mit Hilfe von Regelmotoren erzielen. Von diesen soll bei Besprechung des elektrischen Einzelantriebes die Rede sein.

## 2. Stufengetriebe.

### a) Anforderungen an stufenförmige Drehzahlenreihen.

Stufenförmige Drehzahlenreihen werden durch Stufenscheiben ohne und mit Rädervorgelegen und durch Rädergetriebe erzeugt. Anordnung der Drehzahlen, wenn das Getriebe der Schnittbewegung dient, stets nach der geometrischen Reihe. Hierbei ist der Geschwindigkeitsabfall beim Übergang von einer Drehzahl zur nächst kleineren stets der gleiche. Sodann stehen auch für die größeren der zu bearbeitenden Durchmesser genügend Drehzahlen zur Verfügung. Dies ergibt sich aus dem Drehzahlendiagramm (Abb. 27), auch Sägendiagramm genannt.

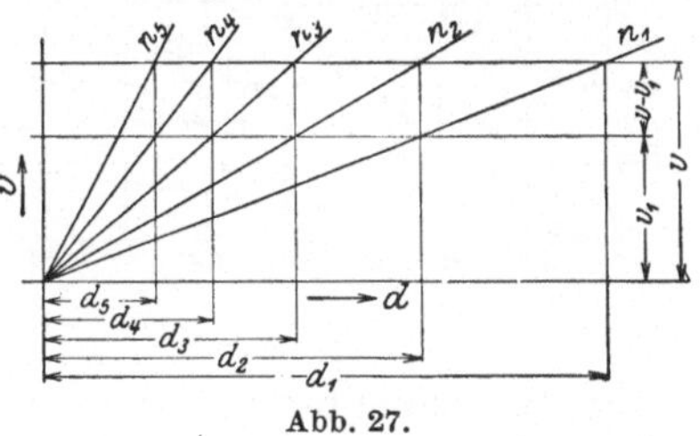

Abb. 27.

Hauptgleichung des Werkzeugmaschinenbaues $v = d\pi \cdot n$. Diese Gleichung stellt eine gerade Linie durch den Koordinatenanfangspunkt dar, wenn $n$ konstant ist und $v$ und $d$ die Veränderlichen sind. Die jeweiligen $n_1$, $n_2$, $n_3$ usw. sind bei stufenförmiger Reihe natürlich konstant.

In dem Diagramm sind die Drehzahlenlinien so gezeichnet, daß der Geschwindigkeitsabfall $v - v_1$ beim Übergang von einer Drehzahl zur nächst kleineren für den betreffenden Durchmesser immer gleich ist. Die angenommene Geschwindigkeit $v$ richtet sich nach dem Werkstückmaterial, dem Werkzeugstoff und der betreffenden Arbeit und ist der Geschwindigkeitstafel zu entnehmen. Die Gleichungen der Drehzahllinien sind:

$$v = d_2\pi \cdot n_2; \quad v = d_3\pi \cdot n_3; \quad v = d_4 \cdot \pi \cdot n_4; \quad v = d_5\,\pi \cdot n_5;$$
$$v_1 = d_2\,\pi \cdot n_1; \quad v_1 = d_3\,\pi \cdot n_2; \quad v_1 = d_4 \cdot \pi \cdot n_3; \quad v_1 = d_5 \cdot \pi \cdot n_4.$$

Durch Division erhält man:

$$\frac{v}{v_1} = \frac{n_2}{n_1} = \frac{n_3}{n_2} = \frac{n_4}{n_3} = \frac{n_5}{n_4} = \varphi$$

und hieraus:

$$n_2 = n_1 \cdot \varphi\,, \quad n_3 = n_2 \cdot \varphi = n_1 \cdot \varphi^2\,, \quad n_4 = n_3 \cdot \varphi = n_1 \cdot \varphi^3\,,$$
$$n_5 = n_4 \cdot \varphi = n_1 \cdot \varphi^4\,.$$

Die Drehzahlen sind also geometrisch geordnet.

Aus dem Diagramm ersieht man, daß für den Durchmesserbereich $d_1 \div d_2$ die Drehzahl $n_1$, für Bereich $d_2 \div d_3$ die Drehzahl $n_2$ usw. zur Verfügung steht. Es ergibt sich also sofort, ob für das betreffende Material, das Werkzeug und die Arbeit die richtige Drehzahl gewählt ist.

Aus $\frac{v}{v_1} = \varphi$ erhält man $\frac{v - v_1}{v} = \frac{\varphi - 1}{\varphi}$ oder Geschwindigkeitsabfall $v - v_1 = v\left(\frac{\varphi - 1}{\varphi}\right)$; der Abfall in vH von $v$: $A = \frac{\varphi - 1}{\varphi}$.

Bei Drehbänken z. B. wird ein Abfall von 20 ÷ 33,3 vH zugelassen, was einem $\varphi$ von 1,25 ÷ 1,5 entspricht. $\varphi$ ist die Steigerungszahl der geometrischen Reihe. Je mehr sich $\varphi$ der 1 nähert, um so kleiner ist der Geschwindigkeitsabfall, um so größer muß aber auch die Zahl der verfügbaren Drehzahlen sein.

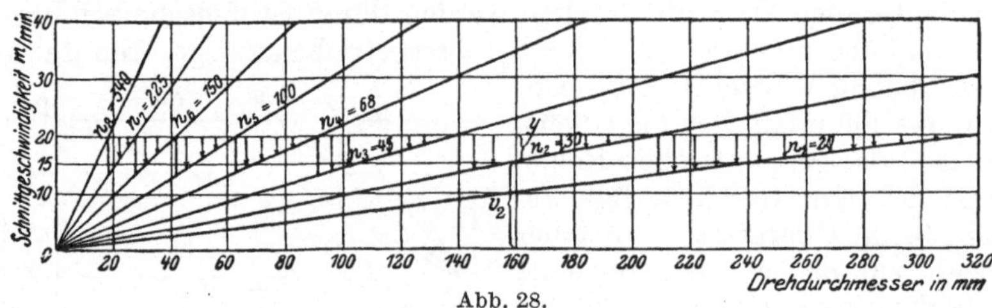

Abb. 28.

Ein Sägendiagramm für bestimmte Umlaufszahlen zeigt Abb. 28. Es ist:

für $v = 20$ m/min

| Drehdurchmesser | 320÷210 | 210÷140 | 140÷90 | 90÷65 | 65÷40 | 40÷30 | 30÷20 | < 20 |
|---|---|---|---|---|---|---|---|---|
| Umlaufszahl | 20 | 30 | 45 | 68 | 100 | 150 | 225 | 340 |

$\varphi = 1{,}5$. Wenn $v = 20$ m/min, dann $v_1 = \frac{20}{1{,}5} = 13{,}33$ m/min, Abfall 33,3 vH.

Bei 160 mm Durchmesser und $v = 20$ m/min ist $n_2 = 30$ einzustellen. Angewandte Schnittgeschwindigkeit $v_2 = 15$ m/min, Geschwindigkeitsverlust $y = v - v_2 = 5$ m/min.

Stellt man 2 Reihen mit gleicher Anzahl und gleichen Enddrehzahlen einander gegenüber, so ergibt sich aus einem Beispiel folgendes Bild:

| | | | | |
|---|---|---|---|---|
| Geometrisch | 2; | 4; | 8; | 16; |
| | 32; | 64; | 128; | 256. |
| Arithmetisch | 2; | 38,3; | 74,6; | 110,9; |
| | 147,2; | 183,5; | 219,6; | 256. |

Aus dem Beispiel ist zu ersehen, daß man bei der geometrischen Reihe eine größere Anzahl kleiner Drehzahlen, die der Bearbeitung der größeren Durchmesser dienen, zur Verfügung hat. Will man die geometrische Reihe mit Hilfe einer vierstufigen Scheibe und eines Vorgeleges erzielen, so bereitet dies keine Schwierigkeit. Das Übersetzungsverhältnis des Vorgeleges ist:

$$\frac{2}{32} = \frac{4}{64} = \frac{8}{128} = \frac{16}{256} = \frac{1}{16}.$$

Die arithmetische Reihe kann bei Anwendung eines Vorgeleges nicht verwirklicht werden, denn das Übersetzungsverhältnis müßte jedesmal geändert werden, da

$$\frac{2}{147{,}2} < \frac{38{,}3}{183{,}5} < \frac{74{,}6}{219{,}6} < \frac{110{,}9}{256}.$$

Stellt man obiger geometrischen Reihe eine arithmetische gegenüber, die verwirklicht werden kann mit gleicher Anfangszahl und gleichem Sprung zwischen der ersten und zweiten Drehzahl, so erhält man:

| | | | | | |
|---|---|---|---|---|---|
| [1]) Geometrisch | 2; 32; | 4; 64; | 8; 128; | 16; 256; | 1 : 16 = Wert des Vorgeleges. |
| Arithmetisch | 2; 10; | 4; 20; | 6; 30; | 8; 40; | 1 : 5 = Wert des Vorgeleges. |

Man erkennt, daß die arithmetische Reihe eine gebrochene ist und die Enddrehzahl zu niedrig ist. Bei Verwendung von 2 oder mehr Vorgelegen verschiebt sich das Bild noch mehr zugunsten der geometrischen Reihe. Für Schnittzwecke ist demnach die geometrische Reihe vorzuziehen sowohl aus wirtschaftlichen als auch aus Herstellungsgründen.

Aus der Reihe:

$$n_1;\ n_2 = n_1 \cdot \varphi;\ n_3 = n_1 \cdot \varphi^2;\ n_4 = n_1 \cdot \varphi^3;\ \ldots;\ n_z = n_1 \cdot \varphi^{z-1}$$

ergibt sich die Steigerungszahl oder der Quotient

$$\varphi = \sqrt[z-1]{\frac{n_z}{n_1}}.$$

Hierbei ist $z$ die Anzahl der Drehzahlen, $n_1$ die Anfangs- und $n_z$ die Enddrehzahl. Aus der Gleichung $n_z = n_1 \cdot \varphi^{z-1}$ erhält man ferner:

$$\log \frac{n_z}{n_1} = (z - 1) \log \varphi$$

oder

$$z = 1 + \frac{\log \frac{n_z}{n_1}}{\log \varphi}.$$

Aus dieser Gleichung ersieht man, daß $z = \infty$, wenn $\varphi = 1$. Dies kann nur bei stufenfreien Reihen erreicht werden.

---

[1]) Der Einfachheit halber ist $\varphi = 2$ gewählt worden, obwohl man selten so hoch geht wegen des zu großen Geschwindigkeitsabfalles.

Soll die Drehzahlenreihe mit Hilfe eines Vorgeleges erzeugt werden, was von $z = 6$ an aufwärts meist der Fall ist, so teilt man die Reihe in 2 Gruppen. Dann ergibt sich aus:

$$n_1;\quad n_1 \cdot \varphi;\quad n_1 \cdot \varphi^2;\ \ldots;\ n_1 \cdot \varphi^{\frac{z}{2}-1};$$

$$n_1 \cdot \varphi^{\frac{z}{2}};\quad n_1 \cdot \varphi^{\frac{z}{2}+1};\quad n_1 \cdot \varphi^{\frac{z}{2}+2};\ \ldots;\ n_1 \cdot \varphi^{z-1} = n_z$$

der Wert des Vorgeleges zu:

$$J = \frac{n_1}{n_1 \cdot \varphi^{\frac{z}{2}}} = \frac{n_1 \cdot \varphi^{\frac{z}{2}-1}}{n_1 \cdot \varphi^{z-1}} = \frac{1}{\varphi^{\frac{z}{2}}}.$$

Ist eine Teilung in 3 Gruppen erforderlich, wenn z. B. mit einer vierstufigen Scheibe 12 Drehzahlen erreicht werden sollen, dann ist $J = \frac{1}{\varphi^{\frac{z}{3}}}$. Bei Teilung in 4 Gruppen $J = \frac{1}{\varphi^{\frac{z}{4}}}$.

Die Gleichung der geometrischen Reihe ist $y = a \cdot \varphi^x$, wobei $x$ die Werte 1, 2, 3 usw. erhält. Diese Gleichung stellt eine Kurve dar. Bringt man die Gleichung in die Form $\log y = \log a + x \log \varphi$ oder $Y = A + B \cdot x$, so erhält man eine gerade Linie. Die Ordinate ist hierbei logarithmisch geteilt, die Abszisse in normaler Weise. Man trägt in das in dieser Weise geteilte Koordinatenpapier die Enddrehzahlen ein und verbindet die so erhaltenen Punkte durch eine Gerade. Die Zwischendrehzahlen erhält man dann durch Abgreifen (Abb. 29).

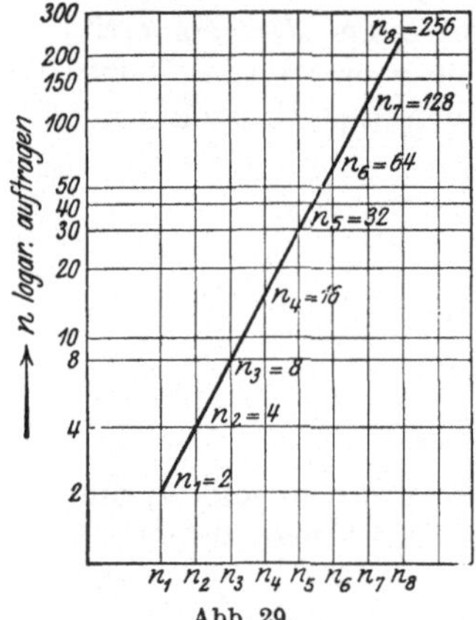

Abb. 29.

Wertvoll[1]) ist diese Darstellung besonders dann, wenn die Drehzahlen einer vorhandenen Maschine darauf untersucht werden sollen, ob sie geometrisch geordnet sind. Dies ist nur dann der Fall, wenn die Punkte auf einer geraden Linie liegen. Verhält sich das nicht so, kann man mit Hilfe des Schaubildes sehen, wie das Getriebe geändert werden muß.

Vorschubreihen dürfen arithmetisch geordnet sein. Dies ist z. B. dann der Fall, wenn die Schaltung durch Ratsche erfolgt wie bei den Plandrehbänken, Radsatzbänken, Walzendrehbänken. Handelt es sich aber um eine Dauerschaltung, die durch Stufengetriebe mit Vorgelege hervorgebracht wird, so empfiehlt sich die geometrische Ordnung der Reihe, um ihre Stetigkeit zu wahren. Unter Umständen ergibt sich die Ordnung aus der zu leistenden Arbeit. Wenn nämlich mit Hilfe des Vorschubräderkastens auch Gewinde geschnitten werden soll, ist die Reihe weder geometrisch noch arithmetisch.

[1]) Toussaint: Die Werkz.-Masch. 1917, S. 302.

## b) Stufenscheibengetriebe.

Stufenscheibengetriebe werden ohne und, für Antriebszwecke meistens, mit Rädervorgelegen ausgeführt. Die Berechnung der Stufenscheibengetriebe sei an einem Beispiel erläutert. Hierbei ist vorausgesetzt, daß die beiden Stufenscheiben gleich groß sind, wie es gewöhnlich ausgeführt wird. Das Getriebe nach Abb. 30 gestattet, 6 Drehzahlen zu geben, also ist $z = 6$. Aus den Enddrehzahlen wird zuerst $\varphi$ berechnet. $\varphi = \sqrt[5]{\frac{n_z}{n_1}}$. Der Wert des Vorgeleges berechnet sich dann zu $y = \frac{1}{\varphi^{\frac{6}{2}}}$, da die Reihe in 2 Gruppen geteilt ist.

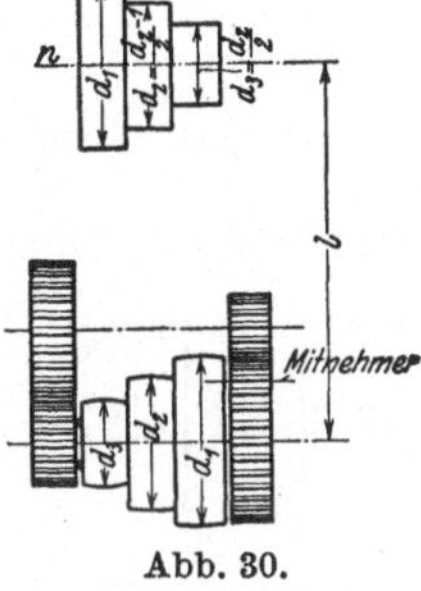

Abb. 30.

$n_z$ berechnet sich aus dem kleinsten zu bearbeitenden Werkstücksdurchmesser und der größtzulässigen Geschwindigkeit, $n_1$ aus dem größten Werkstücksdurchmesser und der kleinsten Schnittgeschwindigkeit, die durch Material und Werkzeugstoff gegeben ist. $n$ ist die Drehzahl der treibenden Scheibe. Liegt bei ausgerücktem Vorgelege, also direktem Gang, der Riemen auf $d_3$ an der Maschine, so erhält man die größte Drehzahl. Es ist dann: $\frac{n}{n_z} = \frac{d_{\frac{z}{2}}}{d_1}$. Wenn der Riemen auf $d_1$ an der Maschine, dann: $\frac{n}{n_1 \cdot \varphi^{\frac{z}{2}}} = \frac{d_1}{d_{\frac{z}{2}}}$. Vereinigt man diese beiden Gleichungen, so erhält man $n = \sqrt{n_z \cdot n_1 \cdot \varphi^{\frac{z}{2}}}$.

Setzt man noch an Stelle von $n_1$: $\frac{n_z}{\varphi^{z-1}}$, so ergibt sich:

$$n = \frac{n_z}{\sqrt{\varphi^{\frac{z}{2}-1}}}.$$

Die Scheibendurchmesser berechnen sich dann aus $d_1 = d_{\frac{z}{2}} \sqrt{\varphi^{\frac{z}{2}-1}}$, $d_{\frac{z}{2}}$ ergibt sich aus dem Aufbau der Maschine. Je größer der kleinste Durchmesser gemacht werden kann, um möglichst hohe Riemengeschwindigkeit zu erzielen, um so besser ist es. Das Verhältnis der beiden mittleren Scheiben berechnet sich aus: $\frac{d_2}{d_{\frac{z}{2}-1}} \sqrt{\varphi^{\frac{z}{2}-3}}$. In dem vorliegenden Falle ist also $\frac{d_2}{d_{\frac{z}{2}-1}} = \sqrt{\varphi^{\frac{6}{2}-3}} = 1$. Dies Resultat ergibt sich auch aus der Anschauung, da bei Scheiben mit ungerader Stufenzahl die mittleren Stufen gleich sind. Haben die Scheiben 4 Stufen, liegt also ein Getriebe vor mit 8 Drehzahlen, so erhält man weiterhin:

$\frac{d_3}{d_{\frac{z}{2}-2}} = \sqrt{\varphi^{2}}^{\frac{z}{2}-5}$. Hierbei ist $z = 8$. Bei 5 Stufen ist $z = 10$ und

$\frac{d_4}{d_{\frac{z}{2}-3}} = \sqrt{\varphi^{2}}^{\frac{z}{2}-7}$.

Hat das Getriebe kein Vorgelege, so tritt an die Stelle von $\frac{z}{2} : z$. Wenn 2 Vorgelege vorhanden sind, dann ist statt $\frac{z}{2} : \frac{z}{3}$ in die Formeln einzusetzen; bei Teilung der Drehzahlenreihe in 4 Gruppen $\frac{z}{4}$ usw.

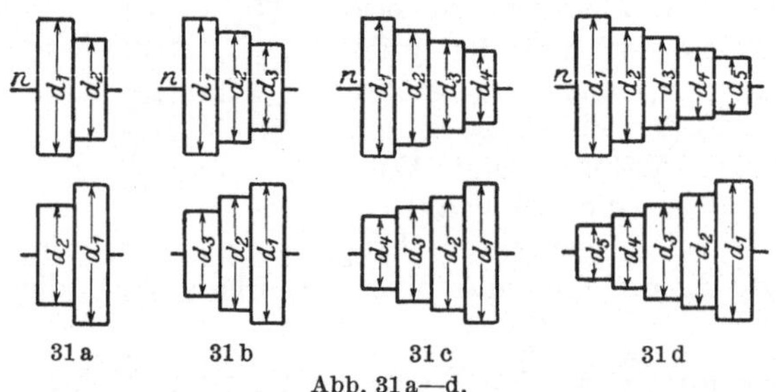

Abb. 31a—d.

Zur Ergänzung dieser Formeln sei noch die von Toussaint angegebene Berechnungsart der Übersetzungsverhältnisse für die praktisch vorkommenden Fälle von Stufenzahlen angeführt[1]). Diese Werte gelten für Stufenscheibengetriebe mit und ohne Rädervorgelege.

Nach Abb. 31a ist $n_1 = n \cdot \frac{d_2}{d_1}$ und $n_1 \cdot \varphi = n \cdot \frac{d_1}{d_2}$. Hieraus ergibt sich: $\frac{d_1}{d_2} = \frac{\sqrt{\varphi}}{1}$ und $\frac{d_2}{d_1} = \frac{1}{\sqrt{\varphi}}$. In der gleichen Weise berechnen sich die Durchmesserverhältnisse für die anderen Fälle, so daß man die folgende Tafel aufstellen kann.

| Abb. 31a | | Abb. 31b | | | Abb. 31c | | | | Abb. 31d | | | | |
|---|---|---|---|---|---|---|---|---|---|---|---|---|---|
| $\frac{d_1}{d_2}$ | $\frac{d_2}{d_1}$ | $\frac{d_1}{d_3}$ | $\frac{d_2}{d_2}$ | $\frac{d_3}{d_1}$ | $\frac{d_1}{d_4}$ | $\frac{d_2}{d_3}$ | $\frac{d_3}{d_2}$ | $\frac{d_4}{d_1}$ | $\frac{d_1}{d_5}$ | $\frac{d_2}{d_4}$ | $\frac{d_3}{d_3}$ | $\frac{d_4}{d_2}$ | $\frac{d_5}{d_1}$ |
| $\frac{\sqrt{\varphi}}{1}$ | $\frac{1}{\sqrt{\varphi}}$ | $\frac{\varphi}{1}$ | $\frac{1}{1}$ | $\frac{1}{\varphi}$ | $\frac{\sqrt{\varphi^3}}{1}$ | $\frac{\sqrt{\varphi}}{1}$ | $\frac{1}{\sqrt{\varphi}}$ | $\frac{1}{\sqrt{\varphi^3}}$ | $\frac{\varphi^2}{1}$ | $\frac{\varphi}{1}$ | $\frac{1}{1}$ | $\frac{1}{\varphi}$ | $\frac{1}{\varphi^2}$ |

Zur Bestimmung der Zwischenstufendurchmesser geht man aber vielfach in der Weise vor, daß man gleichmäßig abstuft. Es ist dann $d_1 - d_2 = d_2 - d_3 = d_3 - d_4$ usw. Es kann hierdurch allerdings eine Abweichung von der geometrischen Reihe eintreten. Diese Abweichung darf nicht größer als 2 vH sein. Ferner ist die Riemenlänge

[1]) Dubbel: Taschenbuch für den Maschinenbau. 3. Aufl. S. 1310.

nachzurechnen, wenn der Achsenabstand $l \leqq 10 \left(d_1 - d_{\frac{z}{2}}\right)$ ist, und zwar nach der Formel

$$L \sim \frac{\pi}{2}\left(d_1 + d_{\frac{z}{2}}\right) + 2l + \frac{\left(d_1 - d_{\frac{z}{2}}\right)^2}{4l}. \qquad \text{(Abb. 30)}.$$

Es ist sodann zu prüfen, ob sich für die Zwischenstufen gleiche Längen ergeben. Im gegebenen Falle sind die Durchmesser zu ändern, natürlich unter Beibehaltung der Übersetzungsverhältnisse. Die angegebene Formel für die Riemenlänge gilt für offene Riemen. Gekreuzte Riemen sollte man bei Stufenscheiben vermeiden, weil das Umlegen des Riemens zu schwierig ist. Das Verhältnis von $d_1$ zu $d_{\frac{z}{2}}$ sei kleiner als 2 : 1, damit der Unterschied in der Durchzugsleistung des Riemens in den beiden äußeren Lagen nicht zu groß wird.

Zur Berechnung der Riemenbreite kann man bei Stufenscheiben nach Hegner[1]) folgende Werte nehmen:

| | | | | | | |
|---|---|---|---|---|---|---|
| Für Riemenbreite | 50 mm | $p = 10$ kg | pro | cm | Breite, |
| „ „ | 60 mm | $p = 12$ kg | „ | „ | „ |
| „ „ | 70 mm | $p = 12$ kg | „ | „ | „ |
| „ „ | 80 mm | $p = 13$ kg | „ | „ | „ |
| „ „ | 100 mm | $p = 15$ kg | „ | „ | „ |
| „ „ | 125 mm | $p = 15$ kg | „ | „ | „ |
| „ „ | 150 mm | $p = 16$ kg | „ | „ | „ |

In Abb. 32 sind die diesen Angaben entsprechenden Ordinaten aufgetragen. Es können also die Riemenbreiten sofort abgegriffen werden. Die Belastung der Riemen ist wesentlich höher, als sonst üblich. Es ist dies wohl gerechtfertigt, da die Werkzeugmaschinen verhältnismäßig selten voll belastet sind und auch nicht dauernd arbeiten. Bei Einscheibenantrieben kann man $p = 8 \div 10$ kgcm nehmen, weil hier mehr Platz zur Unterbringung der Scheibe vorhanden ist.

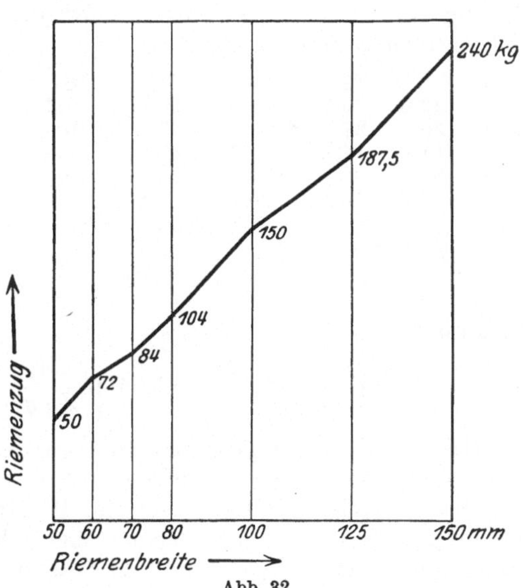

Abb. 32.

Zur Berechnung der Vorgelegeräder ist zu bemerken, daß die kleinste Zähnezahl, die man im Werkzeugmaschinenbau für Antriebe nimmt, gewöhnlich 20 ist; unter 17 sollte man

[1]) Lehrbuch der Vorkalkulation.

jedenfalls nicht gehen. Bei Vorschubgetrieben findet man kleinere Zähnezahlen, bis 14 und noch weniger. Räder unter 22 Zähnen werden heute meist mit korrigierter Verzahnung ausgeführt, um die Unterschneidung zu mildern und die Eingriffsverhältnisse zu verbessern. Die Räder werden mit Evolventenverzahnung ausgeführt, wobei die Erzeugende unter dem Winkel von 15° liegt. Es empfiehlt sich aber, zur 20°-Evolvente überzugehen, weil hierbei die Unterschneidung auch schon bei normaler Verzahnung geringer ist, als bei der 15°-Evolvente. Im Pressen- und Scherenbau findet man Räder mit 27,5°-Evolvente. Aus Abb. 33 folgt:

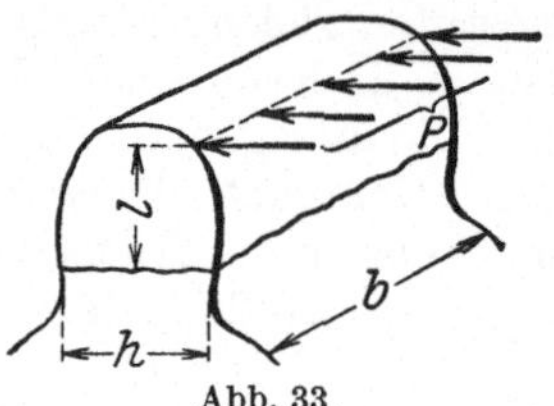

Abb. 33.

$$P \cdot l = \frac{b \cdot h^2}{6} \cdot k_b\,^{1)}.$$

Zur Bestimmung von $l$ und $h$ ist die Aufzeichnung des Zahnes erforderlich. Bei normalen Evolventenrädern ist die Zahnform nur von der Zähnezahl abhängig. Setzt man $l = \alpha \cdot t$ und $h = \beta \cdot t$, dann ist

$$k_b = P \cdot \frac{\alpha \cdot t}{\frac{1}{6} b \cdot \beta^2 \cdot t^2} = \frac{P}{b \cdot t} \cdot 6 \frac{\alpha}{\beta^2} = \frac{P}{b \cdot t} \cdot \gamma$$

und $P = \frac{k_b}{\gamma} \cdot b \cdot t.$

Hierin ist $\gamma = 6 \cdot \frac{\alpha}{\beta^2}$ ein nur von der Zähnezahl, aber nicht von der Teilung abhängiger Zahlenwert, der der nachstehenden Zahlentafel entnommen werden kann.

| | | | | | | | | | |
|---|---|---|---|---|---|---|---|---|---|
| $z =$ | 12 | 13 | 14 | 15 | 16 | 18 | 20 | 22 | 24 |
| $\gamma =$ | 22,0 | 20,7 | 19,6 | 19,0 | 18,3 | 17,2 | 16,4 | 15,6 | 15,2 |
| $z =$ | 26 | 28 | 30 | 35 | 40 | 45 | 50 | 60 | 70 |
| $\gamma =$ | 14,6 | 14,3 | 14,0 | 13,2 | 12,6 | 12,0 | 11,6 | 11,2 | 11,0 |
| $z =$ | 80 | 90 | 100 | 120 | 140 | 170 | 200 | 300 | $\infty$ |
| $\gamma =$ | 10,8 | 10,5 | 10,2 | 9,8 | 9,6 | 9,5 | 9,4 | 9,2 | 9,0 |

Setzt man

$P = \frac{M_d}{r}$, $r = \frac{z \cdot t}{2\pi}$ und $b = \psi \cdot t$, so erhält man nach einigen Umformungen

$$t = \sqrt[3]{\frac{M_d \cdot \gamma \cdot 2\pi}{Z \cdot \psi \cdot k_b}} = 1{,}84 \sqrt[3]{\frac{M_d \cdot \gamma}{Z \cdot \psi \cdot k_b}} \text{ in cm}$$

Hierin bedeutet $M_d$ das zu übertragende Drehmoment in kgcm und $r$ der Radius des Rades in cm.

Die normale Zahnbreite wird im Werkzeugmaschinenbau zu 10mal Modul genommen, doch findet man bei Schieberädergetrieben geringere Werte, um Platz zu sparen und an Stellen, wo genug Platz, auch höhere Werte, bis 20 × Modul. Hat das Rad eine Breite von 10 × Modul, so ist $\psi = \frac{10}{\pi} = 3{,}2$ .

---

[1]) Freytags Hilfsbuch für den Maschinenbau. 7. Aufl. S. 174.

Die zulässige Beanspruchung $k_b$ sei:

| | | |
|---|---|---|
| $250 \div 350$ | kg/cm² | für gutes Gußeisen, |
| $600 \div 800$ | kg/cm² | „ Stahlguß, Phosphorbrome, Deltametall, |
| $800 \div 1200$ | kg/cm² | „ S. M. Schmiedestahl, |
| $1200 \div 2000$ | kg/cm² | „ Sonderstahle, |
| $2500 \div 3500$ | kg/cm² | „ gehärteten Chromnickelstahl und Silizium-Manganstahl, |
| $400 \div 600$ | kg/cm² | „ Rotguß, |
| $150 \div 200$ | kg/cm² | „ Rohhaut, |
| $250 \div 300$ | kg/cm² | „ Silcurit, Unika-Papierstoff. |

Wenn man in der obigen Formel $P = \frac{k_b}{\gamma} \cdot b \cdot t$ für $b$ setzt $10 \cdot m$ und für $t = m \cdot \pi$ in Millimetern und $k_b = 1$ kg/mm², so erhält man

$$P = \frac{10 \cdot \pi}{\gamma} \cdot m^2 = f \cdot m^2.$$

In der folgenden Zahlentafel sind für alle vorkommenden Zähnezahlen und für die Teilungen von $2\pi$ bis $32\pi$ die zulässigen Belastungen zusammengestellt für die Beanspruchung von 1 kg/mm² = 100 kg/cm² und für eine Zahnbreite von $10 \times$ Modul.

Die $f$-Werte dieser Zahlentafel weisen gegenüber den $\gamma$-Werten der ersten Zahlentafel einige Abweichungen auf, da sie von anderer Seite festgestellt wurden. Nach der Zahlentafel kann man z. B. für ein Rad von 20 Zähnen, $5\pi$ Teilung, 60 mm Breite aus Schmiedestahl bei einem $k_b = 1000$ kg/cm² $= 10$ kg/mm² einen Zahndruck von $P = 54 \cdot 10 \cdot \frac{60}{50} = 648$ kg zulassen.

Als Höchstgeschwindigkeit kann man nehmen:

| | |
|---|---|
| $v = 6$ m/sek | für Räder aus Gußeisen, |
| $v = 6$ m/sek | „ „ „ Stahlguß, |
| $v = 6$ m/sek | „ „ „ Stahl, |
| $v = 8$ m/sek | „ „ „ Rotguß, Phosphorbrome, |
| $v = 11$ m/sek | „ „ „ Rohhaut. |

Sind die Räder sehr sorgfältig hergestellt, gehärtet und die Zahnflanken geschliffen, so kann man höhere Werte für die Geschwindigkeit zulassen.

Es soll nun die Berechnung eines Stufenscheibenantriebes mit Rädervorgelegen für eine Drehbank an Hand der Abb. 34 durchgeführt werden für $n_1 = 10$ und $n_{15} = 400$.

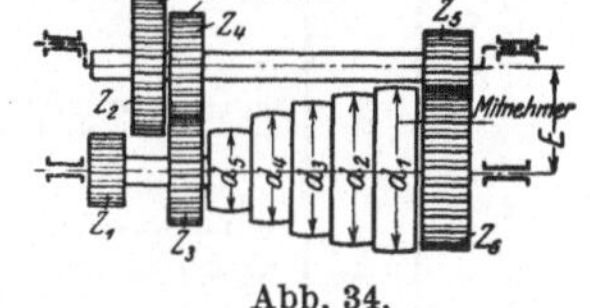

Abb. 34.

Bei einem Drehdurchmesser von 500 ist $v_{min} = 0{,}5\pi \cdot 10 = 15{,}7$ m/min und bei 20 mm Durchmesser ist $v_{max} = 0{,}02\pi \cdot 400 = 25$ m/min. Der kleinste Stufendurchmesser sei zu 250 mm angenommen. Leistung 5 mm² Spanquerschnitt in Stahl von 50 kg Festigkeit und 20 m Schnittgeschwindigkeit.

$$\varphi = \sqrt[14]{\frac{400}{10}} = 1{,}3.$$

$$\text{Geschwindigkeitsabfall } A = \frac{\varphi - 1}{\varphi} = \frac{1{,}3 - 1}{1{,}3} = 0{,}23 = 23 \text{ vH.}$$

Belastungen nicht korrigierter Zahnräder mit 15°-Evolvente bei einer Zahnbreite von 10 mal Modul und einer Beanspruchung von 10 kg/cm².

| Z | f | 2 π | 3 π | 4 π | 5 π | 6 π | 7 π | 8 π | 9 π | 10 π | 11 π | 12 π | 13 π | 14 π | 15 π | 16 π |
|---|---|---|---|---|---|---|---|---|---|---|---|---|---|---|---|---|
| 12—13 | 1,61 | 6,4 | 14,5 | 26 | 40 | 58 | 79 | 103 | 130 | 161 | 195 | 232 | 272 | 316 | 362 | 412 |
| 14 | 1,675 | 6,7 | 15 | 27 | 42 | 60 | 82 | 107 | 135 | 167 | 200 | 242 | 283 | 328 | 377 | 428 |
| 15—16 | 1,93 | 7,7 | 17 | 31 | 48 | 69 | 95 | 123 | 156 | 193 | 233 | 277 | 326 | 377 | 433 | 492 |
| 17—18 | 2,03 | 8,1 | 18 | 32,5 | 51 | 73 | 99 | 130 | 165 | 203 | 246 | 294 | 344 | 398 | 458 | 520 |
| 19—24 | 2,14 | 8,6 | 19 | 34 | 54 | 77 | 105 | 137 | 174 | 214 | 258 | 308 | 363 | 420 | 483 | 548 |
| 25—33 | 2,25 | 9,0 | 20 | 36 | 56 | 81 | 110 | 144 | 182 | 225 | 272 | 323 | 380 | 440 | 507 | 573 |
| 34—41 | 2,48 | 9,9 | 22 | 40 | 62 | 90 | 122 | 160 | 202 | 348 | 301 | 358 | 420 | 488 | 560 | 635 |
| 42—52 | 2,58 | 10,3 | 23 | 42 | 65 | 93 | 126 | 166 | 209 | 258 | 313 | 372 | 437 | 507 | 581 | 660 |
| 53—80 | 2,83 | 11,0 | 25 | 45 | 71 | 102 | 139 | 182 | 229 | 283 | 343 | 408 | 480 | 556 | 638 | 724 |
| 81—∞ | 3,05 | 12,0 | 27 | 49 | 76 | 110 | 150 | 195 | 247 | 305 | 368 | 440 | 514 | 597 | 685 | 778 |

| Z | f | 17 π | 18 π | 19 π | 20 π | 21 π | 22 π | 23 π | 24 π | 25 π | 26 π | 27 π | 28 π | 29 π | 30 π | 32 π |
|---|---|---|---|---|---|---|---|---|---|---|---|---|---|---|---|---|
| 12—13 | 1,61 | 466 | 522 | 582 | 645 | 710 | 780 | 855 | 928 | 1000 | 1090 | 1170 | 1265 | 1355 | 1450 | 1650 |
| 14 | 1,675 | 484 | 542 | 605 | 670 | 738 | 810 | 880 | 965 | 1048 | 1135 | 1220 | 1315 | 1410 | 1505 | 1710 |
| 15—16 | 1,93 | 559 | 627 | 698 | 772 | 850 | 935 | 1025 | 1110 | 1205 | 1305 | 1400 | 1515 | 1620 | 1740 | 1970 |
| 17—18 | 2,03 | 590 | 662 | 736 | 818 | 898 | 988 | 1080 | 1170 | 1270 | 1375 | 1485 | 1625 | 1710 | 1830 | 2080 |
| 19—24 | 2,14 | 620 | 695 | 775 | 858 | 945 | 1040 | 1135 | 1235 | 1340 | 1450 | 1560 | 1680 | 1800 | 1930 | 2190 |
| 25—33 | 2,25 | 650 | 730 | 812 | 900 | 990 | 1090 | 1190 | 1295 | 1400 | 1520 | 1640 | 1765 | 1890 | 2020 | 2290 |
| 34—41 | 2,48 | 720 | 810 | 900 | 992 | 1092 | 1200 | 1320 | 1430 | 1550 | 1680 | 1810 | 1950 | 2080 | 2230 | 2540 |
| 42—52 | 2,58 | 750 | 840 | 935 | 1035 | 1140 | 1250 | 1370 | 1545 | 1610 | 1745 | 1880 | 2030 | 2170 | 2320 | 2640 |
| 53—80 | 2,83 | 820 | 920 | 1025 | 1135 | 1250 | 1375 | 1505 | 1630 | 1770 | 1920 | 2070 | 2220 | 2380 | 2550 | 2900 |
| 81—∞ | 3,05 | 883 | 990 | 1100 | 1220 | 1345 | 1475 | 1605 | 1760 | 1900 | 2060 | 2220 | 2380 | 2560 | 2750 | 3110 |

Reihe der Drehzahlen:

$$\begin{array}{lllll} n_1 = 10 & n_2 = 13 & n_3 = 16{,}9 & n_4 = 22 & n_5 = 28{,}5 \\ n_6 = 37 & n_7 = 48{,}2 & n_8 = 62{,}8 & n_9 = 81{,}5 & n_{10} = 106 \\ n_{11} = 138 & n_{12} = 180 & n_{13} = 235 & n_{14} = 305 & n_{15} = 400. \end{array}$$

$$d_1 = d_5 \sqrt{\varphi^{\frac{15}{3}-1}} = d_5 \cdot \varphi^2; \quad d_1 = 250 \cdot 1{,}3^2 = 422;$$

$$d_4 = 250 + \frac{422 - 250}{4} = 293; \; d_3 = 293 + 43 = 336; \; d_2 = 336 + 43 = 379.$$

Umdrehungszahl der Antriebsscheibe

$$n = \sqrt{400 \cdot 138} = \frac{400}{\sqrt{1{,}3^{\frac{15}{3}-1}}} = 235.$$

$n = n_{13}$, was sich auch aus der Anschauung ergibt.

Der Leistungsbedarf

$$N = \frac{W_1 \cdot v}{25 \cdot 60} \cdot \frac{1}{\eta} = \frac{2{,}6 \cdot 50 \cdot 5 \cdot 20}{75 \cdot 60} \cdot \frac{1}{0{,}7} \cong 4{,}2 \text{ PS}.$$

Die kleinste Riemengeschwindigkeit erhält man, wenn der Riemen auf der kleinsten Stufe der antreibenden Scheibe liegt zu:

$$v_r = \frac{0{,}25 \cdot \pi \cdot 235}{60} = 3{,}1 \text{ m/sek}.$$

$$N = \frac{P_r \cdot v_r}{75}; \quad 4{,}2 = \frac{P_r \cdot 3{,}1}{75}. \quad \text{Hieraus } P_r = 102 \text{ kg}.$$

Nach den Angaben von Hegner genügt also eine Riemenbreite von 80 mm (s. Abb. 32).

Das Übersetzungsverhältnis eines Vorgeleges $J_1 = \frac{1}{\varphi^{\frac{z}{3}}} = \frac{1}{1{,}3^5} = \frac{1}{3{,}7}$ $= \frac{n_1}{n_6}$ bzw. $J_2 = \frac{1}{\varphi^{\frac{2}{3}z}} = \frac{1}{1{,}3^{10}} = \frac{1}{13{,}7} = \frac{n_1}{n_{11}}$. Die Teilungen der Vorgelegeräder und deren Breiten kann man zunächst annehmen und dann nachrechnen. Wenn möglich $Z_3 = Z_4$. Wird dann $Z_1$ zu klein, so muß man $Z_3 > Z_4$ nehmen und etwas ins Schnelle treiben.

$$J_1 = \frac{Z_3}{Z_4} \cdot \frac{Z_5}{Z_6} = \frac{1}{3{,}7}$$

$$J_2 = \frac{Z_1}{Z_2} \cdot \frac{Z_5}{Z_4} = \frac{1}{3{,}7} \cdot \frac{1}{3{,}7} = \frac{1}{13{,}8}; \quad Z_1 \cong d_1 \text{ hieraus } Z_5 \cong \frac{422}{3{,}7} = 114 \text{ mm}.$$

Nimmt man $Z_5$ mit 17 Zähnen und $7\pi$ Teilung an, so wird sein Teilkreisdurchmesser 119 mm, also etwas größer. $Z_6$ erhält dann $3{,}7 \cdot 17 \cong 63$ Zähne. Die Breite dieser Räder sei gleich 100 mm. Der größte Zahndruck tritt auf, wenn der Riemen auf $d_1$ und mit den Vorgelegen $\frac{Z_1}{Z_2} \cdot \frac{Z_5}{Z_6}$ gearbeitet wird. Wirkungsgrad einer Räderübersetzung $= 0{,}9$.

Zahnraddruck $P_5 = 102 \cdot \frac{422}{119} \cdot \frac{441}{119} \cdot 0{,}9 = 1220\,\text{kg}$.

Für Rad $Z_5$ ist die Beanspruchung dann $k_b = \frac{P_5 \cdot y}{b \cdot t}$, also $k_b = \frac{1220 \cdot 17{,}7}{10 \cdot \frac{7 \cdot \pi}{10}} \cong 980\,\text{kg/cm}^2$. $Z_5$ demnach aus S.-M.-Stahl.

Für Rad $Z_6$: $$k_b = \frac{1220 \cdot 11{,}1}{10 \cdot \frac{7 \cdot \pi}{10}} = 620\,\text{kg/cm}^2.$$

Dieses Rad muß aus Stahlguß hergestellt werden.

Rad $Z_1$ erhalte 20 Zähne und $6\,\pi$ Teilung, Rad $Z_2$ 74 Zähne und die Räder $Z_3$ und $Z_4$ je 47 Zähne bei $6\,\pi$ Teilung. Die Achsenentfernung $E$ wird dann $= 47 \cdot 6 = 282\,\text{mm}$, während die beiden Räder $Z_5$ und $Z_6$ nur $\frac{17 + 63}{2} \cdot 7 = 280\,\text{mm}$ erfordern. Diesen Unterschied kann man dadurch ausgleichen, daß man $Z_5$ mit korrigierter Verzahnung ausführt und ihm einen Außendurchmesser von 137 mm gibt statt des normalen von 133 mm, wodurch dann auch die Unterschneidung gemildert und die Eingriffsverhältnisse verbessert werden. Zahndruck $P_1$ auf Rad $Z_1$ ist $P_1 = 102 \cdot \frac{422}{119} \cong 365\,\text{kg}$. Bei einer Radbreite von 70 mm berechnet sich die Beanspruchung von $Z_1$ zu $k_b = \frac{365 \cdot 16{,}4}{7 \cdot \frac{6 \cdot \pi}{10}} = 460\,\text{kg/cm}^2$. Material S.-M.-Stahl.

Für $Z_2$ erhält man $k_b = \frac{365 \cdot 10{,}9}{7 \cdot \frac{6 \cdot \pi}{10}} = 300\,\text{kg/cm}^2$.

Es genügt hier also Gußeisen. Eine Nachrechnung der Räder $Z_3$ und $Z_4$ erübrigt sich, da der Zahndruck $P_3 = 102 \cdot \frac{422}{282} = 153\,\text{kg}$ ist. Diese Räder können aus Gußeisen hergestellt werden und brauchen nur 60 mm breit zu sein, wodurch an Baulänge gespart wird.

Bei diesem Berechnungsbeispiel ist das Übersetzungsverhältnis der Rädervorgelege $J_1 = \frac{Z_3}{Z_4} \cdot \frac{Z_5}{Z_6} = \frac{1}{3{,}7}$ und $J_2 = \frac{Z_1}{Z_2} \cdot \frac{Z_5}{Z_6} = \frac{1}{13{,}8}$.

Soll die Bank auch zum Schneiden steiler Gewinde eingerichtet sein, so müssen die Nenner der Übersetzungsverhältnisse ganze Zahlen sein. Es müßte dann sein $J_1 = \frac{1}{4}$ und $J_2 = \frac{1}{14}$, wodurch aber eine Unstetigkeit in der geometrischen Anordnung der Drehzahlenreihe entsteht. Soll diese vollständig vermieden werden, so müßte $J_1 = \frac{1}{4}$ und $J_2 = \frac{1}{16}$ sein. Aus $J_1 = \frac{1}{\varphi^{\frac{z}{3}}} = \frac{1}{\varphi^5} = \frac{1}{4}$ bzw. $J_2 = \frac{1}{\varphi^{\frac{2}{3}z}} = \frac{1}{\varphi^{10}} = \frac{1}{16}$ würde sich dann $\varphi = 1{,}32$ bestimmen, wodurch bei Beibehaltung von $n_1 = 10$ die Enddrehzahl $n_{15} = 485$ sich ergäbe.

Abb. 35 gibt eine Darstellung der Leistung des Riemens bei den verschiedenen Drehzahlen zu obigem Beispiel. Der Nachteil der Stufenscheibengetriebe, die ungleichmäßige Leistung bei den verschiedenen

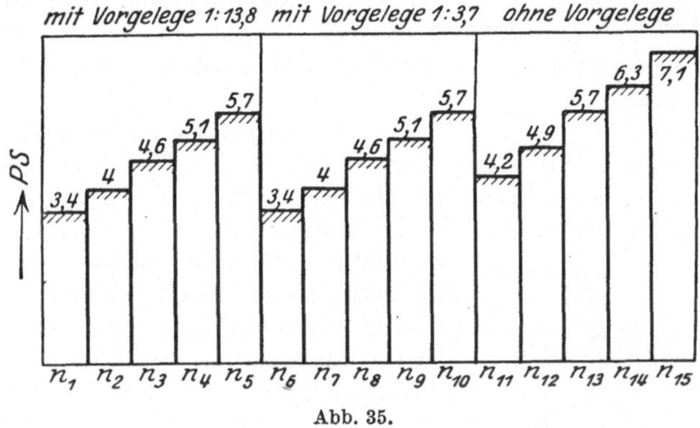


Abb. 35.

Lagen des Riemens entsprechend seinen verschiedenen Geschwindigkeiten ist hier besonders deutlich zu erkennen.

Ein weiterer Nachteil ist es, daß das Umlegen des Riemens lästig und zeitraubend ist. Erleichtert wird dieses durch Anwendung der Riemenumleger der Bamag und Ludw. Loewe & Co., die in der Abb. 36 bzw. 37 dargestellt sind. Ein Vorzug des Stufenscheibenantriebes gegenüber dem Rädergetriebe ist seine Billigkeit in der Anschaffung und auch im Betrieb, da die Stufenscheibe nicht verschleißt. Wenn auf der Maschine auch Fertigarbeiten erledigt werden sollen, so hat man beim gebräuchlichen Stufenscheibenantrieb eine Reihe

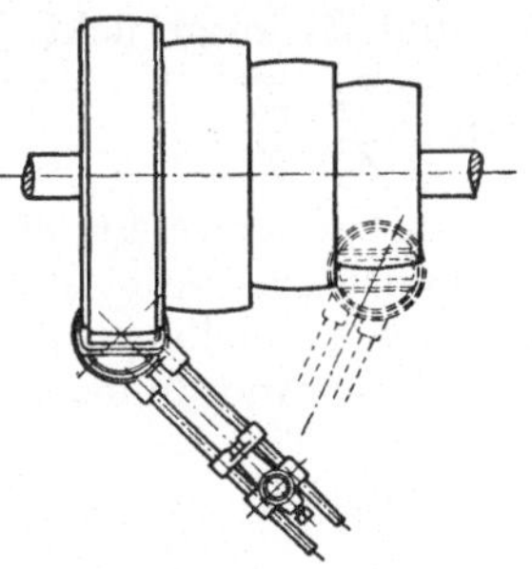

Abb. 36.

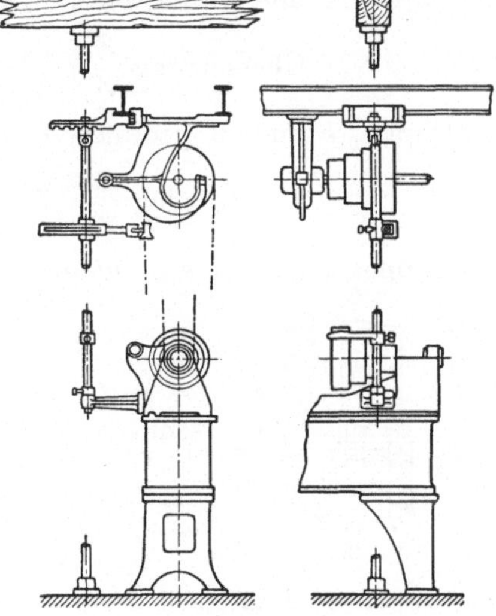

Abb. 37.

von Drehzahlen zur Verfügung, die ohne Räder erzeugt werden. Räder ergeben, wenn sie nicht sehr sorgfältig hergestellt sind, leicht

Rattermarken am Werkstück. Das ist natürlich ohne Bedeutung, wenn die Schlichtarbeiten auf der Schleifmaschine vorgenommen werden.

Erteilt man dem Deckenvorgelege 2 Geschwindigkeiten, indem man, wie Abb. 38 zeigt, 2 Fest- und 2 Losscheiben darauf anordnet, so kann man eine Verdopplung der Drehzahlenreihe an der Maschine erreichen. Der Stufenscheibenriemen erhält dadurch 2 Gruppen von Geschwindigkeiten, wodurch die Unterschiede in seiner Durchzugsleistung noch größer werden, als sie ohnedies schon sind. Will man von diesem immerhin billigen Mittel Gebrauch machen, so sollten die Abmessungen so gewählt werden, daß die geometrische Ordnung der Drehzahlen eingehalten wird, und daß die kleinste Geschwindigkeit des Stufenscheibenriemens nicht kleiner als $\frac{1}{2}$ mal größter Geschwindigkeit ist (s. auch S. 27). Das erwähnte Mittel wird auch angewendet, um eine Umkehrung der Maschinendrehrichtung zu erreichen. Einer der das Deckenvorgelege antreibenden Riemen wird dann gekreuzt.

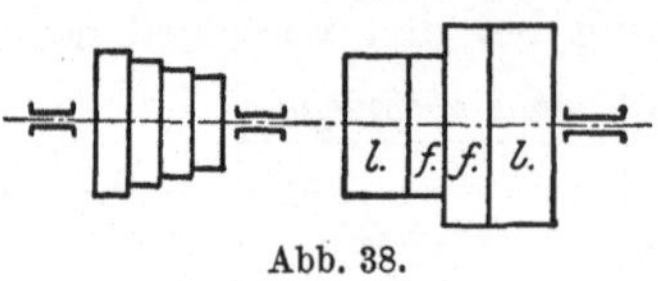

Abb. 38.

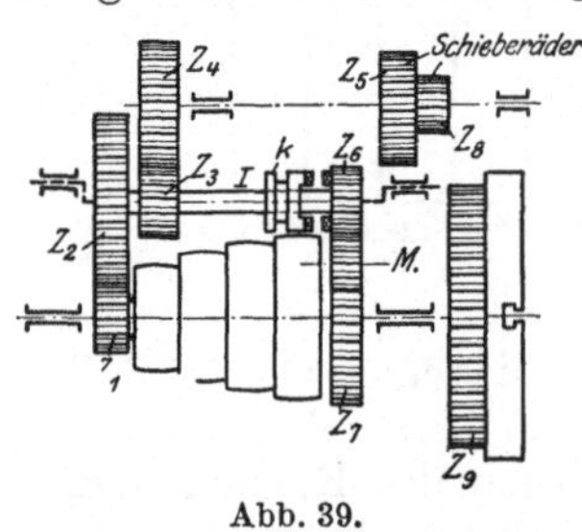

Abb. 39.

Soll die Erweiterung der Drehzahlenreihe in anderer Weise als mit Hilfe des Deckenvorgeleges erfolgen, so müssen am Spindelstock weitere Rädervorgelege vorgesehen werden. Abb. 39 gibt ein Stufenscheibengetriebe wieder, welches 4 Drehzahlengruppen hat.

1. Gruppe: $k$ und $M$ geöffnet, $Z_8$ eingerückt.

$$\text{Übersetzung } \frac{Z_1}{Z_2} \cdot \frac{Z_3}{Z_4} \cdot \frac{Z_8}{Z_9}.$$

2. Gruppe: $k$ und $M$ geöffnet, $Z_5$ eingerückt.

$$\text{Übersetzung } \frac{Z_1}{Z_2} \cdot \frac{Z_3}{Z_4} \cdot \frac{Z_5}{Z_7}.$$

3. Gruppe: $k$ geschlossen, $M$ geöffnet, $Z_5$ und $Z_8$ ausgerückt.

$$\text{Übersetzung } \frac{Z_1}{Z_2} \cdot \frac{Z_6}{Z_7}.$$

4. Gruppe: Welle I ausgeschwenkt, $M$ geschlossen. Spindel unmittelbar angetrieben.

Ein Zurücktreiben ins Schnelle ($Z_7$ auf $Z_6$ bei Gruppe 1) ist bei dieser Anordnung nicht vermieden.

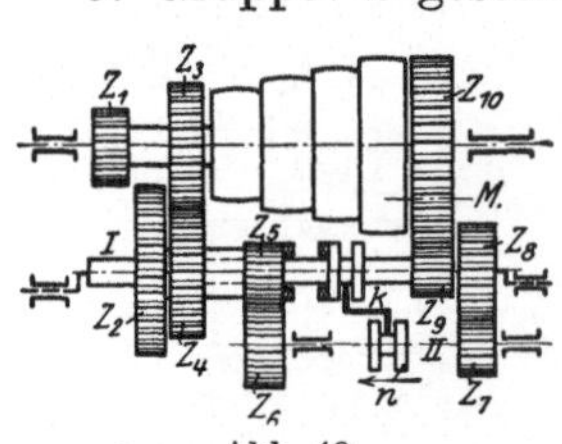

Abb. 40.

Auch Stufenscheibengetriebe mit 5 Drehzahlengruppen sind möglich (Abb. 40).

1. Gruppe: $k$ und $M$ geöffnet, $Z_2$ in Eingriff.

$$\text{Übersetzung } \frac{Z_1}{Z_2} \cdot \frac{Z_5}{Z_6} \cdot \frac{Z_7}{Z_8} \cdot \frac{Z_9}{Z_{10}}.$$

2. Gruppe: $k$ und $M$ geöffnet, $Z_4$ in Eingriff.

$$\text{Übersetzung } \frac{Z_3}{Z_4} \cdot \frac{Z_5}{Z_6} \cdot \frac{Z_7}{Z_8} \cdot \frac{Z_9}{Z_{10}}.$$

3. Gruppe: $k$ geschlossen, dadurch $n$ nach links und damit Welle II mit ihren Rädern, $M$ geöffnet, $Z_2$ in Eingriff.

$$\text{Übersetzung } \frac{Z_1}{Z_2} \cdot \frac{Z_9}{Z_{10}}.$$

4. Gruppe wie bei 3, $Z_4$ in Eingriff.

$$\text{Übersetzung } \frac{Z_3}{Z_4} \cdot \frac{Z_9}{Z_{10}}.$$

5. Gruppe: Welle I ausgeschwenkt, $M$ geschlossen.
Spindel unmittelbar angetrieben.

Mit einer 4stufigen Scheibe sind mithin 20 Drehzahlen zu erreichen.

Der Mitnehmer, der bei unmittelbarem Antrieb der Spindel die Stufenscheibe und das auf der Spindel aufgekeilte, große Rad verbindet, wird vielfach als Schnappstift ausgebildet, wie die nebenstehende Abbildung 41 zeigt. Doch wird die ältere Art, bei der die Verbindung durch eine mit Hilfe eines Mutterschlüssels angezogene Mitnehmerschraube erreicht wird, von namhaften Firmen auch heute noch ausgeführt.

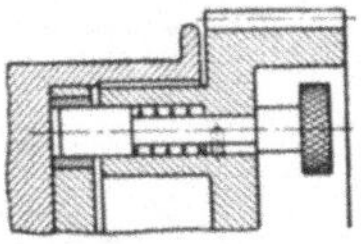

Abb. 41.

Eine andere Art, die Verbindung von Stufenscheibe und großem Rad herbeizuführen, geht aus Abb. 42 hervor, die einen Drehbankantrieb der Wotan-Werke, Leipzig, darstellt. Auf dem großen Rad ist eine Stiftscheibe $A$ verschiebbar angeordnet, deren Stifte durch

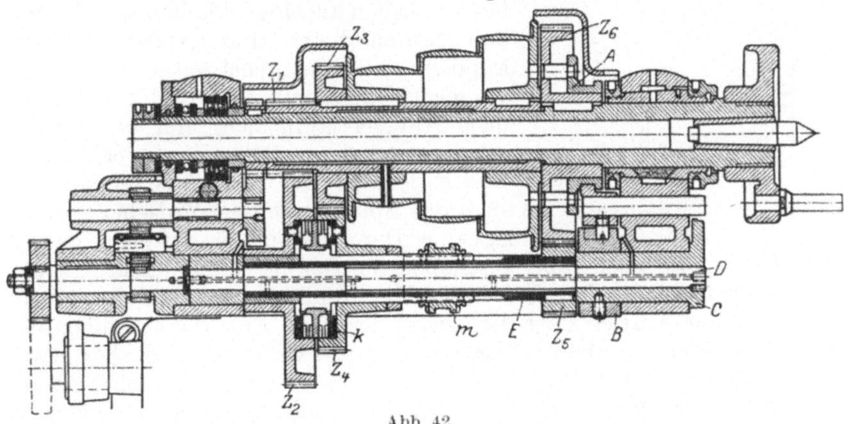


Abb. 42.

Löcher im Boden dieses Rades hindurchtreten und in entsprechende Löcher der Stufenscheibe eingreifen können und so die Mitnahme bewirken. Die Verschiebung der Stiftscheibe geschieht durch eine Gabel, in der sich ein Zapfen befindet, der in die Kurvennut einer Muffe $B$

eingreift. Diese sitzt fest auf der Büchse $C$, die durch einen Handgriff gedreht werden kann. Die Büchse umfaßt die exzentrisch gelagerte Achse $D$, auf welcher eine Hülse $E$ lose läuft. Auf der Hülse ist Rad $Z_5$ aufgekeilt, während die Räder $Z_2$ und $Z_4$ lose darauf laufen. Durch den erwähnten Handgriff können also diese Räder ein- bzw. ausgeschwenkt werden und gleichzeitig wird die Stiftscheibe aus- oder eingerückt. Zur Erzielung beider Bewegungen ist bei dieser Konstruktion also nur ein Handgriff erforderlich, und außerdem sind die beiden Bewegungen gegeneinander gesichert. Zwischen den beiden Rädern $Z_2$ und $Z_4$ ist eine Kupplung $k$ angeordnet, die durch die Muffe $m$ verschoben wird, so daß entweder mit Übersetzung $\frac{Z_1}{Z_2}$ oder $\frac{Z_3}{Z_4}$ gearbeitet wird. Da die Stufenscheibe 3 Stufen hat so können 9 verschiedene Drehzahlen gegeben werden.

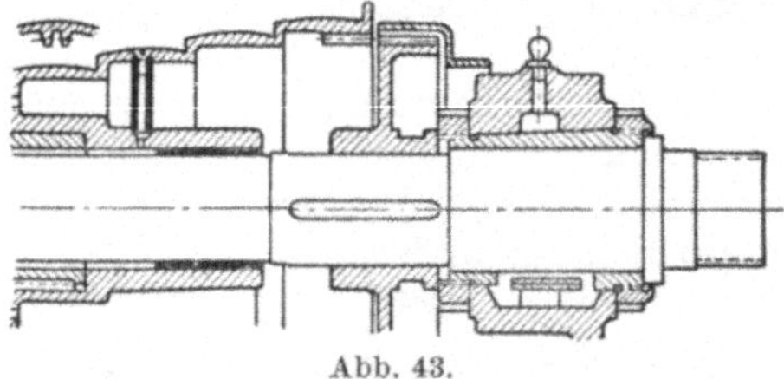
Abb. 43.

Eine glückliche Lösung der Aufgabe, Stufenscheibe und großes Rad zu kuppeln, ist in Abb. 43 dargestellt. Hierbei wird das auf der Hauptspindel aufgefederte große Rad in die Stufenscheibe hineingeschoben und durch einige Zahnvorsprünge mit ihr gekuppelt. Ein Ausschwenken der Vorgelegeräder ist nicht erforderlich. Die Konstruktion ist der Firma Wohlenberg geschützt und wird im Getriebe nach Abb. 40 eingebaut. Welle I braucht dann nicht exzentrisch gelagert zu sein. Zwischen den Rädern $Z_1$ und $Z_3$ ist aber ein Zwischenraum von mindestens zweimal Radbreite vorzusehen. Auch bei dieser Konstruktion ist wie bei der vorhin beschriebenen die Möglichkeit ausgeschaltet, daß Stufenscheibe und großes Rad gekuppelt sind und gleichzeitig ein Rädervorgelege eingerückt ist. Bei der Bauart nach Abb. 44 läuft nicht nur die Stufenscheibe und das mit ihr fest verbundene Rad $Z_1$ lose auf der Hauptspindel, sondern auch das Spindelrad $Z_4$. Zwischen beiden ist eine Doppelkupplung auf der Spindel aufgefedert, die nach links geschoben die Spindel unmittelbar mit der Stufenscheibe kuppelt. Wird die Kupplung nach rechts geschoben, so erfolgt der Antrieb über die Vorgelegeräder. Ein Ausschwenken der Vorgelegeräder ist nicht nötig. Das ganze Getriebe wird aber etwas länger als die besprochenen Konstruktionen, wenn man auch bestrebt sein wird, den Raum zwischen Scheibe und Spindelrad so klein zu machen wie möglich. Die angedeutete Klauenkupplung kann auch eine Reibkupplung sein. Man nimmt dann für mittlere Maschinen eine solche Kupplung, die nach der Stufenscheibe zu als Reib-, nach dem Rade zu als Klauenkupplung ausgebildet ist. Bei kleinen Maschinen, wie z. B. Revolverbänken, werden beide Seiten als Reibkupplungen

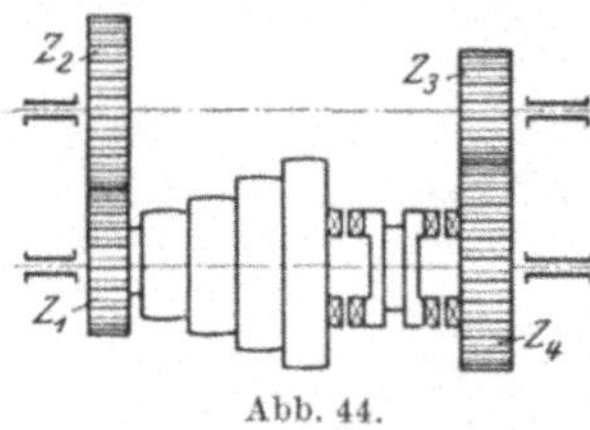

Abb. 44.

ausgeführt. Eine Konstruktion dieser Art zeigt Abb. 45. Über die Berechnung der hier verwendeten Kegelreibkupplung sei folgendes bemerkt. Bezeichnet $P$ die Umfangskraft am mittleren Durchmesser des Kegelstumpfes und $Q$ den erforderlichen Anpressungsdruck in Richtung der Achse, so besteht die Beziehung:

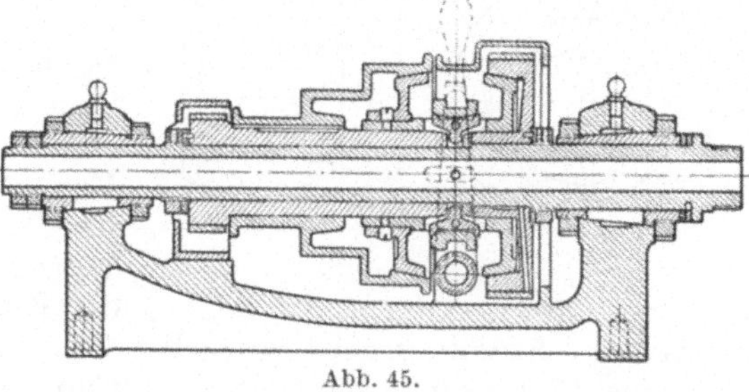

Abb. 45.

$$Q = P\frac{(\sin\alpha + \mu\cos\alpha)}{\mu}.$$

$\alpha$ ist hierbei der halbe Spitzenwinkel des Kegels. Ist z. B. $\alpha = 6^0$ und wird $\mu$, wie üblich, zu 0,1 angenommen, so ergibt sich:

$$Q = 2P.$$

Bei den Kegelreibkupplungen ist eine Vorrichtung vorzusehen, um das Zurückweichen der eingerückten Kupplung zu verhindern. Abb. 46 zeigt die auch aus Abb. 45 zu erkennende Anordnung. Die Kupplung ist links eingerückt. Der Rückdruck sucht die beiden in der Nabe der Kegel drehbar gelagerten Sichelhebel um den Punkt $A$ zu drehen, was aber durch den Muffenring $B$ verhindert wird. $B$ wird beim Ein- bzw. Ausrücken mit Hilfe einer Gabel und eines Handhebels verschoben. An Stelle der Kegelreibkupplungen können auch Spreizringkupplungen verwendet werden, wie Abb. 47 eine darstellt. Bei diesen Kupplungen treten Längsdrücke nicht auf. Weitere Reibkupplungen werden im folgenden Abschnitt gezeigt. Reibkupplungen können während des Ganges eingerückt werden und werden bei großen Geschwindigkeiten und kleineren Umfangskräften mit Vorteil verwendet. Soll die Kraftübertragung durchaus sicher sein, so

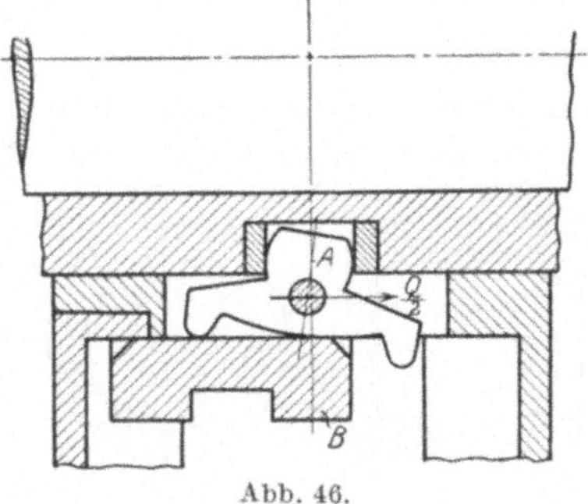


Abb. 46.

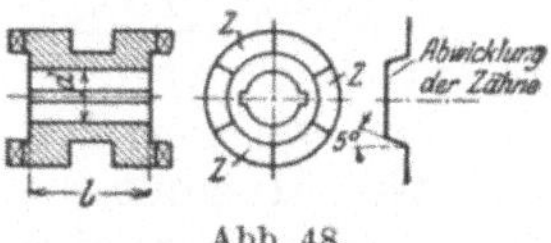


Abb. 48.

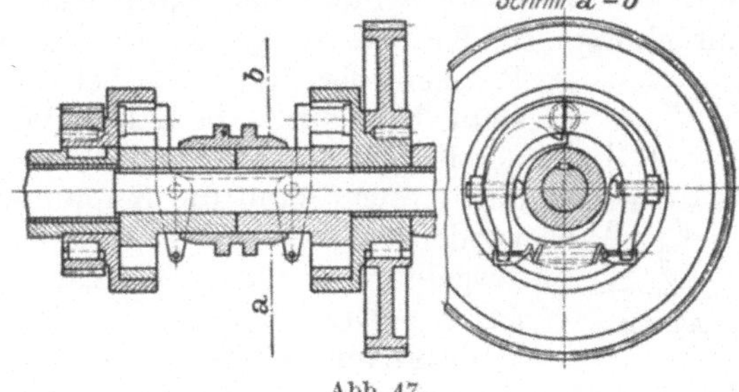


Abb. 47.

müssen Klauenkupplungen angewendet werden, wie Abb. 48 eine zeigt. Die Umfangsgeschwindigkeit einer solchen Kupplung sei nicht über

1,5 m/sek. Die Flächenpressung der Kuppelzähne $\leqq 300$ kg/cm², wobei angenommen ist, daß sämtliche Zähne an der Übertragung der Kraft beteiligt sind. Wenn die Ausrückung unter Last erfolgen soll, so müssen die Zähne abgeschrägt sein. Die Abwicklung in der Abbildung zeigt eine Abschrägung von 5°. Manche Firmen gehen hier nur bis 3°. Zur Erleichterung der Verschiebung sei $l \geqq d$ und wird die Kupplung mit zwei Nuten ausgeführt. Sodann macht man den Zahn schmaler als die Lücke, damit das Einrücken leichter ist. Nur in wenigen Fällen, z. B. bei Gewindeschneideinrichtungen, muß die Kupplung genau passend sein. Die Zähnezahl sei ungerade wegen der Herstellung. Die Kupplungen werden aus weichem Stahl hergestellt und nach der Bearbeitung im Einsatz gehärtet.

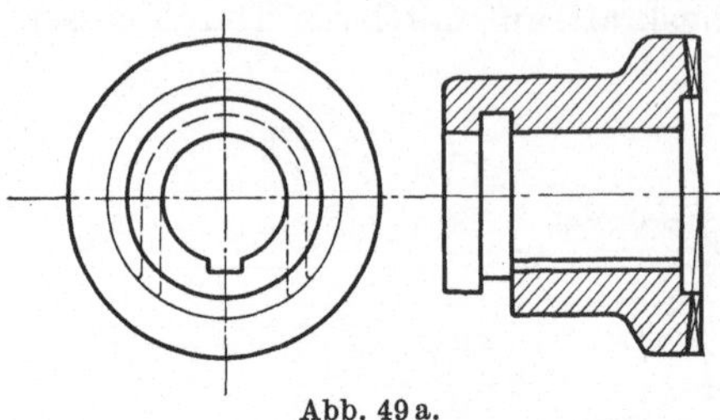

Abb. 49 a.

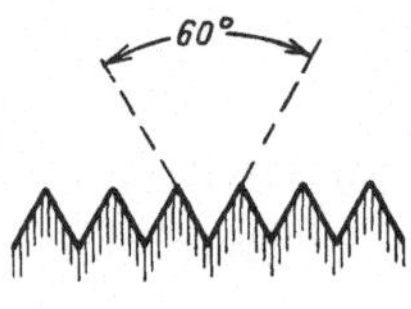


Abb. 49 b.

Je geringer die Umfangsgeschwindigkeit, um so größer muß die Zähnezahl sein. Bei sehr langsam laufenden Vorschubgetrieben wendet man Kupplungen mit vielen spitzen Zähnen nach Abb. 49 an. Wegen der starken Schräge dieser Zähne entsteht ein ziemlicher Längsdruck, der möglichst in den Kupplungsteilen aufzunehmen ist. Die Ein- bzw. Ausrückung geschieht hier meist durch eine Gewindespindel, die durch einen Knebel gedreht wird. Es kann nun vorkommen, daß die Kupplung nicht ganz eingerückt wird und dann die Kuppelzähne abgeschert werden. Dieser Übelstand führte zur Konstruktion der Kupplung nach Abb. 50. Die obere Schräge der Zähne dient hier nur der leichteren Einrückung. Die Kraftübertragung erfolgt durch die unter 2° geneigten Flanken der Zähne, wobei ein Längsdruck nicht entsteht, bzw. durch die Zahnreibung aufgehoben wird. Bei der Kupplung nach Abb. 48 ist die Drehrichtung gleichgültig, auch kann die Kupplung treiben oder getrieben werden. Wird sie dagegen mit geschweiften Zähnen ausgeführt, wodurch das Einrücken erleichtert wird, so ist die Drehrichtung zu beachten und welcher Teil treibend und welcher getrieben ist. Abb. 51 stellt die Abwicklung einer Kupplung mit solchen Zähnen dar. Derartige Kupplungen sind nur für eine Drehrichtung zu gebrauchen.

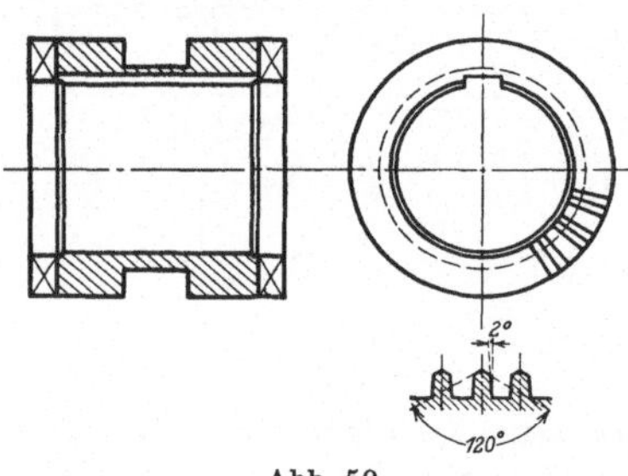


Abb. 50.

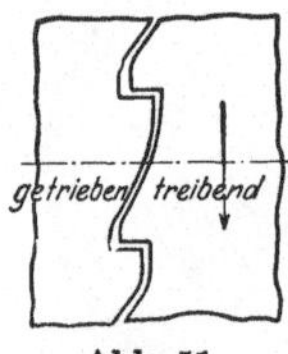


Abb. 51.

## c) Rädergetriebe.

Die auf S. 33 erwähnten Nachteile des Stufenscheibenantriebs führten zur Konstruktion der Rädergetriebe, die für Schnittzwecke, besonders für Leistungen von mehr als 5 PS angewendet werden. Auch für den unmittelbaren elektrischen Einzelantrieb sind Rädergetriebe erforderlich, auch bei Antrieb durch Regelmotor, wenn ein größerer Drehzahlenbereich erreicht werden soll. Geschieht der Antrieb durch Einscheibe, so hat der Riemen stets gleiche Geschwindigkeit und kann daher bei allen Drehzahlen des Werkstücks die gleiche Leistung übertragen. Der Riemen hat auch meist eine größere Geschwindigkeit als bei dem gebräuchlichen Stufenscheibenantrieb und damit höhere Leistung. Man findet hier Riemengeschwindigkeiten von 10 m/sek und darüber, während die Höchstgeschwindigkeit des Beispiels auf S. 29 nur 5,2 m/sek beträgt. Man kann auch bei der Stufenscheibe größere Riemengeschwindigkeiten erreichen, wenn man sie nicht auf der Hauptspindel, sondern auf einer Vorgelegewelle anordnet[1]). Ein Vorzug des Räderantriebes ist das leichtere Wechseln der Geschwindigkeiten.

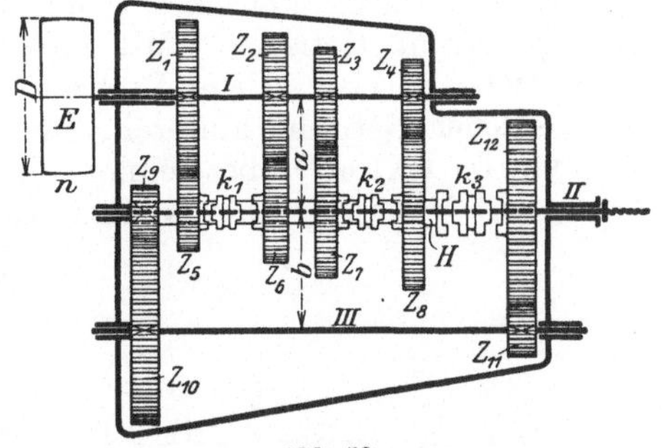

Abb. 52.

Rädergetriebe werden ausgeführt als Kupplungsrädergetriebe, als Schieberäder-, Schwenkräder- und Ziehkeilrädergetriebe.

Ein Kupplungsrädergetriebe für 8 Drehzahlen zeigt Abb. 52.

$$n_1 = n \cdot \frac{Z_4}{Z_8} \cdot \frac{Z_9}{Z_{10}} \cdot \frac{Z_{11}}{Z_{12}}; \qquad n_2 = n \cdot \frac{Z_3}{Z_7} \cdot \frac{Z_9}{Z_{10}} \cdot \frac{Z_{11}}{Z_{12}};$$

$$n_3 = n \cdot \frac{Z_2}{Z_6} \cdot \frac{Z_9}{Z_{10}} \cdot \frac{Z_{11}}{Z_{12}}; \qquad n_4 = n \cdot \frac{Z_1}{Z_5} \cdot \frac{Z_9}{Z_{10}} \cdot \frac{Z_{11}}{Z_{12}};$$

$$n_5 = n \cdot \frac{Z_4}{Z_8}; \qquad n_6 = n \cdot \frac{Z_3}{Z_7};$$

$$n_7 = n \cdot \frac{Z_2}{Z_6}; \qquad n_8 = n \cdot \frac{Z_1}{Z_5};$$

Bei diesem Getriebe müssen die Kupplungen $k_1$ und $k_2$ gegeneinander gesichert werden. Konstruktion einer solchen Sicherung s. weiter unten.

Die Grundreihe der Drehzahlen wird mit Hilfe des Getriebes $Z_1$ bis $Z_8$ erreicht. Dieses ist also das Grundgetriebe, welches als Zweiwellengetriebe ausgeführt wurde. Die Vervielfältigung der Grundreihe geschieht durch das doppelte Vorgelege $Z_9$ bis $Z_{12}$, daher hierfür auch die Bezeichnung Vervielfältigungsgetriebe. Es ist noch zu be-

[1]) Die Werkzeugmaschine 1926, S. 289.

merken, daß die Kupplungen $k_1$ und $k_2$ auf Welle II angeordnet werden, nicht auf Welle I, um das Zurücktreiben ins Schnelle zu vermeiden. 8 Räder sind erforderlich, um eine Grundreihe von 4 verschiedenen Drehzahlen zu erhalten. Ein Getriebe nun, welches mit nur 6 Rädern ebenfalls 4 verschiedene Drehzahlen zu geben gestattet, ist in Abb. 53 dargestellt.

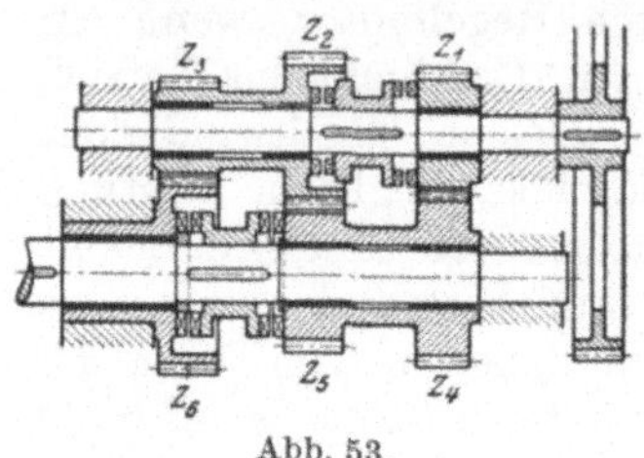

Abb. 53.

$$n_1 = n \cdot \frac{Z_1}{Z_4} \cdot \frac{Z_5}{Z_2} \cdot \frac{Z_3}{Z_6}; \quad n_2 = n \cdot \frac{Z_3}{Z_6};$$

$$n_3 = n \cdot \frac{Z_1}{Z_4}; \quad n_4 = n \cdot \frac{Z_2}{Z_5};$$

$$Z_2 = Z_5.$$

Schaltungen, die zum Bruch führen, sind bei diesem Getriebe nicht möglich, Sicherungen deshalb nicht erforderlich. Ferner ist ein Treiben ins Schnelle nicht nötig, um einen genügend großen Bereich zu erhalten, wie bei obigem Getriebe. Mit einem Vorgelege ausgerüstet, kann das Getriebe 8 verschiedene Drehzahlen hergeben oder gar 16, wenn man 2 solcher Getriebe hintereinander schaltet.

Kryspin-Exner[1]) bezeichnet dieses Getriebe als Zweiwellengetriebe mit Windungsstufe (s. Kraftzug für $n_1$). Bei den Drehzahlen $n_2$ und $n_4$ treibt $Z_4$ auf $Z_1$ zurück ins Schnelle. Das läßt sich vermeiden, wenn man das Getriebe nach Abb. 54 ausführt, ein Mittelding zwischen Kupplungs- und Schieberädergetriebe, welches billiger ist als das Getriebe nach Abb. 53. Es hat auch noch den Vorteil, daß nur bei den Drehzahlen $n_2$ und $n_3$ Räder mitlaufen, die an der Kraftübertragung nicht beteiligt sind, während bei dem Getriebe nach Abb. 53 stets alle Räder kämmen. Abb. 55 zeigt ein Getriebe mit Windungsstufen, bei dem mit 8 Rädern 6 verschiedene Drehzahlen erreicht werden.

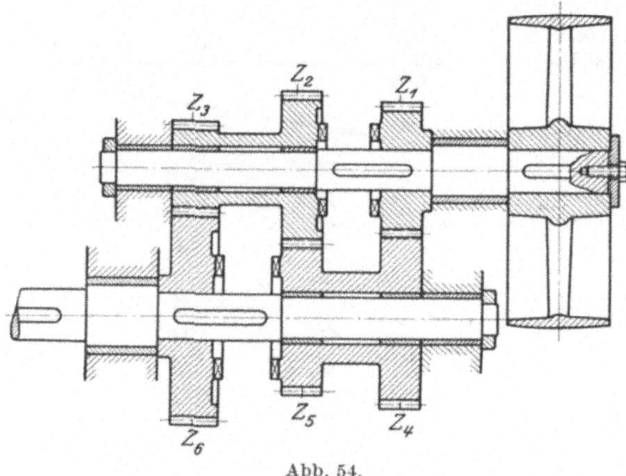

Abb. 54.

$$n_1 = n \cdot \frac{Z_1}{Z_5} \cdot \frac{Z_7}{Z_3} \cdot \frac{Z_4}{Z_8}; \quad n_2 = n \cdot \frac{Z_2}{Z_6} \cdot \frac{Z_7}{Z_3} \cdot \frac{Z_4}{Z_8}; \quad n_3 = n \cdot \frac{Z_4}{Z_8}$$

$$n_4 = n \cdot \frac{Z_1}{Z_5}; \quad n_5 = n \cdot \frac{Z_2}{Z_6}; \quad n_6 = n \cdot \frac{Z_3}{Z_7}.$$

[1]) W. T. 1925, S. 759.

Ein Getriebe mit nur 8 Rädern und 8 verschiedenen Drehzahlen ist das Ruppert-Getriebe der Union in Chemnitz nach Abb. 56, mit Kräftezügen nach Abb. 57.

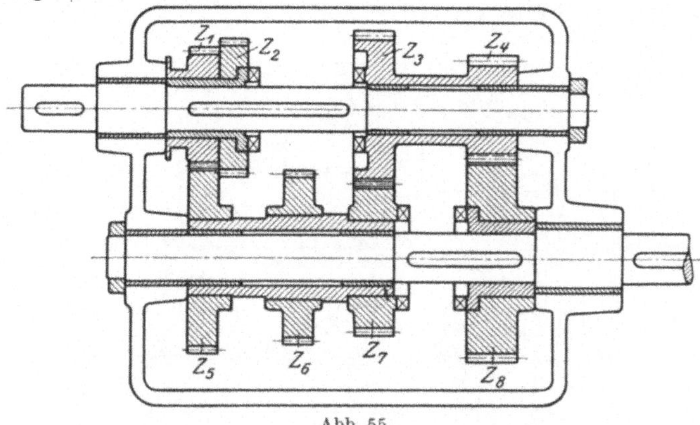


Abb. 55.

Das Bestreben, mit möglichst wenig Rädern auszukommen, muß seine Grenzen finden in der dann leicht eintretenden Verwickeltheit

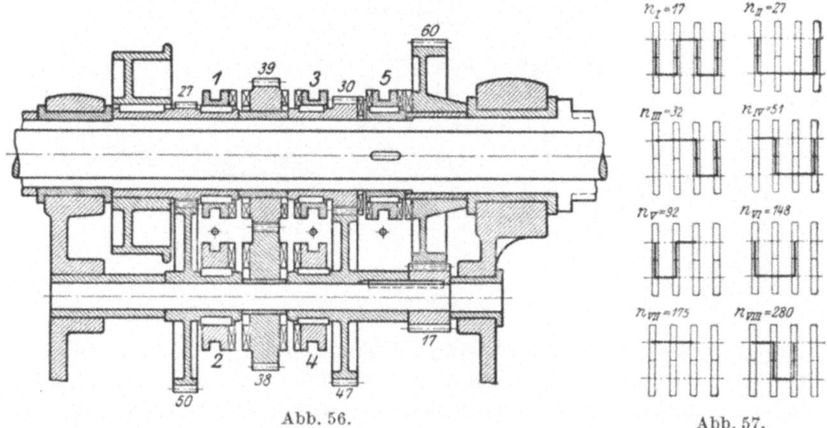


Abb. 56.

Abb. 57.

der sonstigen Organe, wie Kupplungen, ineinandergeschachtelte Hülsen usw., wodurch die Ersparnis an Rädern wieder wettgemacht, die Ausbaubarkeit und der Wirkungsgrad verschlechtert werden. Beispiele von Schieberädergetrieben zeigen die folgenden Abbildungen, so Abb. 58 eins zur Erzeugung der Grundreihe viel verwendetes für 3 Umdrehungszahlen. Wie aus der Abb. 58 zu erkennen, bedarf es hier nur eines Verschiebeorgans, um die 3 Geschwindigkeiten zu schalten. Sicherungen sind nicht erforderlich.

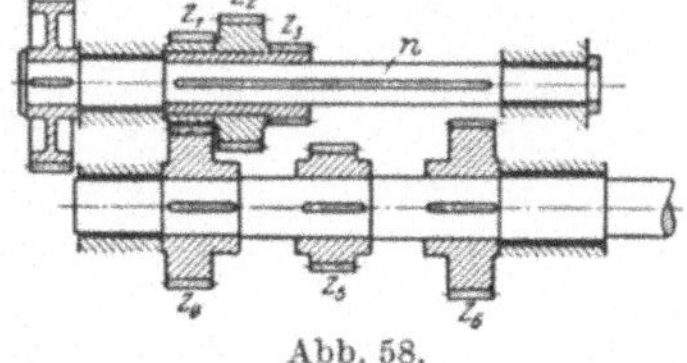


Abb. 58.

Der Abstand zwischen je zwei Rädern der getriebenen Welle muß mindestens gleich zweimal Radbreite sein. Daher macht man bei Schieberädergetrieben die Räder möglichst schmal und geht vielfach unter die übliche Breite von 10 × Modul.

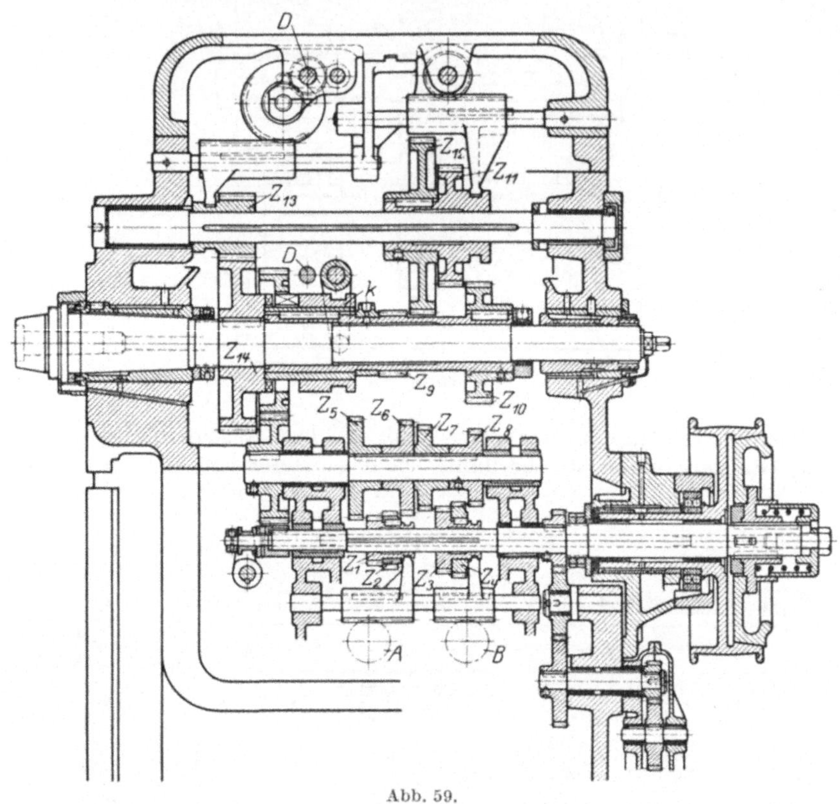


Abb. 59.

Abb. 59 stellt den Antrieb einer Fräsmaschine der J. E. Reinecker A.-G., Chemnitz, dar. Das mit Schieberädern ausgeführte Grundgetriebe $Z_1$ bis $Z_8$ gibt 4 Drehzahlen, die durch das Vorgelege $Z_9$ bis $Z_{14}$ verdreifacht werden, so daß die Frässpindel mit 12 verschiedenen Drehzahlen laufen kann. Abb. 60 zeigt die Sicherung für das Grundgetriebe. Durch die beiden Handhebel werden die Ritzel $A$ und $B$ (Abb. 59) bestätigt, die die Zahnstangengabeln und damit die Räderblöcke $Z_1$, $Z_2$ und $Z_3$, $Z_4$ verschieben. Auf den Ritzelwellen sind eingekerbte Scheiben (Abb. 60) befestigt. In die Kerben greifen die Schneiden eines doppelarmigen Hebels $C$ ein. Es ist nun leicht ein-

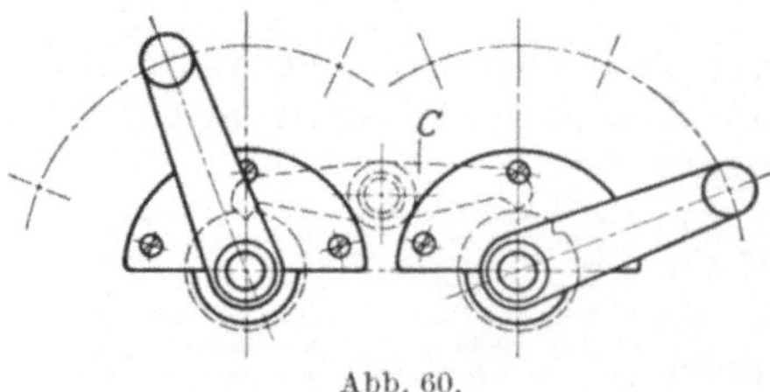


Abb. 60.

zusehen, daß in der gezeichneten Lage nur der rechte Hebel bewegt werden kann, während der linke, dessen Räderblock in der Mittellage steht, durch die linke Schneide des Hebels *C* festgehalten wird. Soll der linke Räderblock verschoben werden, so muß erst der rechte in die Mittellage gebracht werden, damit die rechte Schneide in die Kerbe der Ritzelwellenscheibe eingreifen kann. Auch die Kupplung *k* des Vorgeleges (Abb. 59) und das Rad $Z_{13}$ sind gegen gleichzeitiges Einrücken gesichert. Beide werden durch den gleichen Hebel betätigt, der auf der Ritzelwelle *D* sitzt. Wenn Rad $Z_{13}$ nach links geschoben, also eingerückt wird, wird die Kupplung *k* ausgerückt.

Eine ähnliche Konstruktion des Vorgeleges, die besonders für schwere Maschinen zu empfehlen ist, zeigt Abb. 61. Auch hierbei ist das große Rad auf seiner Welle aufgekeilt und das eingreifende Ritzel als Schieberad ausgebildet. Die Sicherung ist aus der Abb. 61 ohne weiteres zu erkennen.

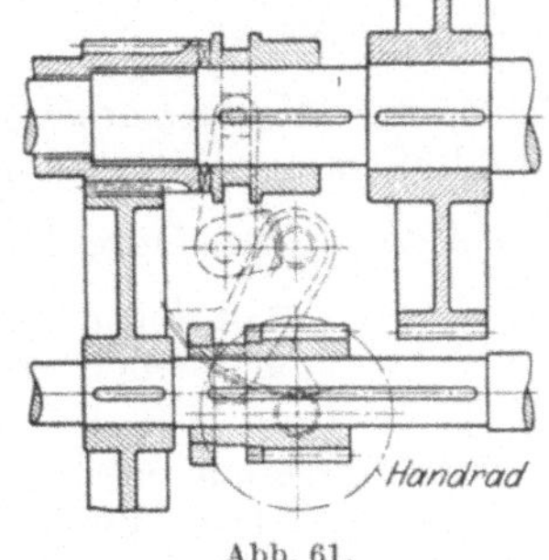

Abb. 61.

Bei dem in Abb. 62 dargestellten Drehbankantrieb der Zimmermannwerke, Chemnitz, werden durch das Grundgetriebe $Z_1$ bis $Z_6$ 3 verschiedene Drehzahlen erzeugt, die durch das Schieberädergetriebe $Z_7$ bis $Z_{10}$ verdoppelt werden, so daß der auf der Hauptspindel lose laufenden Hülse *A* 6 verschiedene Drehzahlen erteilt werden. Diese Hülse treibt sodann die Hauptspindel unmittelbar an oder über das Vorgelege $Z_{11}$ bis $Z_{14}$, so daß die letztere mit 12 verschiedenen Drehzahlen laufen kann. Bei der Vorgelegekupplung *B* ist die linke Seite als Reibkupplung, die rechte als Zahnkupplung ausgebildet (s. S. 36).

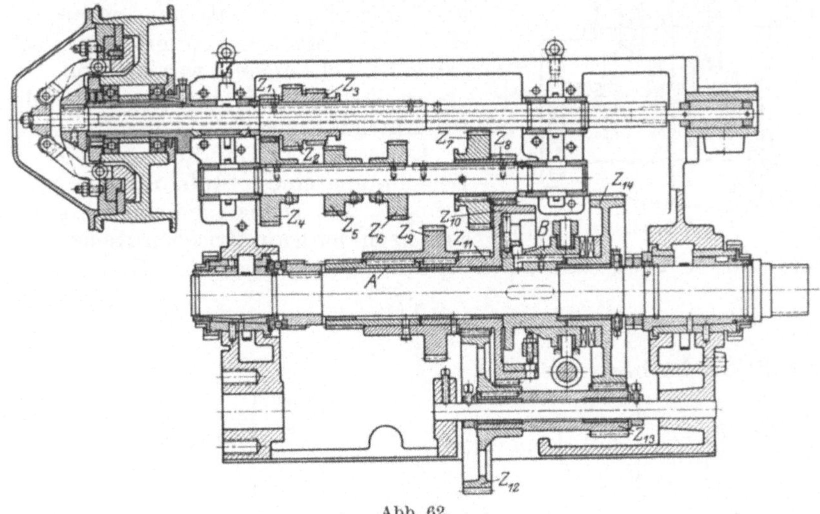

Abb. 62.

Zur Ausführung der Räderkasten ist zu bemerken, daß man Räder und Wellen vielfach aus hochwertigem Material herstellt und auf diese Weise kleine Abmessungen erzielt. Der Chromnickelstahl wird hier neuerdings durch den billigeren Siliziummanganstahl verdrängt. Die Räder werden aus profilierten gepreßten Scheiben hergestellt, bei welchen die Fasern parallel zu den Umfangslinien des Querschnittes verlaufen. Die Wellen sind auf zusammengesetzte Festigkeit zu berechnen nach der Formel: $M_i = 0{,}35 M_b + 0{,}65 \sqrt{M_b^2 + M_d^2}$, wobei man sich nach Feststellung von $M_b$ und $M_d$ vorteilhaft des in Abb. 63 dargestellten Verfahrens bedient, um $M_i$ auszurechnen. Sodann sind die Wellen auf zulässige Durchbiegung bei der ungünstigsten Stellung der Räder nachzurechnen, wobei man eine Durchbiegung von $\frac{1}{5000}$ der freitragenden Länge zulassen kann. Für Schieberädergetriebe werden heute vielfach Wellen und Keilfedern aus einem Stück ausgeführt nach Abb. 64 wie im Autobau. Die Herstellung solcher Wellen erfolgt auf Abwälzfräsmaschinen.

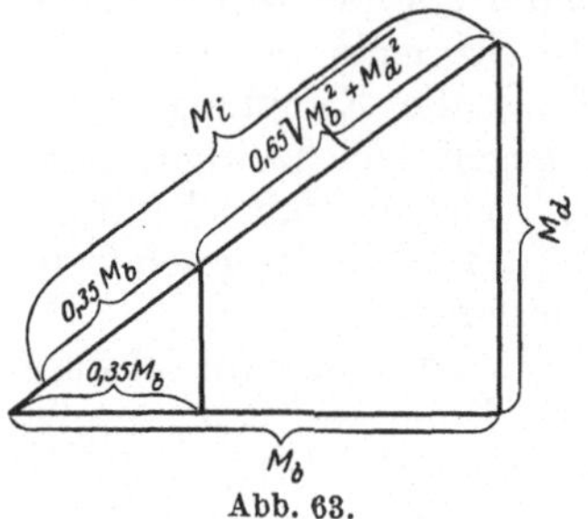

Abb. 63.

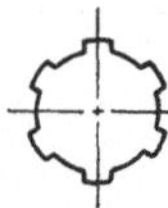
Abb. 64.

Der Vorteil der Schieberädergetriebe gegenüber den Kupplungsrädergetrieben ist die große Einfachheit, da keine Kupplungen erforderlich sind. Sodann sind leerlaufende Räder vermieden. Die Zahnflankenkanten sind an den Einschiebeseiten abzurunden. Ganz ohne Kupplung kommt man allerdings nicht aus, wenn mit Hilfe von Vorgelegen ein größerer Drehzahlenbereich erzielt werden soll, wie obenstehende Beschreibungen ausgeführter Antriebe zeigen.

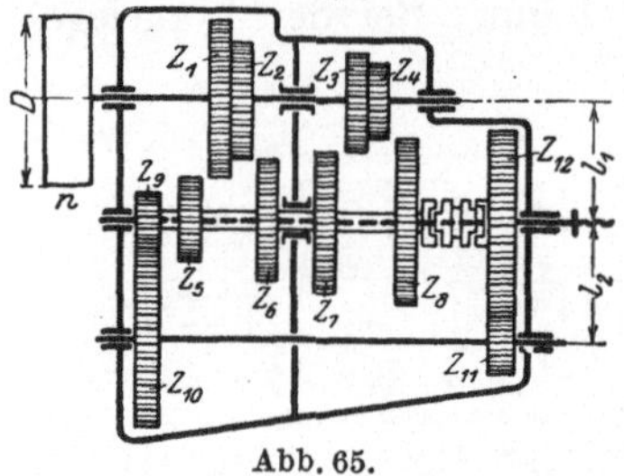

Abb. 65.

Es sei nun an Hand der Abb. 65 die Berechnung eines Stufenrädergetriebes gezeigt. Die Drehzahlen der Maschine sind nach der geometrischen Reihe abgestuft und die Grenzdrehzahlen $n_1$ und $n_8$ sind gegeben. Es ist dann:

$$\varphi = \sqrt[7]{\frac{n_8}{n_1}}$$

und die Drehzahlenreihe:

$$\left.\begin{array}{l} n_1 \\ n_2 = n_1 \cdot \varphi \\ n_3 = n_1 \cdot \varphi^2 \\ n_4 = n_1 \cdot \varphi^3 \end{array}\right\} \text{mit Vorgelege;} \quad \left.\begin{array}{l} n_5 = n_1 \cdot \varphi^4 \\ n_6 = n_1 \cdot \varphi^5 \\ n_7 = n_1 \cdot \varphi^6 \\ n_8 = n_1 \cdot \varphi^7 \end{array}\right\} \text{ohne Vorgelege.}$$

Die Übersetzungsverhältnisse der Stufenräder sind:

$$\frac{Z_1}{Z_5} = \frac{n_8}{n}; \quad \frac{Z_2}{Z_6} = \frac{n_7}{n}; \quad \frac{Z_3}{Z_7} = \frac{n_6}{n}; \quad \frac{Z_4}{Z_8} = \frac{n_5}{n}.$$

Zähnezahl des kleinsten Rades annehmen, vielfach $=20$, und Teilung berechnen bei einer Zahnbreite von 10 Modul. Bei gleicher Teilung für die übrigen Schieberäder ergeben sich dann deren Zähnezahlen aus obigen Bedingungen und aus:

$$Z_4 + Z_8 = Z_3 + Z_7 = Z_2 + Z_6 = Z_1 + Z_5 .$$

Berechnung der Teilung $t_4$ für Rad $Z_4$ aus dem Drehmoment $M_d = P_r \cdot \frac{D}{2}$. Riemenzug $P_r$ aus: $P_r = \frac{N \cdot 75}{v_r}$ ; $N =$ Leistungsbedarf in Pferdestärken. $v_r =$ Riemengeschwindigkeit.

Bei Annahme der Teilung $P_4 \cdot r_4 = P_r \cdot \frac{D}{2}$, wobei $r_4 =$ Radius von $Z_4$.

Bei dem ausrückbaren Vorgelege beträgt die Übersetzung:

$$\frac{Z_9}{Z_{10}} \cdot \frac{Z_{11}}{Z_{12}} = \frac{n_4}{n_8} = \frac{n_3}{n_7} = \frac{n_2}{n_6} = \frac{n_1}{n_5}.$$

Übersetzung so teilen, daß $\frac{Z_9}{Z_{10}} > \frac{Z_{11}}{Z_{12}}$.

Zähnezahl von $Z_{11}$ annehmen und Teilung berechnen aus: $M_d = P_r \cdot \frac{D}{2} \cdot \frac{Z_8}{Z_4} \cdot \frac{Z_{10}}{Z_9} \cdot \eta_r{}^2$, wobei $\eta_r =$ Wirkungsgrad eines Räderpaares. Man erhält dann den Achsenabstand $l_2$ und die Radien $r_9$ und $r_{10}$. Teilung dieser Räder nimmt man an und rechnet auf Festigkeit nach.

Bei Annahme der Daten: $n_1 = 40$, $n_8 = 480$, Einscheibe 320 mm Durchmesser, $n = 360$, Spanquerschnitt 6 mm² bei $K_z = 50$ kg/mm², Schnittgeschwindigkeit $v = 20$ m/min ist demnach die Berechnung wie folgt durchzuführen.

Leistungsbedarf der Bank:

$$N = \frac{W_1 \cdot v}{75 \cdot 60} \cdot \frac{1}{\eta} = \frac{q \cdot a \cdot K_z \cdot v}{75 \cdot 60} \cdot \frac{1}{\eta} = \frac{6 \cdot 3 \cdot 50 \cdot 20}{75 \cdot 60 \cdot 0{,}7} = 5{,}7 \text{ PS} .$$

Riemenscheibe: $v_r = \frac{0{,}32 \cdot \pi \cdot 360}{60} = 6$ m/sek .

Riemenzug: $P_r = \frac{N \cdot 75}{v_r} = \frac{5{,}7 \cdot 75}{6} = 71$ kg ,

Riemenbreite: $b = \frac{P_r}{p} = \frac{71}{8} \cong 9$ cm .

Riemenscheibe: $D = 320$ mm Durchmesser, 100 mm Breite, $n = 360$ Umdr./min.

Reihe der Drehzahlen:

$$\left.\begin{aligned} n_1 &= 40 \\ n_2 &= 57 \\ n_3 &= 81 \\ n_4 &= 116 \end{aligned}\right\} \text{mit Vorgelege;} \qquad \left.\begin{aligned} n_5 &= 165 \\ n_6 &= 236 \\ n_7 &= 336 \\ n_8 &= 480 \end{aligned}\right\} \text{ohne Vorgelege;}$$

$$\frac{Z_1}{Z_5}=\frac{480}{360}=\frac{4}{3};\quad \frac{Z_2}{Z_6}=\frac{336}{360}=\frac{14}{15};\quad \frac{Z_3}{Z_7}=\frac{236}{360}\sim\frac{2}{3};\quad \frac{Z_4}{Z_9}=\frac{165}{360}=\frac{11}{24};$$

$$M_d = P_r \cdot \frac{D}{2} = 71 \cdot 16 = 1136 \text{ kg/cm};$$

$Z_4 = 20$ angenommen. Breite $= 10 \cdot$ Modul, daher $\psi = 3{,}2$.
Material: Stahl $k_b = 1000 \text{ kg/cm}^2$

$$t_4 = 1{,}84 \sqrt[3]{\frac{M_d \cdot \gamma}{Z \cdot \psi \cdot k_b}} = 1{,}84 \sqrt[3]{\frac{1136 \cdot 16{,}4}{20 \cdot 3{,}2 \cdot 1000}} = 1{,}22 \text{ cm}$$

$t_4 = 12{,}2 \text{ mm} = 4\pi$; Modul der Teilung $= 4$;

$$\frac{Z_4}{Z_8}=\frac{11}{24};\quad Z_8=\frac{Z_4\cdot 24}{11}=\frac{20\cdot 24}{11}\cong 44;$$

$Z_4 + Z_8 = 20 + 44 = Z_3 + Z_7$;

$$\frac{Z_3}{Z_7}=\frac{2}{3}$$

$Z_3 = 26$; $Z_7 = 38$;

$Z_2 + Z_6 = 64$

$$\frac{Z_2}{Z_6}=\frac{14}{15}$$

$Z_2 = 31$; $Z_6 = 33$;

$Z_1 + Z_5 = 64$

$$\frac{Z_1}{Z_5}=\frac{4}{3}$$

$Z_1 = 37$; $Z_5 = 27$;

Achsenabstand $l_1 = \frac{64 \cdot 4}{2} = 128$ mm.

Ausrückbares Vorgelege:

$$\frac{Z_9}{Z_{10}}\cdot\frac{Z_{11}}{Z_{10}}=\frac{40}{165}=\frac{8}{33}=\frac{2}{3}\cdot\frac{4}{11};\quad \frac{Z_9}{Z_{10}}=\frac{2}{3};\quad \frac{Z_{11}}{Z_{12}}=\frac{4}{11};$$

Drehmoment zur Berechnung der Teilung von $Z_{11}$:

$$M_d = 71 \cdot 16 \cdot \frac{44}{20} \cdot \frac{3}{2} \cdot 0{,}9^2 = 3050 \text{ kgcm};$$

$Z_{11} = 18$ angenommen. Breite $= 12 \times$ Modul, daher $\psi = 3{,}8$. Material Stahl.

$$t_{11} = 1{,}84 \sqrt[3]{\frac{3050 \cdot 17{,}2}{18 \cdot 3{,}8 \cdot 1000}} = 1{,}68 \text{ cm};$$

$t_{11} = 16{,}8 \text{ mm} = 5\pi$; Modul der Teilung $= 5$;

$$\frac{Z_{11}}{Z_{12}}=\frac{4}{11};\quad \frac{18}{Z_{12}}=\frac{4}{11};\quad Z_{12}=18\cdot\frac{11}{4}=50;$$

Achsenabstand:

$$l_2 = \frac{(18+50)\cdot 5}{2} = 170 \text{ mm};$$

$$r_9 + r_{10} = 170$$

$$\frac{r_9}{r_{10}}=\frac{Z_9}{Z_{10}}=\frac{2}{3}$$

$r_9 = 68$ mm; $r_{10} = 102$ mm.

Wenn Modul der Teilung = 4, dann $Z_9 = 34$ und $Z_{10} = 51$.
Nachrechnung:

$$\text{Zahndruck } P_9 = P_r \cdot \frac{D}{Z_4 \cdot m_4} \cdot \frac{Z_8 \cdot m_4}{Z_9 \cdot m_8} \cdot \eta_r$$

$$P_8 = 71 \cdot \frac{320}{20 \cdot 4} \cdot \frac{44 \cdot 4}{34 \cdot 4} \cdot 0{,}9 = 330 \text{ kg};$$

$$k_b = \frac{P_4 \cdot \gamma}{b \cdot t} = \frac{330 \cdot 13{,}2}{4 \cdot \frac{4 \cdot \pi}{10}} = 860 \text{ kg/cm}^2.$$

Die Festigkeitsberechnung für die Vorgelegeräder wurde hier unter der Annahme durchgeführt, daß auch bei der kleinsten Drehzahl der Hauptspindel die volle Leistung übertragen wird. Hat die Maschine aber einen größeren Regelbereich — er beträgt bei dem Beispiel nur 1 : 12 —, so ergeben sich für die Vorgelege und die etwa noch folgenden festen Übersetzungen sehr schwere Räder und Wellen, die meist nicht ausgenutzt werden. Man berechnet dann das Grundgetriebe für volle Leistung, wie bei dem Beispiel durchgeführt, und die Räder der Vervielfältigungsgetriebe und der folgenden festen Übersetzungen unter der Annahme, daß die volle Leistung erst bei 2÷3mal kleinster Drehzahl der Hauptspindel übertragen wird.

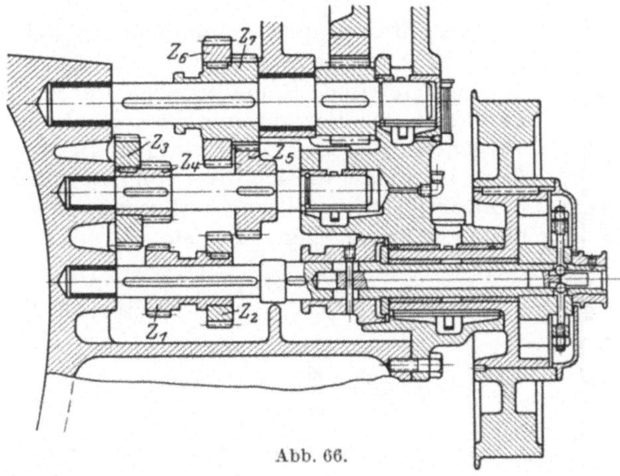

Abb. 66.

Abb. 66 zeigt ein einfach gebundenes Dreiwellengetriebe für 4 verschiedene Drehzahlen zum Antrieb einer Stoßmaschine. Hierbei sind die Übersetzungsverhältnisse $\frac{Z_2}{Z_5}$ und $\frac{Z_5}{Z_7}$ voneinander abhängig, daher die Bezeichnung.

Wenn die Antriebsdrehzahl = 480 und die geometrisch geordneten der getriebenen Welle = 120, 190, 304 und 480, so gestaltet sich die Berechnung der Zähnezahlen unter der Voraussetzung gleicher Teilung aller Räder wie folgt:

$$1.\ 480 \cdot \frac{Z_2}{Z_7} = 480; \qquad 2.\ 480 \cdot \frac{Z_1}{Z_3} \cdot \frac{Z_5}{Z_7} = 304;$$

$$3.\ 480 \cdot \frac{Z_2}{Z_5} \cdot \frac{Z_4}{Z_6} = 190; \qquad 4.\ 480 \cdot \frac{Z_1}{Z_3} \cdot \frac{Z_4}{Z_6} = 120.$$

Aus (1) ergibt sich $Z_2 = Z_7$. Angenommen wird noch $Z_5 = Z_2$ und $Z_4 = 18$, da aus Gleichung (3) zu ersehen, daß die größte Übersetzung des Getriebes dann $\frac{Z_4}{Z_6} = \frac{190}{480}$ ist.

Hieraus $Z_6 = \frac{480 \cdot 18}{190} = 46.$

Aus der Gleichheit der Achsenabstände erhält man weiter:

$$Z_4 + Z_6 = Z_5 + Z_7 = 18 + 46 = 64$$

$$Z_5 = Z_7 = Z_2 = \frac{64}{2} = 32\,.$$

Aus (2) erhält man $\frac{Z_3}{Z_1} = \frac{480}{304} = 1{,}587;$

$$Z_3 = 1{,}587 Z_1; \qquad Z_1 + Z_3 = Z_2 + Z_5 = 64\,,$$

woraus

$$Z_1 = 25 \quad \text{und} \quad Z_3 = 39\,.$$

Das in Abb. 67 dargestellte, doppelt gebundene Dreiwellengetriebe ist konstruktiv einfach, aber rechnerisch schwer zu behandeln, wenn eine geometrische Reihe erreicht werden soll. Man kann bei der Berechnung zwar in ähnlicher Weise vorgehen, wie bei dem vorigen Beispiel gezeigt, doch empfiehlt es sich, hier von den von Kryspin-Exner[1]) aufgestellten, allgemeingültigen Gleichungen auszugehen. Es ist:

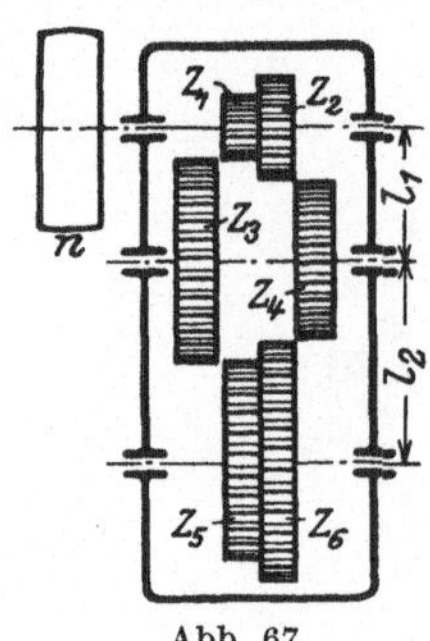

Abb. 67.

$$1.\ n_1 = n \frac{Z_1}{Z_3} \cdot \frac{Z_4}{Z_6}; \qquad 2.\ n_1 \cdot \varphi = n \cdot \frac{Z_1}{Z_5}$$

$$3.\ n_1 \cdot \varphi^2 = n \cdot \frac{Z_2}{Z_6}; \qquad 4.\ n_1 \cdot \varphi^3 = n \cdot \frac{Z_2}{Z_4} \cdot \frac{Z_3}{Z_5}.$$

Setzt man $\frac{n}{n_1 \cdot \varphi^3} = a$, so erhalten diese Gleichungen folgende Form:

$$1.\ \frac{1}{\varphi^3} = a \cdot \frac{Z_1}{Z_3} \cdot \frac{Z_4}{Z_6}; \qquad 2.\ \frac{1}{\varphi^2} = a \frac{Z_1}{Z_5};$$

$$3.\ \frac{1}{\varphi} = a \frac{Z_2}{Z_6}; \qquad 4.\ 1 = a \frac{Z_2}{Z_4} \cdot \frac{Z_3}{Z_5};$$

weiterhin bestehen die Beziehungen:

$$5.\ Z_1 + Z_3 = Z_2 + Z_4; \qquad 6.\ Z_3 + Z_5 = Z_4 + Z_6\,.$$

[1]) W. T. 1925, S. 763.

Aus den beiden letzten Gleichungen erhält man: $Z_1 - Z_5 = Z_2 - Z_6$ und unter Verwendung von (2) und (3):

$$\frac{Z_1}{Z_2} = \frac{1 - a\varphi}{1 - a\varphi^2}; \quad \text{weiterhin} \quad \frac{Z_5}{Z_6} = \varphi \frac{1 - a\varphi}{1 - a\varphi^2}$$

$$\text{und} \quad \frac{Z_3}{Z_4} = \varphi^2 \frac{1 - a\varphi}{1 - a\varphi^2}.$$

Unter Verwendung von (5) ergibt sich dann:

$$\text{I.} \; \frac{Z_1}{Z_3} = \frac{a\varphi^2 - \varphi - 1}{a\varphi^3}; \qquad \text{II.} \; \frac{Z_4}{Z_6} = \frac{1}{a\varphi^2 - \varphi - 1};$$

$$\text{III.} \; \frac{Z_2}{Z_4} = \frac{a\varphi^2 - \varphi - 1}{a\varphi}; \qquad \text{IV.} \; \frac{Z_3}{Z_5} = \frac{\varphi}{a\varphi^2 - \varphi - 1}.$$

Diese Gleichungen lassen erkennen, daß $a\varphi^2 - \varphi - 1 > 0$ sein muß, da sonst $\frac{Z_1}{Z_3}$ und $\frac{Z_2}{Z_4} = 0$ und $\frac{Z_4}{Z_6}$ und $\frac{Z_3}{Z_5} = \infty$ werden.

Die auf S. 47 gestellte Aufgabe, bei der $a = 1$ und $\varphi = 1{,}587$ ist, läßt sich mit Hilfe eines doppelt gebundenen Dreiwellengetriebes nicht lösen, da $a\varphi^2 - \varphi - 1 < 0$ ist.

Aus der Abb. 67 läßt sich leicht ablesen $\frac{Z_2 + Z_4}{Z_4 + Z_6} = \frac{l_1}{l_2}$ und unter Verwendung von (II) und (III) erhält man: $\frac{l_1}{l_2} = \frac{\varphi + 1}{a\varphi^2}$.

Da nun $a\varphi^2 - \varphi - 1 > 0$ sein muß, ergibt sich $l_2 > l_1$, d. h. die Achsenabstände dürfen nicht gleichgemacht werden. Das Verhältnis der Summe der Achsenabstände $l_1 + l_2$ zu dem Durchmesser des Rades $Z_1$ der mit $d_1$ bezeichnet werde, ist:

$$\frac{l_1 + l_2}{d_1} = \frac{(a\varphi^2 + \varphi + 1)(a\varphi^2 - 1)}{2 \cdot (a\varphi^2 - \varphi - 1)}.$$

Soll dieses Verhältnis ein Minimum werden, um eine möglichst geringe Senkrechtausdehnung des Getriebes zu erhalten, so ist $\frac{l_1 + l_2}{d_1} = x$ zu setzen, sodann $x$ nach $a$ zu differenzieren und $\frac{dx}{da} = 0$ zu setzen.

$$\frac{dx}{da} = \frac{1}{2} \frac{(a\varphi^2 - \varphi - 1)(2a\varphi^4 + \varphi^3) - \varphi^2(a^2\varphi^4 + a\varphi^3 - \varphi - 1)}{(a\varphi^2 - \varphi - 1)^2} = 0.$$

$$\text{Die Auflösung ergibt } a = \frac{(\varphi + 1) + \sqrt{2\varphi(\varphi + 1)}}{\varphi^2}.$$

Wenn an der getriebenen Welle die gleiche Drehzahlenreihe erreicht werden soll wie bei der auf S. 48 gelösten Aufgabe, so ist $\varphi = 1{,}587$; $a$ ist dann $= \frac{(1{,}587 + 1) + \sqrt{2 \cdot 1{,}587(1{,}587 + 1)}}{1{,}587^2}$; $a = 2{,}15$; $n = 2{,}15 \cdot 480 = 1030$, was für die praktische Ausführung schon sehr hoch ist. Die Ausrechnung der Zähnezahlen mit der Hilfe der oben angegebenen Gleichungen bei Annahme von $Z_1 = 18$ ergibt: $Z_3 = 54$; $Z_5 = 96$; $Z_2 = 33$; $Z_4 = 39$; $Z_6 = 111$. Die Gesamtsumme der Zähnezahlen ist gleich 351, während die Gesamtsumme der Zähnezahlen des auf S. 48 behandelten Getriebes für die gleiche Drehzahlenreihe nur 224 ist. Im allgemeinen ist das einfach gebundene Dreiwellengetriebe (Abb. 66) dem doppelt gebundenen (Abb. 67) vorzuziehen, trotzdem das erstere ein Rad mehr aufweist.

Fügt man zu dem Getriebe (Abb. 58) noch eine dritte Welle mit einem dreirädrigen Schiebeblock hinzu, so erhält man das dreifach gebundene Dreiwellengetriebe, welches 9 verschiedene Drehzahlen an der getriebenen Welle ergibt. Es ist aber nicht möglich, mit diesem Getriebe eine geometrisch geordnete Reihe zu erzielen[1]).

Die folgenden Abbildungen zeigen Schwenkrädergetriebe, die sowohl für Schnittzwecke als besonders für Vorschübe Anwendung finden. Diese Getriebe zeichnen sich durch ihre kurze Bauart aus und dadurch, daß sie keine leerlaufenden Räder aufweisen. In den

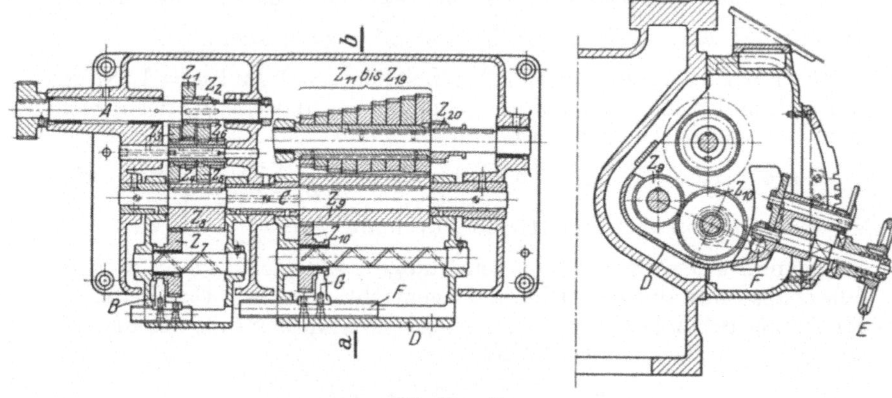


Abb. 68 u. 69.

Abb. 68 und 69 ist das Vorschubrädergetriebe einer Drehbank der Franz Braun A.-G., Zerbst, dargestellt. Auf der von der Hauptspindel aus angetriebenen Welle $A$ sitzen 2 Räder, $Z_1$, $Z_2$, die ihrerseits 2 Räderblöcke $Z_3$ bis $Z_6$ antreiben, die auf einem Bolzen lose laufen. Mit diesen Rädern kann das in der Tasche $B$ sitzende Schwenkrad $Z_7$ nacheinander in Eingriff gebracht werden, und so werden dem Rad $Z_8$ und somit der Welle $C$ 4 verschiedene Drehzahlen erteilt. Auf der Welle $C$ ist das breite Rad $Z_9$ aufgekeilt, das mit dem in der Tasche $D$ gelagerten Schwenkrad $Z_{10}$ ständig im Eingriff ist. Das Schwenkrad kann dann mit den Rädern $Z_{11}$ bis $Z_{19}$ in Eingriff gebracht werden. Von dem auf der gleichen Welle sitzenden Rad $Z_{20}$ wird dann entweder die Schaftwelle oder die Leitspindel der Drehbank angetrieben. Es können somit 36 verschiedene Vorschübe gegeben werden bzw. Gewinde geschnitten werden. Das Heben oder Senken der Tasche $D$ geschieht mit Hilfe des Handrades $E$ (Abb. 69). Durch Drehen dieses Handrades wird die Zahnstange $F$ verschoben, auf der die Gabel $G$

[1]) W. T. 1925, S. 766.

sitzt, die ihrerseits das Schwenkrad $Z_{10}$ verschiebt. Aus Abb. 69 ist auch die Vorrichtung zu erkennen, die die jeweilige Stellung des Schwenkrades anzeigt.

Bei den Schwenkrädergetrieben ist die Drehrichtung der treibenden Welle möglichst so zu wählen, daß das Zwischenrad im Schwenkhebel in die getriebenen Räder hineingedrückt wird und der Schwenkhebel in seine Rastenschlitze. Man wird also als Hauptdrehrichtung des Rades $Z_9$ in Abb. 69 die der Drehrichtung des Uhrzeigers entgegengesetzte nehmen.

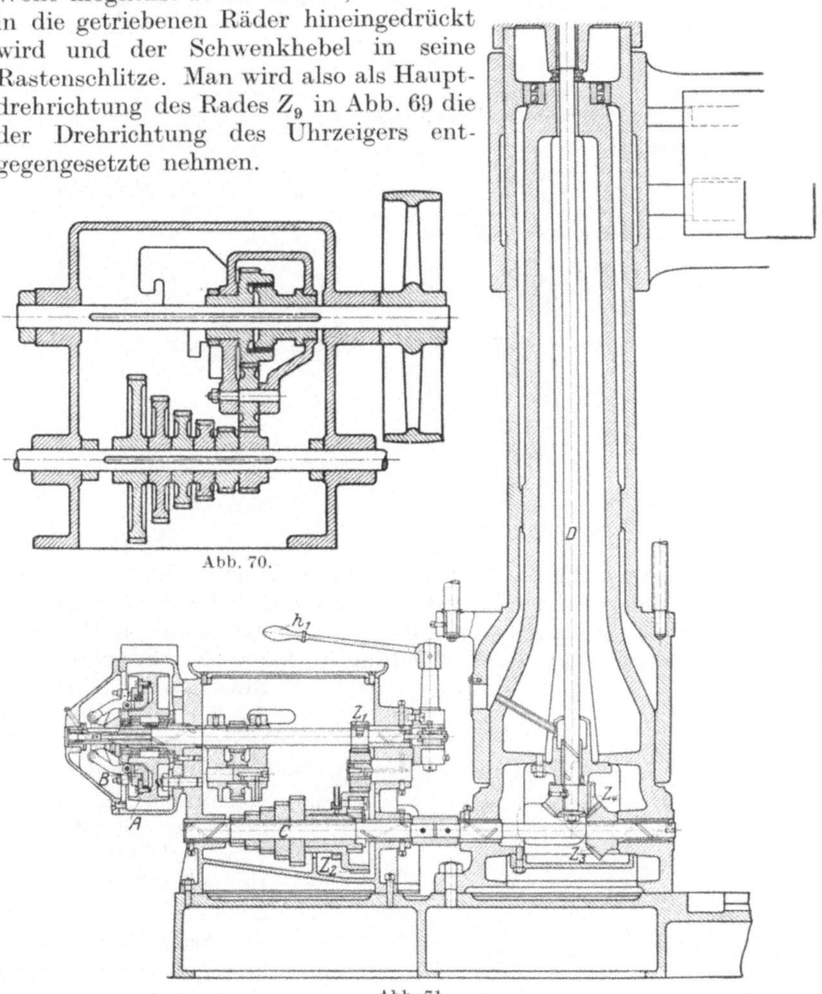


Abb. 70.

Abb. 71.

Abb. 70 zeigt einen Schwenkräderkasten für den Antrieb einer Radialbohrmaschine, wie er von der Raboma ausgeführt wird. Um das Einrücken zu erleichtern, ist hierbei auf der Antriebswelle eine Reibungskupplung eingebaut. Diese muß ausgerückt werden, bevor man eine Verschiebung des Schwingenhebels vornehmen kann und kann erst wieder eingerückt werden, wenn das Zwischenrad sich im Eingriff befindet. Die Zimmermannwerke, Chemnitz, führen den Antrieb ihrer Radialbohrmaschinen nach Abb. 71 aus. In der Riemenscheibe $A$ befindet sich eine Reibungskupplung $B$, die durch den Handhebel $h_1$ betätigt wird. Welle $C$ wird sodann angetrieben durch das Schwenkrädergetriebe mit 5 verschiedenen Drehzahlen oder durch Übersetzung $Z_1 : Z_2$; diese Räder sind durch Vermittlung eines Zwischen-

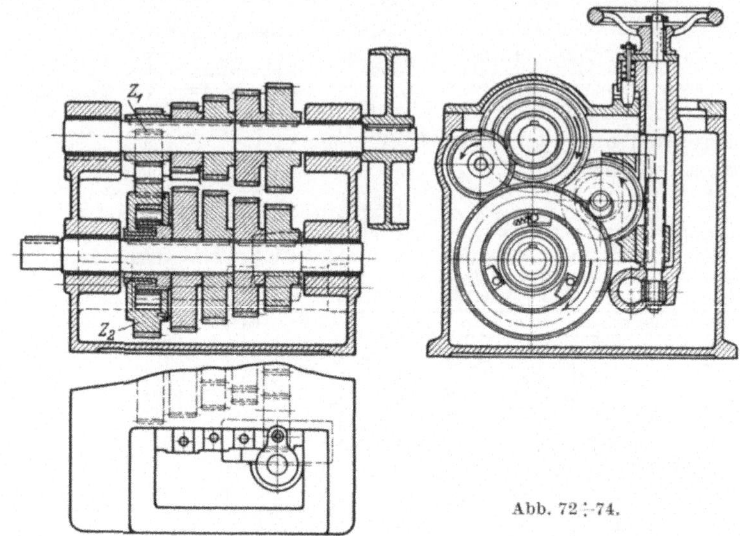

Abb. 72 ÷ 74.

rades stets im Eingriff. $Z_2$ läuft lose auf der Welle $C$ und nimmt diese durch eine Schleppkupplung mit. Wenn das Schwenkrädergetriebe nicht eingerückt ist, läuft die Welle also mit der kleinsten Drehzahl. Diese Einrichtung hat in Verbindung mit der Reibkupplung den Zweck, das Einrücken des Schwenkrädergetriebes zu erleichtern. Welle $C$ treibt dann durch die Kegelräder $Z_3$ und $Z_4$ die senkrechte Welle $D$, von welcher aus die Bohrspindel ihren Antrieb erhält. Der von der Firma Hahn & Koplowitz, Neiße, ausgeführte Antrieb nach den Abb. 72 bis 74 ist eine sinnreiche Erweiterung des einfachen Schwenkrädergetriebes[1]). Am Ende der Handradwelle (Abb. 73) sitzt ein Ritzel, welches in eine drehbar gelagerte Zahnstange eingreift. Die Welle ist außerdem mit Gewinde versehen. Die entsprechende Mutter sitzt in der Zwischenradtasche. Durch Drehen am

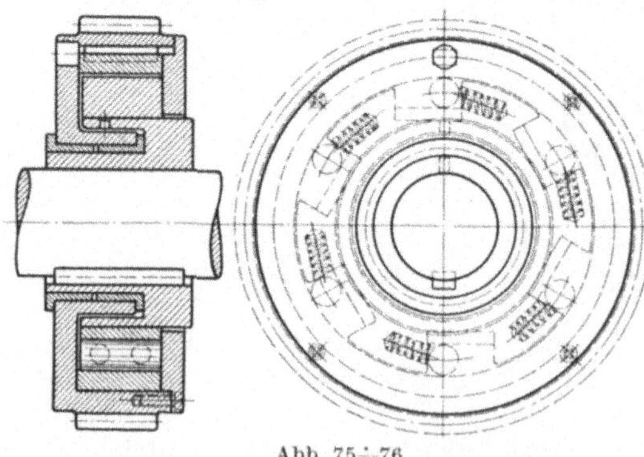
Abb. 75 ÷ 76.

[1]) W. T. 1924, S. 348.

Handrad wird also die Tasche nicht nur längs verschoben, sondern auch gehoben bzw. gesenkt. Wie bei dem vorher beschriebenen Antrieb ist auch hier eine feste Übersetzung $Z_1 : Z_2$ vorgesehen, die dann wirkt, wenn das Schwenkrädergetriebe nicht eingerückt ist. In dem auf der angetriebenen Welle lose laufenden Rad $Z_2$ ist eine Freilaufrollenkupplung angeordnet, deren Konstruktion aus den Abb. 75 u. 76 zu erkennen ist.

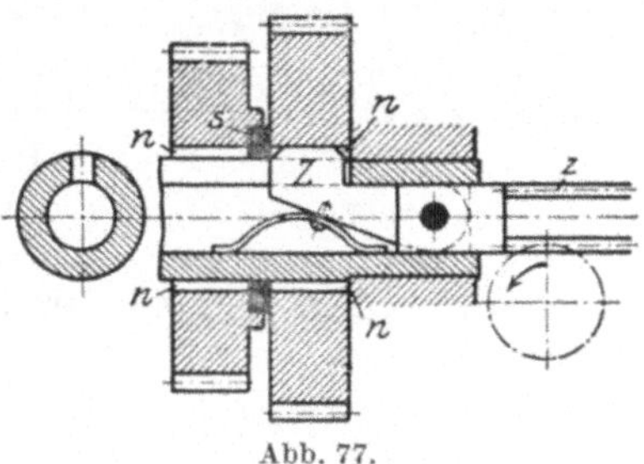

Abb. 77.

Die Ziehkeilgetriebe werden wegen ihrer gedrängten Bauart gern angewendet, wenn es sich wie bei Vorschüben um die Übertragung geringer Kräfte handelt. Wie aus Abb. 77 hervorgeht, ist die Ziehkeilwelle durchbohrt und an einer Seite geschlitzt. Durch diesen Schlitz kann die Nase des Ziehkeils $Z$ hindurchtreten. In der Bohrung kann eine Stange, an deren Ende der Ziehkeil drehbar befestigt ist, verschoben werden. Diese Stange ist am anderen Ende als Rundzahnstange $z$ ausgebildet. Es greift hier ein Ritzel ein, welches durch Hebel oder Handrad bewegt wird. Die auf der Welle lose laufenden Räder sind mit 2 oder 4 Nuten $n$ versehen, in welche die Nase des Ziehkeils eingreift. Zwischen

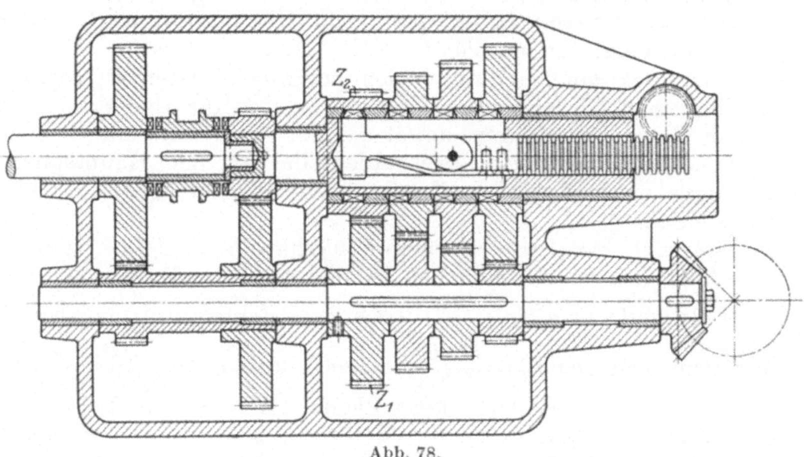

Abb. 78.

den Rädern befinden sich Scheiben $s$, die den Ziehkeil zurückdrängen, wenn er von einem Rad zum anderen geschoben wird. Der Ziehkeil soll in der getriebenen Welle angeordnet werden, um das Zurücktreiben ins Schnelle zu vermeiden. Ist es erforderlich, daß von der treibenden Welle aus ins Schnelle übersetzt wird — $Z_1 : Z_2$ in Abb. 78 —, so soll diese Übersetzung das Verhältnis 1,5 : 1 nicht überschreiten, was übrigens für alle Rädergetriebe zu empfehlen ist. Das Getriebe Abb. 78 ergibt durch den Ziehkeil 4 verschiedene Drehzahlen, die durch das Vorgelege verdoppelt werden, so daß 8 verschiedene Vorschübe gegeben werden können.

Ein Doppelziehkeilgetriebe der Magdeburger Werkzeugmaschinenfabrik zeigt Abb. 79. Der Zweck der Anordnung ist, den Verschiebeweg des Ziehkeils gegenüber der gebräuchlichen Anordnung auf die Hälfte zu verringern. Ferner ist auch die unvermeidliche Schwächung der Welle so klein gehalten wie möglich, da sie nicht durchbohrt, sondern nur genutet ist. Die Ziehkeilgetriebe haben den gleichen Nachteil wie die reinen Kupplungsrädergetriebe, daß alle Räder dauernd im Eingriff sind.

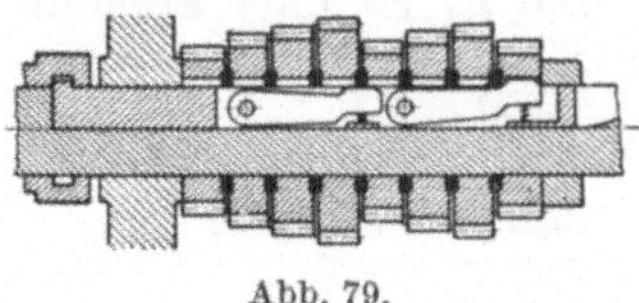

Abb. 79.

## d) Besondere Anforderungen des elektrischen Einzelantriebs.

Erfolgt der unmittelbare Antrieb durch einen normalen Drehstrommotor oder Gleichstrommotor mit gleichbleibender Drehzahl, so sind die Räderkasten so auszubilden wie für den Einscheibenantrieb. Es ist zwischen Motor und Räderkasten eine der Drehzahl des Motors entsprechende feste Übersetzung anzuordnen. Die Übertragung der Bewegung geschieht meist durch Räder, wobei häufig ein Zwischenrad erforderlich ist. Sodann findet man auch Übertragung durch einen kurzen Riemen mit Spannrolle.

Geschieht der Antrieb durch einen polumschaltbaren Drehstrommotor oder einen Gleichstromregelmotor, so sind die Räderkasten in besonderer Weise auszuführen, damit auf der einen Seite eine lückenlose, geometrisch geordnete Drehzahlenreihe an der Hauptspindel der Maschine erreicht wird und andererseits überflüssige Räder vermieden werden.

Die Drehzahl eines Drehstrommotors hängt von der Polpaarzahl ab. Sie berechnet sich bei der üblichen Periodenzahl des Drehstroms von 50 in der Sekunde zu $n = \frac{50 \cdot 60}{p}$, wobei $p$ = Polpaarzahl. Bei $p = 2$, also 4 Polen, demnach $n_1 = \frac{50 \cdot 60}{2} = 1500$. Infolge des Schlupfes ist die Drehzahl in Wirklichkeit etwas kleiner. Werden die Pole paarweise parallel geschaltet, so hat der Motor nur 2 Pole, also $p = 1$, und die Drehzahl $n_2 = \frac{50 \cdot 60}{1} = 3000$. Die Leistung in PS ist bei beiden Drehzahlen die gleiche. Je nach der Zahl der Pole hat man also Motoren von 1500/3000, 750/1500, 500/1000 Umdrehungen. Die Schaltungen können so ausgebildet sein, daß beide Drehzahlen in beiden Drehrichtungen gegeben werden können oder für den Rechtslauf der Hauptspindel der Werkzeugmaschine beide, für den Linkslauf nur die hohe. Die letztere Einrichtung wird z. B. dann getroffen, wenn es sich um den Antrieb von Gewindebohrmaschinen, Revolverbänken usw. handelt. Man kann dann mit einer einzigen Handbewegung von der niedrigen

Drehzahl in der einen Richtung auf die hohe Drehzahl in der anderen Richtung umschalten.

Die Steigerungszahl $\varphi$ der Drehzahlenreihe muß beim Antrieb durch polumschaltbaren Motor gleich einer Wurzel aus 2 sein. Die 2 selbst kommt nicht in Frage wegen des zu großen Geschwindigkeitsabfalles. $\varphi$ daher $= \sqrt{2} = 1{,}41$ oder $\varphi = \sqrt[3]{2} = 1{,}26$ oder $\varphi = \sqrt[4]{2} = 1{,}19$. Wenn z. B. die Drehzahlenreihe mit 10 beginnen soll und $\varphi = 1{,}41$ ist, so erhält man: 10; 14,1; [20; 28,2;] 40; 56,4; [80; 112,8;] 160; 225,6; [320; 451,2].

Hierbei sind die eingerahmten Drehzahlen die durch einfaches Polumschalten gewonnenen. Die erforderlichen Räderübersetzungen sind: $\frac{1}{1}$, $\frac{1}{1{,}41}$, $\frac{1}{4}$, $\frac{1}{1{,}41}\cdot\frac{1}{4}$, $\frac{1}{4}\cdot\frac{1}{4}$, $\frac{1}{1{,}41}\cdot\frac{1}{4}\cdot\frac{1}{4}$, was sich aus der Drehzahlenreihe ohne weiteres ergibt. Abb. 80 zeigt einen zur Verwirklichung der Drehzahlenreihe geeigneten Räderplan. Hierbei ist von den etwa nötigen, festen Übersetzungen zwischen Motor und Getriebe einerseits und Getriebe und Hauptspindel andererseits abgesehen worden.

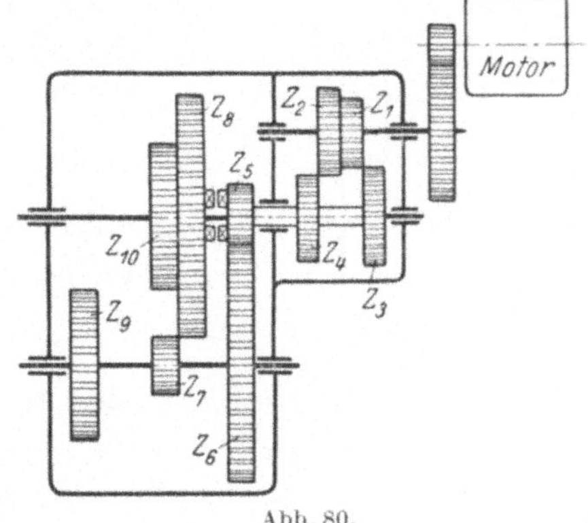

Abb. 80.

Unter der Annahme, daß $\frac{Z_2}{Z_4} = 1$, ist dann:

$$\frac{Z_1}{Z_3} = \frac{1}{1{,}41}, \quad \frac{Z_2}{Z_4}\cdot\frac{Z_5}{Z_6}\cdot\frac{Z_9}{Z_{10}} = \frac{1}{1}\cdot\frac{1}{4}\cdot\frac{1}{1} = \frac{1}{4},$$

$$\frac{Z_1}{Z_3}\cdot\frac{Z_5}{Z_6}\cdot\frac{Z_9}{Z_{10}} = \frac{1}{1{,}41}\cdot\frac{1}{4}\cdot\frac{1}{1} = \frac{1}{1{,}41}\cdot\frac{1}{4},$$

$$\frac{Z_2}{Z_4}\cdot\frac{Z_5}{Z_6}\cdot\frac{Z_7}{Z_8} = \frac{1}{1}\cdot\frac{1}{4}\cdot\frac{1}{4} = \frac{1}{4}\cdot\frac{1}{4},$$

$$\frac{Z_1}{Z_3}\cdot\frac{Z_5}{Z_6}\cdot\frac{Z_7}{Z_8} = \frac{1}{1{,}41}\cdot\frac{1}{4}\cdot\frac{1}{4}.$$

Wählt man $\varphi = 1{,}26$, so erhält man die Reihe: 10; 12,6; 15,9; [20; 25,2; 31,8;] 40; 50,4; 63,6; [80; 100,8; 127,2;] 160; 201,6; 254,4; [320; 403,2; 508,8.]

Innerhalb des Gesamtregelbereiches der Werkzeugmaschine von etwa 1 : 50 werden 18 verschiedene Drehzahlen gegeben. Es sind 9 Räderübersetzungen erforderlich, die man dadurch erzielt, daß man das Schieberädergetriebe hinter dem Motor für 3 verschiedene Drehzahlen einrichtet, während das Vervielfachungsgetriebe seine Gestalt behält.

Die Übersetzungen der Schieberäder sind hier: $\frac{1}{1}$, $\frac{1}{1{,}26}$, $\frac{1}{1{,}26^2}$. Führt man das Schieberädergetriebe für 4 verschiedene Drehzahlen aus mit den Übersetzungen $\frac{1}{1}$, $\frac{1}{1{,}19}$, $\frac{1}{1{,}19^2}$, $\frac{1}{1{,}19^3}$, so erhält man insgesamt 24 verschiedene Drehzahlen an der Hauptspindel der Maschine mit einer Steigerungszahl $\varphi = 1{,}19$.

Für manche Zwecke, wie z. B. für den Antrieb von Achsendrehbänken, Sonderbohrmaschinen, Räderfräsmaschinen, Stoßmaschinen, Sägen usw., genügt ein Gesamtregelbereich an der Hauptspindel von etwa 1 : 3. Diesen erreicht man beim Antrieb durch polumschaltbaren Motor in einfacher Weise durch den Motor und das dahinter angeordnete Schieberädergetriebe. Die Berechnung der Zähnezahlen sei an einem Beispiel gezeigt (Abb. 81). Der Motor ist mit 730/1460 Umdrehungen angenommen, ferner sei $\frac{Z_4}{Z_7} = \frac{1}{1}$. Die kleinste Drehzahl der Hauptspindel sei $= 20$.

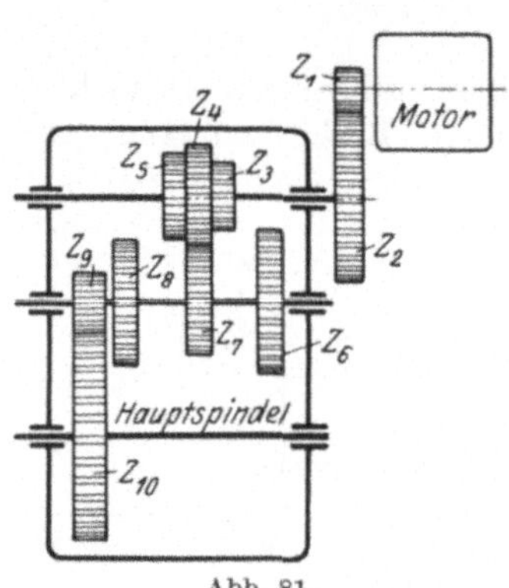

Abb. 81.

Die Reihe demnach 20; 25,2; 31,8; 40; 50,4; 63,6.

Läuft der Motor mit 730 Umdrehungen und ist das Getriebe in der gezeichneten Lage geschaltet, so läuft die Hauptspindel mit 31,8 Umdrehungen. Es ist dann: $31{,}8 = 730 \cdot \frac{Z_1}{Z_2} \cdot \frac{Z_4}{Z_7} \cdot \frac{Z_9}{Z_{10}}$; $\frac{Z_1}{Z_2} \cdot \frac{Z_9}{Z_{10}} = \frac{31{,}8}{730} = \frac{1}{23}$. Dieses feste Übersetzungsverhältnis kann beliebig geteilt werden. Meist macht man $\frac{Z_1}{Z_2} > \frac{Z_9}{Z_{10}}$.

Es sei $\frac{Z_1}{Z_2} \cdot \frac{Z_9}{Z_{10}} = \frac{1}{23} = \frac{1}{4} \cdot \frac{1}{5{,}8}$; $Z_1 = 20$; $Z_2 = 80$; $Z_9 = 18$; $Z_{10} = 105$.

Die Übersetzung $\frac{Z_3}{Z_6}$ muß sein $= \frac{1}{1{,}59}$; wenn $Z_3 = 20$, dann $Z_6 = 32$; $\frac{Z_5}{Z_8} = \frac{1}{1{,}26}$, $Z_5 = 23$, $Z_8 = 29$ und $Z_4 = Z_7 = 26$.

Es ist natürlich nicht unbedingt erforderlich, daß $\frac{Z_4}{Z_7} = 1$ ist. Wenn z. B. $\frac{Z_4}{Z_7} = \frac{1}{1{,}5}$ angenommen wird, so ändern sich die anderen Übersetzungen im gleichen Verhältnis. Es wird dann:

$$\frac{Z_1}{Z_2} \cdot \frac{Z_9}{Z_{10}} = \frac{1}{23} \cdot \frac{1{,}5}{1}, \quad \frac{Z_3}{Z_6} = \frac{1}{1{,}59} \cdot \frac{1}{1{,}5}, \quad \frac{Z_5}{Z_8} = \frac{1}{1{,}26} \cdot \frac{1}{1{,}5}.$$

Beim Gleichstromregelmotor geschieht die Vergrößerung der Drehzahl durch Feldschwächung. Bei dieser Art der Regelung bleibt die

Leistung des Motors in PS bei allen Drehzahlen von gleicher Größe. Der Regelbereich des Motors ist gewöhnlich 1 : 3. Höher als 1 : 4 geht man jedenfalls nicht, da sonst die äußeren Abmessungen des Motors zu groß werden und sein Material zu schlecht ausgenutzt wird.

Die Drehzahlen des Regelmotors werden nach der geometrischen Reihe abgestuft, und die Stufenzahl berechnet sich nach der Formel:

$$z = 1 + \frac{\log \frac{n_z}{n_1}}{\log \varphi} \quad \text{(s. S. 23).}$$

$\frac{n_z}{n_1}$ ist hier der Regelbereich des Motors, also vielfach gleich 3. Für den Geschwindigkeitsabfall kann man $5 \div 10$ vH zulassen. Man findet aber auch kleinere Werte. Aus diesem Abfall bestimmt sich dann die Steigerungszahl $\varphi$.

z. B. $A = 10$ vH; $A = \frac{\varphi - 1}{\varphi} = 0{,}1$. Hieraus $\varphi = 1{,}11$; Regelbereich $= 1 : 3$; $z = 1 + \frac{\log 3}{\log 1{,}11} \cong 13$. Für $A = 5$ vH erhält man $z = 22$.

Wie schon oben erwähnt, genügt für manche Zwecke des Werkzeugmaschinenbaues ein Gesamtregelbereich an der Hauptspindel von 1 : 3. Hier ist die Verwendung des Regelmotors besonders vorteilhaft, da kein Räderwechsel erforderlich ist. Die Zahl der mechanischen Übertragungsglieder im Antrieb ist gering, daher erhält man einen hohen Wirkungsgrad. Das Einstellen auf jede verlangte Geschwindigkeit ist leicht und während des Ganges möglich. Wenn die Drehzahl an der Maschine eine hohe ist, wie z. B. bei Schleifmaschinen, so kann man die Hauptspindel unmittelbar mit der Welle des Motors kuppeln oder den Anker des Motors auf die Hauptspindel aufsetzen. Meist sind aber die Drehzahlen nicht so hoch und deshalb Räderübersetzungen nötig. Abb. 82 zeigt den Antrieb der Frässpindel einer Sondermaschine zum Fräsen von Bohrmotorgehäusen, die von J. E. Reinecker ausgeführt wurde[1]). Der Motor leistet 12,5 PS bei $480 \div 1440$ Umdrehungen. Er treibt über 3 Räderübersetzungen die Frässpindel an, die mit $11 \div 33$ Umdrehungen läuft. Der Motor ist ein Flanschmotor. Diese Flanschmotoren werden aber nicht nur zum Antrieb von senkrechten Spindeln, sondern auch für wagerechte Antriebe verwendet; der Anbau ist einfacher als der eines Fußmotors.

Der Gesamtregelbereich einer Werkzeugmaschine ist gewöhnlich größer als der des Motors, so daß zur Übertragung noch Räderstufen nötig sind. Ist der Gesamtregelbereich der Maschine $= 1 : R$, der Bereich des Motors $= 1 : r$, dann ergibt sich die Anzahl $x$ der Räderstufen wie folgt:

| | |
|---|---|
| $n_1 \div r \cdot n_1$ | erste Räderstufe |
| $r \cdot n_1 \div r^2 \cdot n_1$ | zweite ,, |
| $r^2 \cdot n_1 \div r^3 \cdot n_1$ | dritte ,, |
| . . . . . . . . . . . . . | . . . . . . . . . . . . . . . |
| $r^{x-1} \cdot n_1 \div r^x \cdot n_1$ | $x$te Räderstufe |

1) Z. 1926, S. 600.

Hieraus $\frac{n_1}{r^x \cdot n_1} = \frac{1}{R}$; $r^x = R$; $x = \frac{\log R}{\log r}$; z. B. $1 : R = 1 : 25$; $1 : r = 1 : 3$; $x = \frac{\log 25}{\log 3} = 3$.

Es tritt dann kein Geschwindigkeitsabfall zwischen den Räderstufen ein. Läßt man das aber zu, so kann man dadurch den Gesamtregelbereich erweitern.

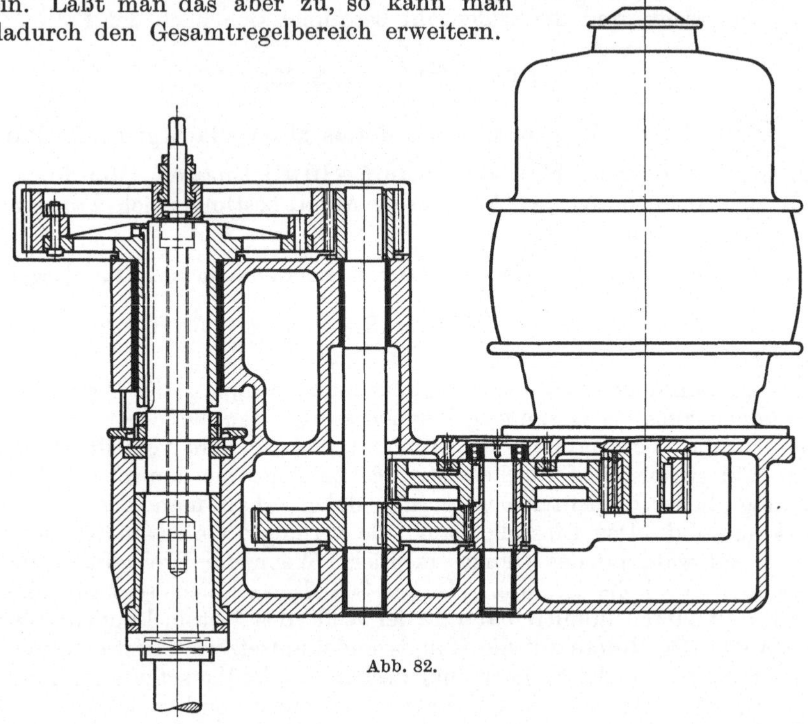

Abb. 82.

Der Motor des Antriebes nach Abb. 83 mache 1000 ÷ 3000 Umdrehungen. Die Hauptspindel soll mit folgenden Drehzahlen laufen:

18 ÷ 54,
57,6 ÷ 173,
183 ÷ 550.

Die Räderübersetzungen berechnen sich einfach zu:

$$\frac{Z_1}{Z_2} = \frac{183}{1000} = \frac{1}{5{,}46},$$

$$\frac{Z_3}{Z_4} \cdot \frac{Z_7}{Z_8} = \frac{57{,}6}{183} = \frac{1}{3{,}2},$$

$$\frac{Z_3}{Z_4} \cdot \frac{Z_5}{Z_6} = \frac{18}{183} = \frac{1}{10{,}2}.$$

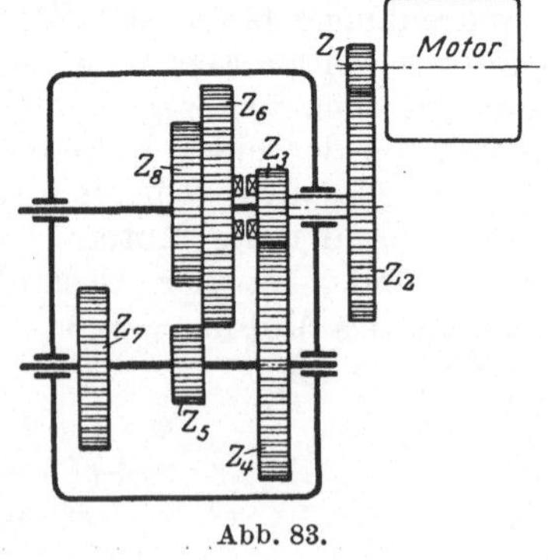


Abb. 83.

Abb. 84 zeigt den Antrieb einer schweren Plandrehbank der Firma Schiess, Düsseldorf, durch einen Regelmotor, der auf dem Räderkasten steht. Zur Übertragung ist hier ein Zwischenrad erforderlich. Wie bei dem vorhergehenden Antrieb ist ein dreifacher Wechsel vorgesehen, dessen Konstruktion ohne weiteres zu erkennen ist. Das große Ritzel rechts greift in den Zahnkranz der Planscheibe ein.

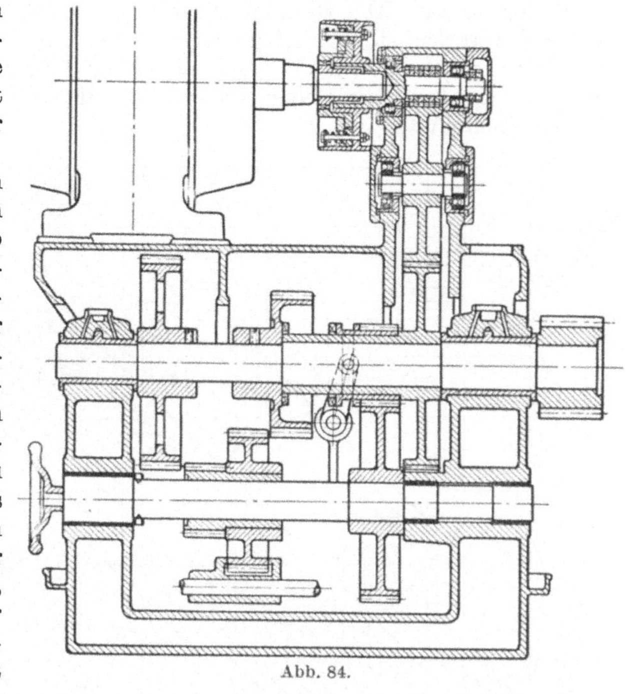

Abb. 84.

Bei solch großen Maschinen, bei denen übrigens der Antrieb durch Regelmotor unbestritten das Richtigste ist, kann der Motor auf der Maschine aufgebaut werden. Bei mittleren und kleinen Maschinen ist der Anbau eines Flanschmotors besser oder es ist ein Konsol am Fuß der Maschine vorzusehen, auf dem der Motor steht. Vom rein technischen Standpunkt noch besser ist die Verwendung des Spindelmotors nach Abb. 85, bei dem die Hauptspindel der Maschine durch die hohle Ankerwelle hindurchgeht. Auch hier ist wieder ein dreifacher Räderwechsel vorgesehen, dessen Aufbau leicht zu ersehen ist. Zur Erleichterung der Einstellung auf die verlangte Schnittgeschwindigkeit bei gegebenem Drehdurchmesser dient das Drehzahlenschaubild Abb. 86. Hier sind die Drehzahlen in einem doppelt logarithmisch geteilten Netz

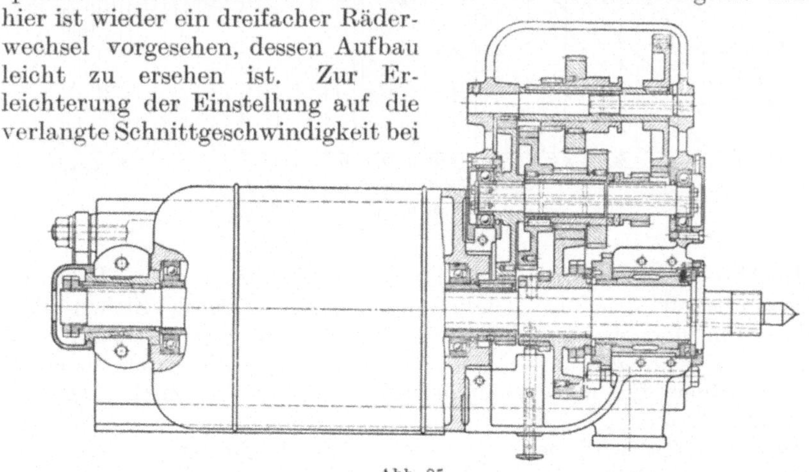

Abb. 85.

eingetragen. Die Gleichung $v = d\,\pi\,n$ kann auch geschrieben werden $\log v - \log d = \log(\pi\,n)$. Diese Gleichung stellt wie die vorige wieder eine Gerade dar. Die Geraden für die verschiedenen Drehzahlen sind parallel, während sie beim Sägendiagramm (S. 21) alle vom Koordinatenanfangspunkt ausgehen. Bei geometrischer Abstufung der Drehzahlen sind bei der logarithmischen Darstellung die Abstände der Drehzahllinien voneinander gleich.

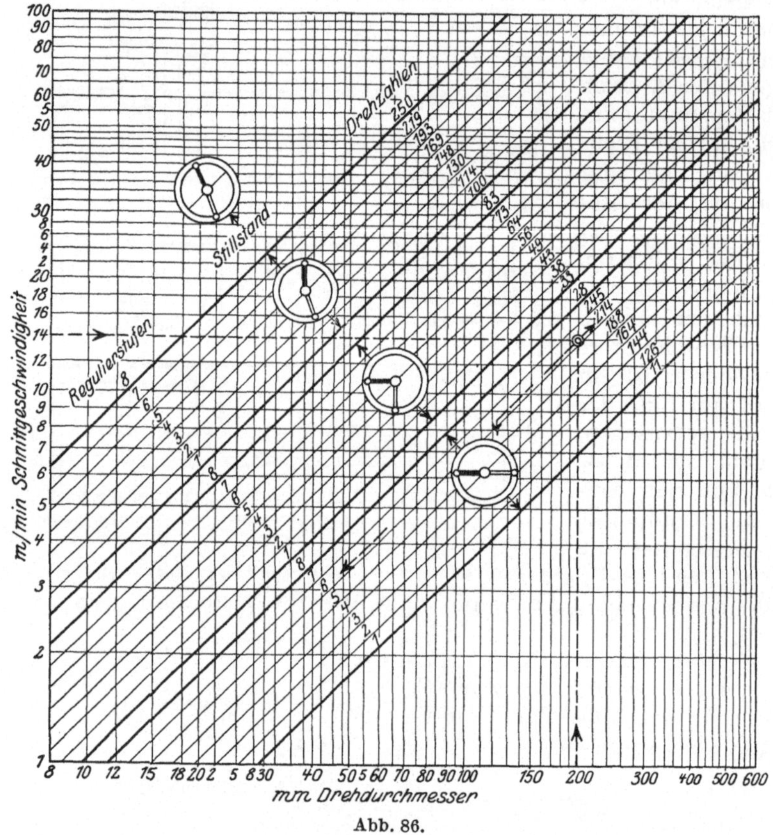


Abb. 86.

In Abb. 86 ist ein Drehdurchmesser von 200 mm und eine Schnittgeschwindigkeit von 14 m/min angenommen. Durch Ziehen der senkrechten und wagerechten Linie ergibt sich eine Drehzahl von $\sim$ 21,4. Der Regelanlasser ist demnach auf Stufe 6 einzustellen und die Hebel für den Räderwechsel in die in der Mitte gekennzeichneten Stellung.

Die Maschine wird hergestellt von Gebr. Boehringer, Göppingen, während der elektrische Teil von den Siemens-Schuckertwerken stammt.

# 3. Umlaufgetriebe.

Diese Getriebe werden im Werkzeugmaschinenbau verwendet zur Erreichung von großen Übersetzungen, zur Bewegungsumkehr und zur Erzielung von Zusatzbewegungen, wie sie z. B. bei Hinterdrehbänken und Schraubenräderfräsmaschinen, die nach dem Abwälzverfahren arbeiten, erforderlich sind. Es gibt eine ganze Reihe von Verfahren, um die Übersetzungsverhältnisse von Umlaufgetrieben abzuleiten. Von diesen Verfahren seien hier nur zwei gebracht. Das erste ist das auf der Anschauung beruhende von Swamp[1]) an Hand von Abb. 87 und das zweite das Verfahren, welches sich des Momentandrehpunktes oder Pols bedient an Hand von Abb. 88. Abb. 87 stellt ein Umlaufgetriebe mit Außenverzahnung dar. Die Einleitung der Bewegung geschehe durch den Arm, der $n$ Umdrehungen machen soll, während das Rad $Z_1$ festgehalten wird. Es soll bestimmt werden, wie viele Umdrehungen das Rad $Z_4$ macht.

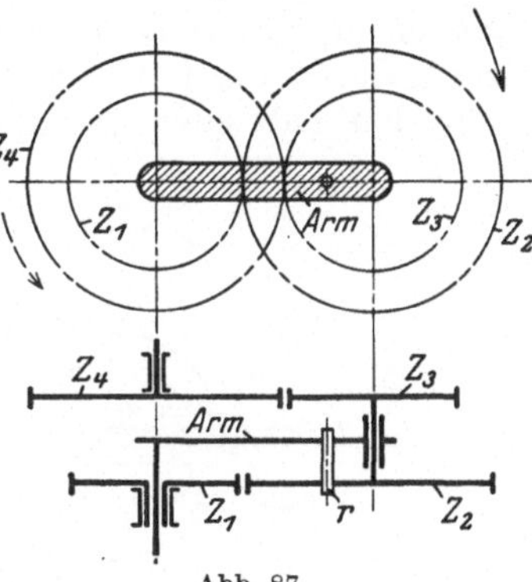

Abb. 87.

Es sei zunächst angenommen, daß Rad $Z_1$ nicht festgehalten wird, und daß der Arm und das Rad $Z_2$ durch einen Riegel $r$ verriegelt sind. Läßt man nun den Arm eine Umdrehung in der Richtung des Pfeiles machen, so macht das Rad $Z_4$ ebenfalls eine Umdrehung in dieser Richtung und ebenso Rad $Z_1$.

Nun wird der Riegel $r$ entfernt und das Rad $Z_1$ durch Zurückdrehen also im Sinne des gestrichelten Pfeiles in seine ursprüngliche Lage gebracht, während der Arm festgehalten wird. Das Rad $Z_1$ macht demnach $-1$ Umdrehung und das Rad $Z_4$ : $-1 \cdot \frac{Z_1}{Z_2} \cdot \frac{Z_3}{Z_4}$ Umdrehung.

Durch Zusammensetzen der beiden Teilbewegungen erhält man die Gesamtbewegung laut Aufgabe, bei welcher der Arm eine Drehbewegung ausführt, während das Rad $Z_1$ festgehalten nach folgendem Schema:

| | Arm | Rad $Z_1$ | Rad $Z_4$ |
|---|---|---|---|
| 1. Teilbewegung Umdreh. = | $+1$ | $+1$ | $+1$ |
| 2. Teilbewegung Umdreh. = | 0 | $-1$ | $-1 \cdot \frac{Z_1}{Z_2} \cdot \frac{Z_3}{Z_4}$ |
| Gesamtbewegung Umdreh. = | $+1$ | 0 | $1 - \frac{Z_1}{Z_2} \cdot \frac{Z_3}{Z_4}$ |

Macht der Arm $n$ Umdrehungen, dann ergibt sich für Rad $Z_4$:

$$n_4 = n\left(1 - \frac{Z_1}{Z_2} \cdot \frac{Z_3}{Z_4}\right).$$

[1]) W. T. 1910, S. 271.

Wenn das Rad $Z_1$ nicht festgehalten wird, sondern sich im gleichen Sinne wie der Arm mit $n_1$ Umläufen dreht, so entsteht eine dritte Teilbewegung und das Endresultat für $Z_4$:

$$n_4' = n\left(1 - \frac{Z_1}{Z_2} \cdot \frac{Z_3}{Z_4}\right) + n_1 \cdot \frac{Z_1}{Z_2} \cdot \frac{Z_3}{Z_4}.$$

Erfolgt die Drehung von $Z_1$ im entgegengesetzten Sinne wie die des Armes, dann ist

$$n_4' = n\left(1 - \frac{Z_1}{Z_2} \cdot \frac{Z_3}{Z_4}\right) - n_1 \cdot \frac{Z_1}{Z_2} \cdot \frac{Z_3}{Z_4}.$$

Haben die Räder $Z_1$ und $Z_4$ beide Innenverzahnung, so gelten die gleichen Beziehungen wie vorstehend.

Für den Fall einer Innenverzahnung (Abb. 88) soll die schon erwähnte andere Art der Ableitung des Übersetzungsverhältnisses gezeigt werden. Das Rad $Z_1$ sei festgehalten und als Momentandrehpunkt werde der Berührungspunkt 0 der Räder $Z_1$ und $Z_2$ angenommen. Es ist nun allgemein die Umfangsgeschwindigkeit = Winkelgeschwindigkeit × Radius, und man erhält leicht:

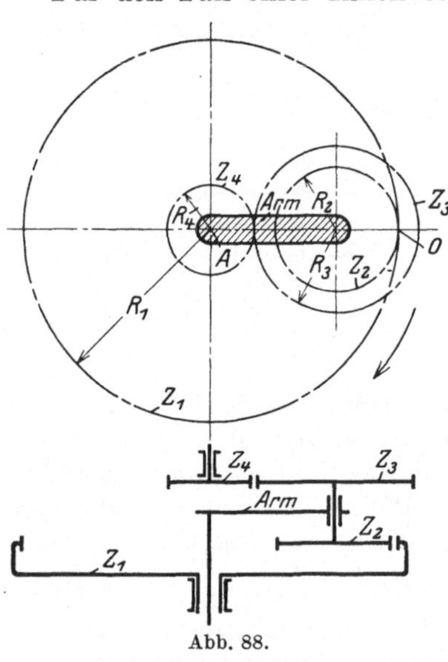

Abb. 88.

1. $\omega_a (R_4 + R_3) = \omega_0 \cdot R_2$,

2. $\omega_4 \cdot R_4 = \omega_0 (R_1 - R_4)$.

Hierbei ist $\omega_a$ die Winkelgeschwindigkeit des Armes in bezug auf den Drehpunkt $A$, $\omega_4$ die Winkelgeschwindigkeit des Rades $Z_4$ in bezug auf den gleichen Drehpunkt und $\omega_0$ die Winkelgeschwindigkeit der fest miteinander verbundenen Räder $Z_2$ und $Z_3$ in bezug auf den Momentandrehpunkt 0.

Durch Division der zweiten Gleichung durch die erste erhält man:

$$\frac{\omega_4 \cdot R_4}{\omega_a \cdot (R_4 + R_3)} = \frac{R_1 - R_4}{R_2}$$

und hieraus nach einigen Umformungen:

$$\frac{\omega_4}{\omega_a} = 1 + \frac{R_1}{R_2} \cdot \frac{R_3}{R_4}$$

oder

$$\frac{n_4}{n} = 1 + \frac{Z_1}{Z_2} \cdot \frac{Z_3}{Z_4},$$

woraus

$$n_4 = n\left(1 + \frac{Z_1}{Z_2} \cdot \frac{Z_3}{Z_4}\right).$$

Wenn auch bei diesem Getriebe das Rad $Z_1$ mit $n_1$ Umläufen im gleichen Sinne wie der Arm sich dreht, dann ist:

$$n_4' = n\left(1 + \frac{Z_1}{Z_2} \cdot \frac{Z_3}{Z_4}\right) - n_1 \cdot \frac{Z_1}{Z_2} \cdot \frac{Z_3}{Z_4}.$$

Ist der Drehsinn von $Z_1$ dem des Armes entgegengesetzt, dann:

$$n_4' = n\left(1 + \frac{Z_1}{Z_2} \cdot \frac{Z_3}{Z_4}\right) + n_1 \cdot \frac{Z_1}{Z_2} \cdot \frac{Z_3}{Z_4}.$$

Nach v. Dobbeler[1]) ist der Reibungsverlust eines Umlaufgetriebes mit einer Innenverzahnung immer geringer als der eines gewöhnlichen, aus 2 Zahnräderpaaren bestehenden Vorgeleges. Dagegen kann er bei Außenverzahnung je nach der gewünschten Drehzahländerung weit höher sein.

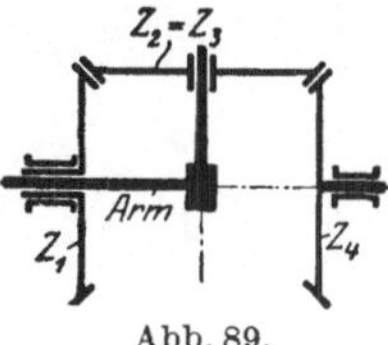

Abb. 89.

Bei dem Umlaufgetriebe mit Kegelrädern (Differentialgetriebe) nach Abb. 89 erhält man unter Anwendung der vorstehenden Formeln, wenn $Z_1$ festgehalten wird und der Arm $n$ Umdrehungen macht:

$$n_4 = n\left(1 + \frac{Z_1}{Z_2} \cdot \frac{Z_3}{Z_4}\right) = n\,(1 + 1) = 2n.$$

Die unmittelbare Ableitung der Formel ist aber hier besonders einfach. Als Momentandrehpunkt wird der Berührungspunkt der Außenteilkreise der Räder $Z_1$ und $Z_2$ angenommen. Es ist dann:

$$1.\ \omega_a \cdot R_1 = \omega_0 \cdot R_2$$

$$2.\ \omega_4 \cdot R_4 = \omega_0 \cdot 2\,R_2.$$

Hierbei sind die $R$ die Teilkreisradien der Räder. Es ergibt sich, da $R_1 = R_4$ ist: $\frac{\omega_a}{\omega_4} = \frac{1}{2}$; $\frac{n}{n_4} = \frac{1}{2}$ oder $\underline{n_4 = 2n}$.

Wenn $Z_1$ sich mit $n_1$ Umdrehungen im gleichen Sinne bewegt wie der Arm, erhält man: $n_4' = 2n - n_1$; bei entgegengesetztem Drehsinn: $n_4' = 2n + n_1$.

Es seien nun die auftretenden Zahndrücke, Momente und Arbeitsleistungen an Hand der Abb. 90 festgestellt[2]).

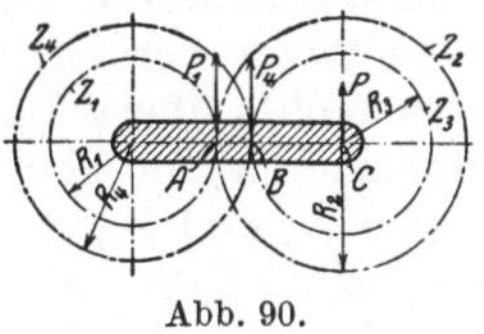

Abb. 90.

1. $Z_1$ wird festgehalten, dann Drehpunkt bei $A$:

$$-P \cdot R_2 - P_4\,(R_2 - R_3) = 0;$$

$$P \cdot R_2 = -P_4\,(R_2 - R_3).$$

$$\frac{P_4}{P} = -\frac{R_2}{R_2 - R_3}.$$

2. $Z_4$ festgehalten, dann Drehpunkt bei $B$:

$$-P \cdot R_3 + P_1\,(R_2 - R_3) = 0; \qquad P \cdot R_3 = P_1\,(R_2 - R_3);$$

$$\frac{P_1}{P} = \frac{R_3}{R_2 - R_3}.$$

[1]) Der Betrieb, 1919, S. 173. [2]) Der Betrieb, 1919, S. 173.

3. Arm festgehalten, dann Drehpunkt bei $C$:

$$P_1 \cdot R_2 + P_4 \cdot R_3 = 0; \qquad P_1 \cdot R_2 = - P_4 \cdot R_3;$$

$$\frac{P_1}{P_4} = -\frac{R_3}{R_2}.$$

Addition von (1) und (2) ergibt:

$$\frac{P_4 + P_1}{P} = \frac{-R_2 + R_3}{R_2 - R_3} = -1; \qquad P + P_1 + P_4 = 0.$$

Addition von (2) und (3) oder von (1) und (3) ergibt dasselbe.

4. $$\frac{M_4}{M_1} = \frac{P_4 \cdot R_4}{P_1 \cdot R_1} = -\frac{R_2}{R_3} \cdot \frac{R_4}{R_1} = -\frac{Z_2}{Z_3} \cdot \frac{Z_4}{Z_1}.$$

5. $$\frac{M}{M_1} = \frac{P(R_2 + R_1)}{P_1 \cdot R_1} = \frac{(R_2 - R_3)(R_2 + R_1)}{R_3 \cdot R_1}$$

$$= \frac{R_2 \cdot R_2 - R_2 \cdot R_3 + R_2 \cdot R_1 - R_3 \cdot R_1}{R_3 \cdot R_1};$$

$$\frac{M}{M_1} = \frac{R_2(R_2 - R_3 + R_1)}{R_3 \cdot R_1} - 1 = \frac{R_2 \cdot R_4}{R_3 \cdot R_1} - 1 = \frac{Z_2}{Z_1} \cdot \frac{Z_4}{Z_3} - 1.$$

(4) und (5) addiert:

$$\frac{M_4 + M}{M_1} = -\frac{Z_2 \cdot Z_4}{Z_1 \cdot Z_3} + \frac{Z_2 \cdot Z_4}{Z_1 \cdot Z_3} - 1 = -1;$$

$$\underline{M + M_1 + M_4 = 0.}$$

Summe der zu- und abgeführten Arbeitsleistungen muß gleich Null sein.

$$\underline{M \cdot n + M_1 \cdot n_1 + M_4 \cdot n_4 = 0}; \quad \underline{N + N_1 + N_4 = 0.}$$

Abb. 91 zeigt die zweimalige Anwendung des Umlaufgetriebes mit Außenverzahnung bei dem Antrieb einer Stößelhobelmaschine der Firma Lange & Geilen in Halle. Die Welle $A$ wird durch Einscheibe oder durch Motor angetrieben. Auf dieser Welle kann eine Kupplung verschoben werden, die die Bewegung auf die feste Übersetzung links oder rechts überträgt. Durch die Anordnung werden zwei verschiedene Hobelgeschwindigkeiten erreicht. Die auf der Welle $B$ lose laufenden Räder $Z_5$ und $Z_6$, die miteinander verbunden sind, stellen nun das dar, was in Abb. 87 mit Arm bezeichnet ist. Diese Räder tragen Bolzen, auf denen sich die Räder $Z_2$, $Z_3$ bzw. $Z_2'$, $Z_3'$ frei drehen können. Die Räder $Z_1$ und $Z_1'$ sind mit Bremstellern $C$ bzw. $C'$ fest verbunden. Diese Räder mit ihren Bremstellern laufen lose auf Welle $B$. Auf dieser Welle fest aufgekeilt sind endlich die Räder $Z_4$ und $Z_4'$. Die Drehbewegung der Welle $B$ wird durch die Räder $Z_7$ und $Z_8$ auf die Welle $D$ übertragen, auf der die Ritzel $Z_9$ sitzen, die durch Vermittlung von Zwischenrädern in die Stößelzahnstangen eingreifen. Der — nicht gezeichnete — Stößel bewegt sich also in der Richtung senkrecht zur Bildebene. Bei der Arbeit des Stahles wird durch besondere Steuerorgane der linke Bremsteller und damit Rad $Z_1$ festgehalten und die Übertragung der eingeleiteten Bewegung geschieht durch das linke Umlaufgetriebe. Bei der Umsteuerung wird die Bremsung des Tellers $C$ gelöst und der rechte Teller gebremst. Es erfolgt der Rücklauf, wobei die Bewegung über das rechte Umlaufgetriebe geleitet wird. Es laufe nun die Welle $A$ mit 300 Umdrehungen in der Minute. Die Kupplung wird links eingerückt. Die Übersetzung beträgt 1:3, so daß das Rad $Z_5$ 100 Umdrehungen macht. Die Zähnezahlen der Umlaufgetriebe sind $Z_1 = 30$, $Z_2 = 26$, $Z_3 = 18$, $Z_4 = 38$, weiter $Z_1' = 38$, $Z_2' = 18$, $Z_3' = 26$, $Z_4' = 30$. Beim Arbeitsgang des Stößels wird demnach die Drehzahl der Welle $B = n_4 = n \left(1 - \frac{Z_1}{Z_2} \cdot \frac{Z_3}{Z_4}\right)$;

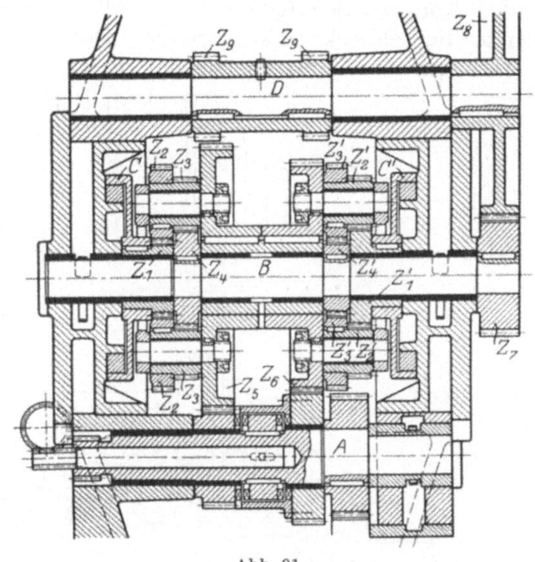


Abb. 91.

$$n_4 = 100\left(1 - \frac{30}{28} \cdot \frac{18}{38}\right) = 100\,(1 - 0{,}55) = 45\,.$$

Die feste Übersetzung $Z_7 : Z_8 = 1:2$ und die Ritzel $Z_9$ haben 20 Zähne bei $8\,\pi$ Teilung. Die Arbeitsgeschwindigkeit beträgt demnach $c_a = 45 \cdot \frac{1}{2} \cdot 20 \cdot 8 \cdot \pi = 11{,}4$ m/min.

Beim Rücklauf arbeitet das rechte Umlaufgetriebe. Man erhält dann:

$$n_4 = 100\left(1 - \frac{38}{18} \cdot \frac{26}{30}\right) = 100\,(1 - 1{,}82) = -82.$$

Das —Zeichen läßt erkennen, daß sich die Welle $B$ nun im entgegengesetzten Sinne dreht wie das Rad $Z_5$. Die Rücklaufgeschwindigkeit beträgt also:

$$c_r = 82 \cdot \frac{1}{2} \cdot 20 \cdot 8 \cdot \pi = 20{,}5 \text{ m/min}\,.$$

Bei dem Getriebe Abb. 87 kann natürlich auch das Rad 4 festgehalten werden. Die Drehzahl $n_1$ des Rades $Z_1$ ist dann:

$$n_1 = n\left(1 - \frac{Z_4}{Z_3} \cdot \frac{Z_3}{Z_1}\right).$$

Die von dem Arm eingeleitete Bewegung kann also an zwei Stellen weitergeleitet werden. Von dieser Eigenschaft des Umlaufgetriebes wird Gebrauch gemacht, um zwei aufeinanderfolgende Bewegungen zu erzielen, wobei einmal das Rad $Z_1$ und dann das Rad $Z_4$ festgehalten wird[1]).

Eine andere Art der Anwendung eines Umlaufgetriebes ist in Abb. 92 dargestellt. Es ist hier der Querschnitt durch den Support einer großen Drehbank gezeichnet, die von der Firma Schiess, Düsseldorf, ausgeführt wurde. Von der Schaftwelle aus wird durch ein Räder- und Wendegetriebe die Schnecke $A$ angetrieben. Das eingezeichnete Schneckenrad ist der Arm des Umlaufgetriebes. Beim Arbeiten wird das Rad $Z_1$

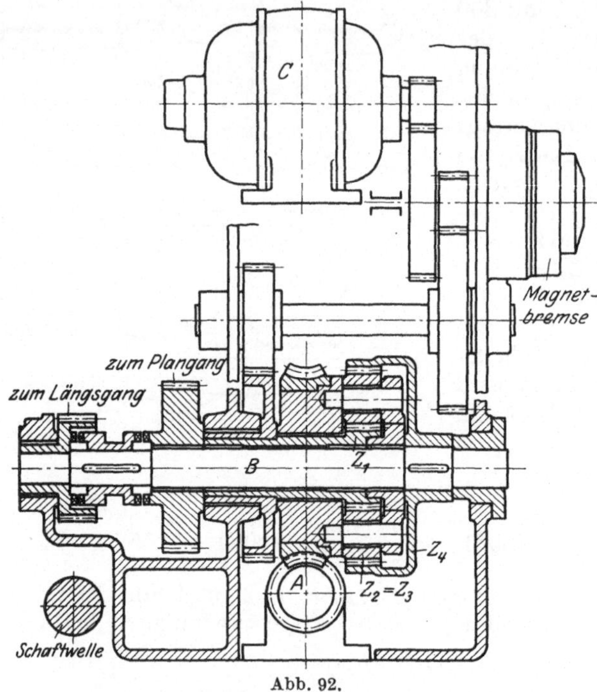


Abb. 92.

über einige Übersetzungen von der Magnetbremse festgehalten und der kleine Schnellverstellungsmotor $C$ ist ausgeschaltet. Ist die Drehzahl des Schneckenrades $= n$, so ist $n_4$ die Drehzahl der Welle $B$, von welcher aus die Weiterleitung der Bewegung erfolgt.

$$n_4 = n\left(1 + \frac{Z_1}{Z_2} \cdot \frac{Z_3}{Z_4}\right) = n\left(1 + \frac{Z_1}{Z_4}\right) \text{ da } Z_2 = Z_3 .$$

Wird die Magnetbremse gelöst und der Motor $C$ eingeschaltet, so erhalten wir als Drehzahl der Welle $B$:

$$n_4' = n\left(1 + \frac{Z_1}{Z_4}\right) \pm n_1 \cdot \frac{Z_1}{Z_4}$$

[1]) Schiess-Nachrichten, 1922/23, S. 59.

je nach Drehrichtung des Motors, wobei $n_1$ die Drehzahl ist von $Z_1$. Die Einrichtung gestattet es, die Schnellverstellung des Supports ein- bzw. auszurücken, ohne daß am Vorschub etwas geändert zu werden braucht. Die Geschwindigkeit der Schnellverstellung ist völlig unabhängig von der Vorschubgröße.

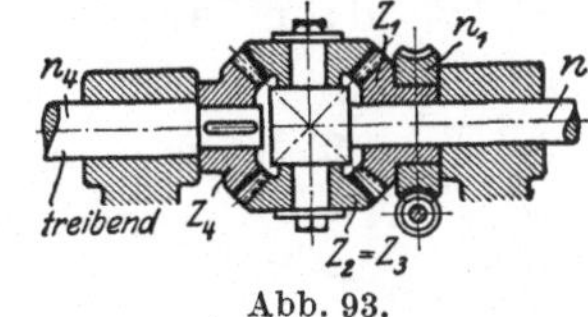

Abb. 93.

Abb. 93 zeigt das Differentialgetriebe einer Hinterdrehbank. Wenn $n_1 = 0$ und $n_4 = 10$, dann ist $n_4 = 2\,n$, also $10 = 2 \cdot n$, woraus $n = 5$.

Wenn die Bewegung nicht nur von $Z_4$ aus erfolgen soll, sondern auch von $Z_1$ aus, wobei $n_1 = 6$ angenommen werde und die Drehrichtung im gleichen Sinne wie die von $Z_4$, dann $n_4' = 2n - n_1$, also $10 = 2n - 6$, woraus

$$n = \frac{10 + 6}{2} = 8\,.$$

Wenn bei $n_1 = 6$ die Drehrichtung im entgegengesetzten Sinne wie die von $Z_4$, dann $n_4' = 2n + n_1$, also

$$10 = 2n + 6\,, \quad \text{woraus} \quad n = \frac{10 - 6}{2} = 2\,.$$

Das letzte Beispiel zeigt, daß bei den Umlaufgetrieben auch der Arm angetrieben sein kann, wobei die Einleitung der Bewegung durch Rad $Z_4$ oder $Z_1$ geschehen kann.

## 4. Antriebsteile für gerade Bewegungen.

### a) Kurbelgetriebe.

Eine geradlinige und dabei hin und her gehende Bewegung kann durch ein Kurbelgetriebe erzeugt werden. Dieses hat gegenüber anderen Antriebsorganen, die dem gleichen Zweck dienen, den Vorzug, daß es einer besonderen Umsteuerung an den Hubenden nicht bedarf. Es sollen nun die Geschwindigkeits- und Beschleunigungsverhältnisse der im Werkzeugmaschinenbau verwendeten Kurbeltriebe untersucht werden.

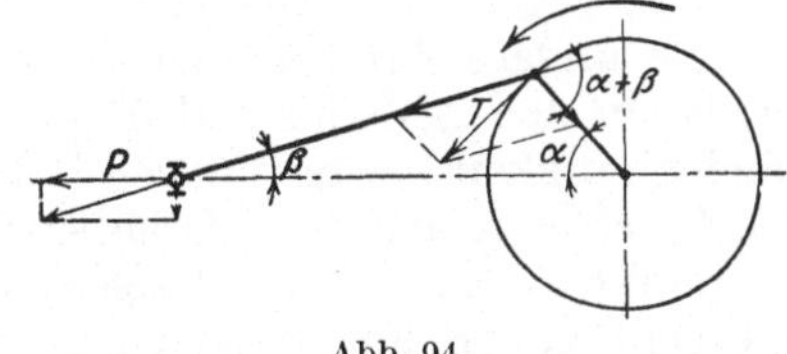

Abb. 94.

Der einfache Kurbeltrieb nach Abb. 94 kommt für kleine Stoß- und Shapingmaschinen, für Scheren, Pressen und für Schaltantriebe in Betracht. Aus Abb. 94 kann man ablesen: $P = T \frac{\cos\beta}{\sin(\alpha + \beta)}$, wobei $T$ die Drehkraft am Kurbelzapfen und $P$ den Stößeldruck bedeutet. Es besteht nun weiter die Arbeitsgleichung: $T \cdot v = P \cdot c$, worin $v$ die gleichförmige Geschwindigkeit des Kurbelzapfens und $c$ die Geschwindigkeit des Stößels in Richtung von $P$ ist. Aus den beiden Gleichungen ergibt: $c = v \frac{\sin(\alpha + \beta)}{\cos\beta}$. In Abb. 95 ist die bekannte

Art der zeichnerischen Gewinnung der Stößelgeschwindigkeiten dargestellt. Vom Kurbelzapfendrehpunkt wird die Geschwindigkeit $v$ in Richtung des Kurbelradius aufgetragen und im Endpunkt eine Senkrechte errichtet. Die Verlängerung der Schubstangenmittellinie schneidet dann aus dieser Senkrechten die Stößelgeschwindigkeit heraus, was sich mit Hilfe der eingeschriebenen Winkel leicht nachweisen läßt. In der Abb. 95 sind in den jeweiligen Stößelstellungen die Geschwindigkeiten als Ordinaten aufgetragen. $c_{\max}$, wenn $\alpha + \beta \cong 90^0$. $v = 2r\pi n = h \cdot \pi \cdot n$. Hierbei sind $r$ und $h$ in $m$ einzusetzen, um die Geschwindigkeit in Metern pro Minute zu erhalten. Die mittlere Schnittgeschwindigkeit $c_m = 2hn$. Soll diese bei den verschiedenen Hüben gleich sein, so muß $n$ geändert werden können. Kurbeltriebsmaschinen werden daher mit Antrieb durch Stufenscheiben, Räderkasten oder Regelmotor ausgeführt.

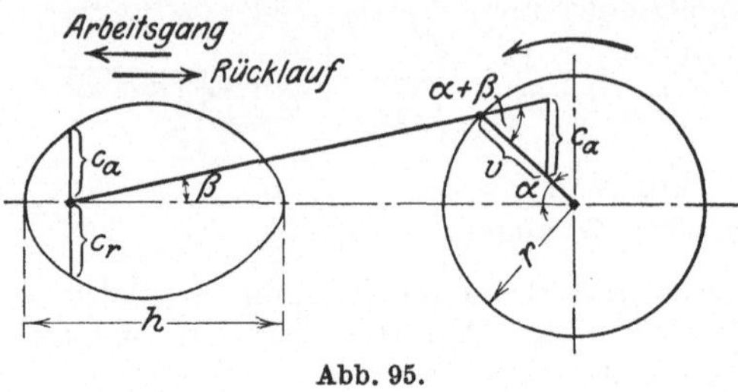

Abb. 95.

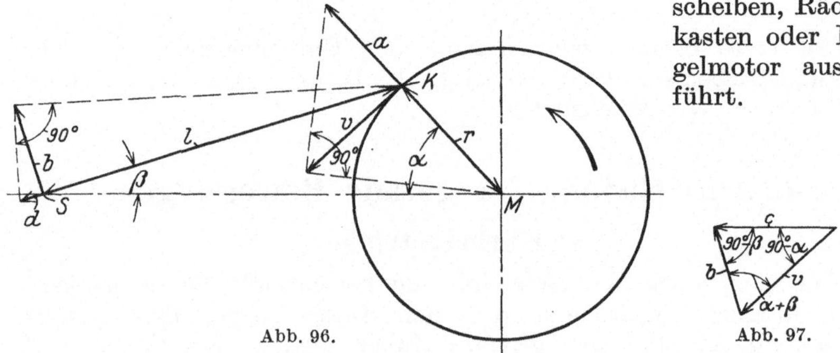

Abb. 96. Abb. 97.

Eine andere Art zeichnerischer Gewinnung der Stößelgeschwindigkeit ist in den Abb. 96 und 97 gezeigt. Dem Stößelzapfen $S$ wird die Geschwindigkeit $v$ erteilt durch Vermittlung der Schubstange $l$. Außerdem führt er relativ eine Drehbewegung gegenüber dem Kurbelzapfendrehpunkt $K$ aus. Die Geschwindigkeit der letzten Bewegung steht senkrecht zur Schubstangenrichtung. Die beiden Geschwindigkeiten setzen sich zu einer Resultierenden zusammen, und das ist eben die Stößelgeschwindigkeit $c$. Es wird also nach Abb. 97 für die betreffende Stellung des Kurbelzapfens die gleichförmige Geschwindigkeit $v$ aufgetragen und im Endpunkt eine Linie gezogen senkrecht zur Schubstangenrichtung. Diese Linie schneidet dann aus der Bewegungsrichtung des Stößelzapfens die gesuchte Geschwindigkeit $c$ heraus. Aus Abb. 97 ist leicht abzulesen:

$$\frac{c}{v} = \frac{\sin(\alpha + \beta)}{\sin(90^0 - \beta)} = \frac{\sin(\alpha + \beta)}{\cos\beta} \quad \text{oder} \quad c = v\,\frac{\sin(\alpha + \beta)}{\cos\beta}$$

wie oben rechnerisch gefunden. Die Größe $b$ in Abb. 97 ist die erwähnte Relativgeschwindigkeit von $S$ um $K$.

Zur rechnerischen Bestimmung der Beschleunigung ist zu bilden:

$$\frac{dc}{dv} = v\left[\frac{\cos(\alpha+\beta)}{\cos\beta} + \left(\frac{\cos(\alpha+\beta)}{\cos\beta} + \frac{\sin(\alpha+\beta)\sin\beta}{\cos^2\beta}\right)\frac{d\beta}{d\alpha}\right].$$

Nach Abb. 96 ist nun: $\frac{\sin\alpha}{\sin\beta} = \frac{l}{r}$, woraus $\frac{d\beta}{d\alpha} = \frac{r}{l}\cdot\frac{\cos\alpha}{\cos\beta}$.

Unter Berücksichtigung dieses erhält man nach einigen Umformungen

$$\frac{dc}{d\alpha} = v\left[\frac{\cos(\alpha+\beta)}{\cos\beta} + \frac{r}{l}\cdot\frac{\cos^2\alpha}{\cos^3\beta}\right].$$

Sodann ist $d\alpha = \frac{v}{r}\cdot dt$, so daß schließlich:

$$\frac{dc}{dt} = p = \frac{v^2}{r}\left[\frac{\cos(\alpha+\beta)}{\cos\beta} + \frac{r}{l}\,\frac{\cos^2\alpha}{\cos^3\beta}\right]$$

sich als Ausdruck für die Beschleunigung ergibt. Für $\alpha = 0^0$ ist $p_u = \frac{v^2}{r}\left(1 + \frac{r}{l}\right)$ und für $\alpha = 180^0$ ist $p_u = \frac{v^2}{r}\left(-1 + \frac{r}{l}\right)$.

Zur zeichnerischen Bestimmung der Beschleunigung verbindet man zunächst in Abb. 96 den Endpunkt von $v$ mit dem Mittelpunkt $M$. Sodann errichtet man auf dieser Linie eine Senkrechte, die aus der Verlängerung von $r$ die Normalbeschleunigung $a$ des Kurbelzapfens $K$ herausschneidet. Aus dem gezeichneten rechtwinkligen Dreieck ist herauszulesen: $\frac{a}{v} = \frac{v}{r}$ oder $a = \frac{v^2}{r}$. Nun ist der Ausdruck für die Zentrifugalkraft $C = m\cdot\frac{v^2}{r}$ und hierin ist $\frac{v^2}{r}$ die Beschleunigung in Richtung des Radius. Die Tangentialbeschleunigung des Zapfens $K$ ist $= 0$, da $v$ gleichförmig. Es ist nun die Beschleunigung des Zapfens $S$ in der Richtung der Schubstange zu bestimmen. Das geschieht, indem man in $S$ senkrecht zu dieser Richtung die in Abb. 97 gefundene Relativgeschwindigkeit aufträgt (Abb. 96), den Endpunkt mit $K$ verbindet und auf dieser Linie eine Senkrechte errichtet, die dann auf der Verlängerung von $l$ die Normalbeschleunigung $d$ von $S$ ausschneidet. Die Beschleunigung des Stößelzapfens $S$ in Richtung seiner tatsächlichen Bewegung ergibt sich als Resultierende der Beschleunigung $a$, der Beschleunigung $d$ und der Tangentialbeschleunigung der Relativbewegung von $S$ um $K$, die auf der Richtung von $l$ senkrecht steht. Demgemäß ist im Beschleunigungsplan Abb. 98 zunächst $a$ aufgetragen, daran $d$, dann ist hierauf eine Senkrechte errichtet, die auf der Bewegungsrichtung von $S$ die Beschleunigung $p$ herausschneidet. Die Größe $p$ stimmt mit der oben rechnerisch gefundenen genau überein. Beim Beweis beachte man, daß $a = \frac{v^2}{r}$, dann nach Abb. 96 $d = \frac{b^2}{l}$ und $b = v\,\frac{\cos\alpha}{\cos\beta}$ nach Abb. 97 ist.

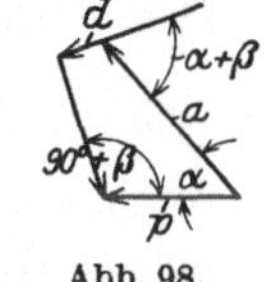

Abb. 98.

In Abb. 99 sind für verschiedene Kurbelstellungen die in der geschilderten Weise gefundenen Beschleunigungswerte aufgetragen und durch Kurven verbunden. Hierbei bedeuten die Werte oberhalb der Wagerechten positive, also Beschleunigungen, und nach unten aufgetragene negative oder Verzögerungen. Mit Hilfe der Beschleunigungen berechnet man dann die Massendrücke, was besonders für schnelllaufende Maschinen in Frage kommt. Um diese Drücke möglichst klein zu halten, stellt man bei solchen Maschinen die Stößel aus Leichtmetall her, welches rund ein Viertel soviel wiegt wie Gußeisen.

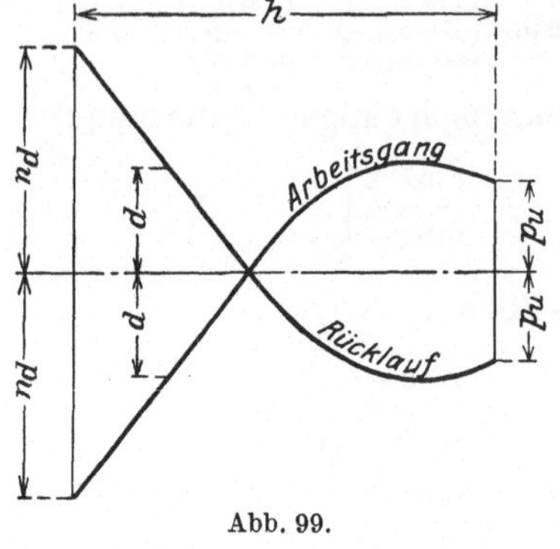

Abb. 99.

Aus dem Geschwindigkeitsschaubild Abb. 95 geht hervor, daß die Geschwindigkeit bei dem einfachen Kurbeltrieb sich während des Hubes stark ändert. Ferner ist die Rücklaufzeit gleich der Arbeitsgangzeit. Wegen dieser Nachteile verwendet man bei Maschinen von etwa 200 mm Hub an meist die folgenden Abarten des einfachen Kurbeltriebes.

Abb. 100 zeigt den Antrieb durch Kurbelschwinge. Hierbei ist $\frac{\text{Arbeitsgangzeit}}{\text{Rücklaufzeit}} = \frac{\alpha}{\beta} = \frac{t_a}{t_r}$. Dieses Verhältnis wird um so ungünstiger, je kleiner der Hub ist, wovon man sich mit wenigen Strichen überzeugen kann. Die Verkleinerung des Hubes geschieht durch Veränderung des Radius $r$. Abb. 103 zeigt, wie das konstruktiv ausgeführt wird. Die Zeit für eine ganze Umdrehung der Kurbel ist $t = \frac{1}{n}$ min. Auf den Arbeitsgang entfällt also die Zeit $t_a = \frac{1}{n} \cdot \frac{\alpha_0}{360^0}$. Daher ist die mittlere Arbeitsgeschwindigkeit $c_{ma} = \frac{h}{t_a} = \frac{h \cdot n \cdot 360^0}{\alpha^0}$.

In gleicher Weise ergibt sich die mittlere Rücklaufgeschwindigkeit $c_{mr} = \frac{h \cdot n \cdot 360^0}{\alpha_0}$. Setzt man nach dem Vorgang von Toussaint $\frac{t_a}{t_r} = \frac{\alpha}{\beta} = u$, so erhält man: $c_{ma} = h \cdot n \cdot \frac{u+1}{u}$ und $c_{mr} = h \cdot n \cdot (u+1)$.

Das Verhältnis $\frac{t_a}{t_r}$ wird für den größten Hub etwa $1{,}5 \div 2$ gemacht. Aus Abb. 100 ist zu erkennen, daß $\cos\frac{\beta}{2} = \frac{r}{e} = \frac{h}{2l}$.

Auch aus dieser Gleichung geht hervor, daß $\beta$ um so größer wird, je kleiner der Hub wird. Die Abb. 100 zeigt ferner die zeichnerische Gewinnung der wirklichen Stößelgeschwindigkeit. Die gleichförmige Geschwindigkeit des Kurbelzapfens $K$ wird in der betreffenden Stellung senkrecht zum Kurbelradius aufgetragen und dann in eine Komponente senkrecht zum Schwingenhebel und in eine in seine Richtung fallende zerlegt. Der Endpunkt der ersteren wird mit dem Punkt $M_2$ verbunden und die Verbindungslinie nach oben verlängert. Diese Linie schneidet auf der in $S$ auf der Schwingenmittellinie $\overline{SM_2}$ errichteten Senkrechten die Geschwindigkeit des Punktes $S$ heraus. Die wagerechte Komponente dieser Geschwindigkeit ist dann die Stößelgeschwindigkeit $c_a$. Besonders einfach gestaltet sich die Gewinnung der größten Arbeitsgeschwindigkeit und der größten Rücklaufsgeschwindigkeit, wie aus der Abbildung zu ersehen ist. Es ist: $\frac{c_{a\,\max}}{v} = \frac{l}{e+r}$ und $\frac{c_{r\,\max}}{v} = \frac{l}{e-r}$. Abb. 101 zeigt das Geschwindigkeitsschaubild, aus dem hervorgeht, daß die Geschwindigkeit beim Arbeiten eine viel gleichmäßigere ist als beim einfachen Kurbeltrieb. Außerdem erfolgt der Rücklauf in kürzerer Zeit als der Arbeitsgang.

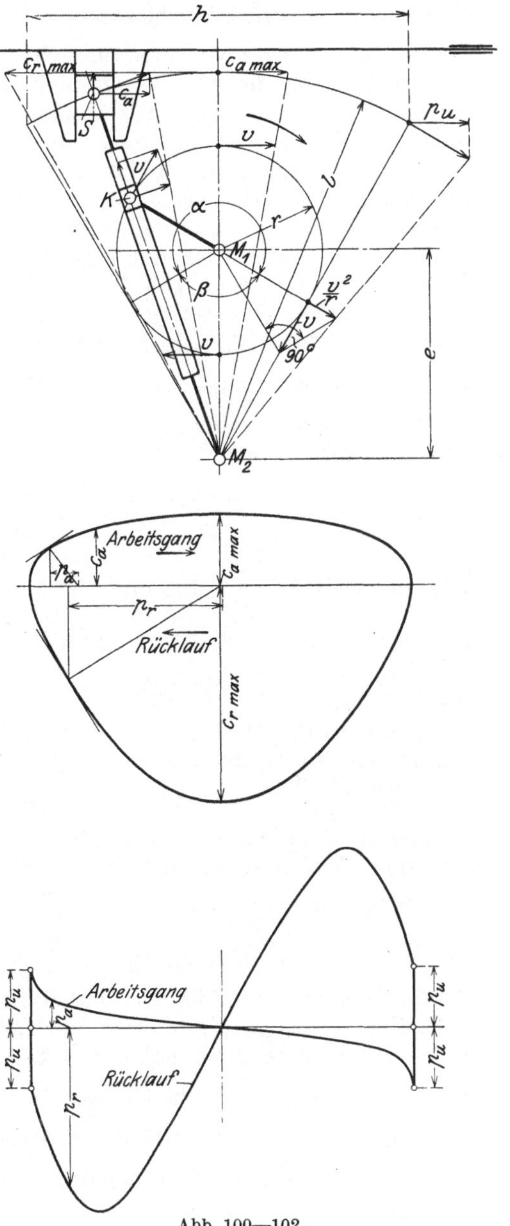

Abb. 100—102.

Zur Bestimmung der Beschleunigung bedient man sich des Satzes, wonach die Subnormale in einem Punkt der Weggeschwindigkeitskurve für eine geradlinige Bewegung gleich der Beschleunigung für den betreffenden Punkt ist. Demgemäß werden an die Geschwindigkeitskurve Abb. 101 in beliebigen Punkten Tangenten gezogen. Die im Berührungspunkt errichtete Senkrechte und die im gleichen Punkt auf die Weglinie gefällte Senkrechte schneiden auf der Weglinie die Beschleunigung $p_a$ bzw. $p_r$ heraus. Genauer, aber auch wohl umständlicher, kann man die Beschleunigung mit Hilfe des von Wittenbauer[1]) angegebenen

[1]) Z. 1922, S. 60.

Verfahrens ermitteln. Für die Umkehrpunkte versagt das Verfahren der Subnormalen. Hier wird nach Abb. 100 zunächst die Normalbeschleunigung $\frac{v^2}{r}$ des Kurbelzapfens $K$ festgestellt, und zwar in der gleichen Weise wie oben beim einfachen Kurbeltrieb gezeigt. Wie bei der Bestimmung der Geschwindigkeit wird dann die Beschleunigung des Zapfens $S$ gefunden. Die wagerechte Komponente der letzteren ist die gesuchte Beschleunigung $p_u$ für den Umkehrpunkt. Abb. 102 zeigt die Beschleunigungskurven für Arbeitsgang und Rücklauf. Diese beiden Kurven verlaufen nicht symmetrisch zueinander wie die des einfachen Kurbeltriebes in Abb. 99.

Es soll nun die Anwendung auf ein praktisches Beispiel gezeigt werden. Das Maß $e$ in Abb. 100 sei gleich 270 mm, der Kurbelradius $r = 135$, das Maß $l = 500$ mm. Die kleinste Drehzahl der Kurbel $= 9$ und die größte 90. Die Berechnung der Winkel für den Hub von 500 mm ergibt demnach: $\cos\frac{\beta}{2} = \frac{h}{2l} = \frac{500}{2 \cdot 500} = 0{,}5$, woraus $\frac{\beta}{2} = 60^0$, $\beta = 120^0$ und $\alpha = 240^0$. Die kleinste Schnittgeschwindigkeit für den Hub von 500 mm erhält man:

$$c_{m\,a} = \frac{h \cdot n \cdot 360^0}{\alpha^0} = \frac{0{,}5 \cdot 9 \cdot 360^0}{240^0} = 6{,}75 \text{ m/min}\,.$$

Bei einem Hub von 100 mm ist $\cos\frac{\beta}{2} = \frac{100}{2 \cdot 500} = 0{,}1$, woraus $\frac{\beta}{2} = 84^0\,20'$, $\beta = 168^0\,40'$ und $\alpha = 191^0\,20'$. Bei größter Drehzahl also $c_{m\,a} = \frac{0{,}1 \cdot 90 \cdot 360^0}{191^0\,20'} = 17$ m/min.

Läßt man die Maschine beim größten Hub mit der größten Drehzahl laufen, so ergibt sich eine mittlere Schnittgeschwindigkeit von $c_{m\,a} = \frac{0{,}5 \cdot 90 \cdot 360^0}{240} = 67{,}5$ m/min, was für die Bearbeitung von Leichtmetallen in Frage käme. Es ist aber zu untersuchen, ob die dabei auftretenden Massendrücke nicht zu groß werden. Die Geschwindigkeit des Kurbelzapfens wird $v = \frac{2 \cdot r \cdot \pi \cdot n}{60} = \frac{2 \cdot 0{,}135 \cdot \pi \cdot 90}{60} = 1{,}28$ m/sek und die Normalbeschleunigung $a = \frac{v^2}{r} = \frac{1{,}28^2}{0{,}135} = 11{,}2\,\frac{\text{m}}{\text{sek}^2}$. Hierdurch sind die Maßstäbe der Abb. 101 und 102 gegeben. Die größte Arbeitsgeschwindigkeit $c_{a\max}$ ergibt sich zu 1,58 m/sek = 79 m/min und die größte Rücklaufgeschwindigkeit zu 4,74 m/sek = 237 m/min. Ferner erhält man aus Abb. 102 die Größe $p_u = 21{,}8\,\frac{\text{m}}{\text{sek}^2}$ und die größte Beschleunigung, die während des Rücklaufes eintritt, ergibt sich zu $64{,}8\,\frac{\text{m}}{\text{sek}^2}$. Beträgt das Gewicht des Stößels 200 kg, so ist seine Masse $m = \frac{200}{9{,}81} \cong 20\,\frac{kg \cdot sek^2}{\text{m}}$ Der Verzögerungs- bzw. Beschleunigungsdruck auf den Zapfen $S$ beträgt daher in den Umkehrpunkten $= p_u \cdot m = 21{,}8 \cdot 20 = 436$ kg. Bei Bestimmung des Druckes auf den Kurbelzapfen $K$ ist noch die Masse des Schwingenhebels zu berücksichtigen und auf die Hebelübersetzung zu achten. Der größte Massendruck beim Rücklauf beträgt $64{,}8 \cdot 20 = 1296$ kg. Die dann herrschende Stößelgeschwindigkeit beträgt 2,97 m/sek, die erforderliche Momentan-

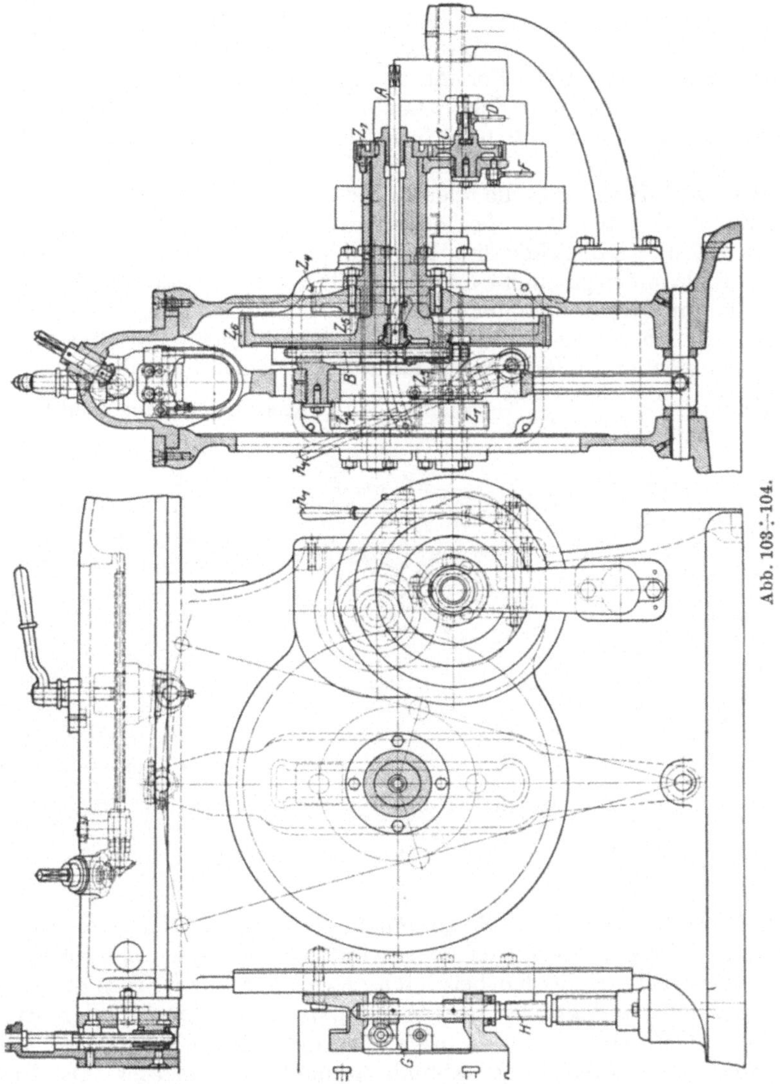

Abb. 103 ÷ 104.

leistung also $\frac{1296 \cdot 2{,}97}{75} = 51$ PS, die in der zweiten Hälfte des Rücklaufweges zurückgenommen wird. Der Einbau eines entsprechenden Schwungrades wird wohl erforderlich sein, wenn die Maschine mit solchen Geschwindigkeiten arbeiten soll. Die Abmessungen der Zapfen und Gleitflächen sind unter der Berücksichtigung der Massendrücke zu prüfen. Besteht der Stößel aus Leichtmetall, dann betragen die Massendrücke etwa $^1/_4$ der errechneten Werte.

Abb. 103 zeigt die Anwendung der Kurbelschwinge bei einer Stößelhobelmaschine der Wotan-Werke in Glauchau. Die Bewegungsübertragung von der Schwinge auf den Stößel erfolgt hier durch eine kurze Schubstange, während in Abb. 100 ein Gleitgelenk angenommen ist, wobei die Schubstange in Fortfall kommt. Es gibt auch Ausführungen, bei welchem Stößel und Schubstange durch einen festen Zapfen verbunden sind. Dann muß natürlich bei $M_2$ (Abb. 100) ein Gleitgelenk vorhanden sein. Bei der Maschine der Wotan-Werke erfolgt der Antrieb durch eine Stufenscheibe, die über die Räder $Z_1$, $Z_2$ (Abb. 104) bzw. $Z_3$, $Z_4$ und $Z_5$, $Z_6$ den Kurbelzapfen bewegt, dem also 8 verschiedene Drehzahlen erteilt werden können. Die bereits oben erwähnte Verstellung des Kurbelzapfens geschieht durch die mit Vierkant versehene Welle $A$, die über ein Kegelräderpaar die Schraubenspindel $B$ antreibt.

In Abb. 105 ist das Geschwindigkeitsschaubild der bei Stoßmaschinen viel verwendeten Umlaufschleife dargestellt. Auch hier gilt wieder die Beziehung: $\frac{\text{Arbeitsgangzeit}}{\text{Rücklaufzeit}} = \frac{\alpha}{\beta} = \frac{t_a}{t_r}$. Dieses Verhältnis bleibt aber konstant, da die Veränderung des Hubes durch die Verstellung des Zapfens $K_2$ erfolgt, während $r$ seine Größe stets beibehält. Die mittlere Arbeitsgeschwindigkeit ist wieder $c_{ma} = \frac{h \cdot n \cdot 360^0}{\alpha^0}$ und die mittlere Rücklaufgeschwindigkeit $c_{mr} = \frac{h \cdot n \cdot 360^0}{\beta^0}$. Aus der Abbildung geht hervor, daß $\cos\frac{\beta}{2} = \frac{e}{r}$ und $\alpha + \beta = 360^0$ ist, $\frac{v_1'}{v} = \frac{R}{r+e}$ für den Arbeitsgang und $\frac{v_2'}{v} = \frac{R}{r-e}$ für den Rücklauf.

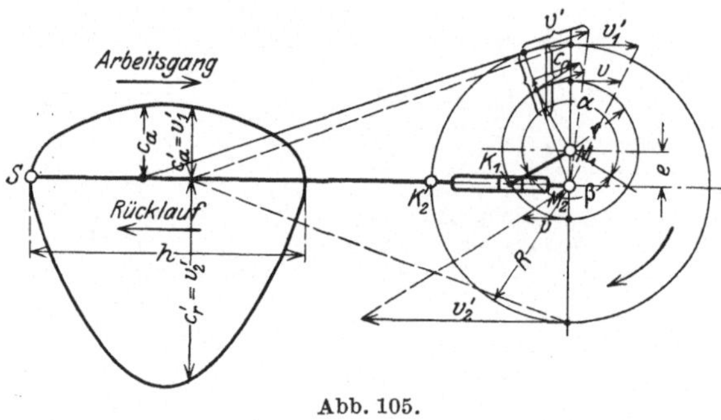

Abb. 105.

Bei der zeichnerischen Bestimmung der Geschwindigkeiten ist zunächst aus der gleichförmigen Geschwindigkeit $v$ des Kurbelzapfens $K_1$ die veränderliche $v'$ des Kurbelzapfens $K_2$ zu gewinnen. Dies geschieht dadurch, daß $v$ zerlegt wird in eine Komponente senkrecht zur Kurbelrichtung $\overline{M_2K_2}$ und in eine in diese Richtung fallende, die keinen Einfluß ausübt und daher in der Abbildung nicht gezeichnet ist. Der Endpunkt der ersteren wird mit $M_2$ verbunden. Die Verlängerung der Verbindungslinie schneidet dann auf der in $K_2$ zu $\overline{M_2K_2}$ errichteten Senkrechten die Geschwindigkeit $v'$ des Zapfens $K_2$ heraus. Aus $v'$ wird dann die Stößelgeschwindigkeit in der gleichen Weise gefunden, wie bei dem einfachen Kurbelantrieb gezeigt.

Die Beschleunigungen werden auch hier wieder aus den Geschwindigkeitskurven durch Konstruktion der Subnormalen gewonnen, also wie aus Abb. 101 zu ersehen. Für die Totlagen erhält man die Beschleunigungen ebenso wie bei dem einfachen Kurbeltrieb Abb. 96, nur daß an die Stelle von $v$ das $v'$ der Totlagen tritt. Abb. 106 zeigt das Beschleunigungsschaubild eines Antriebs durch Umlaufschleife. Es ist zu bemerken, daß die Nullwerte der Beschleunigungen für Arbeitsgang und Rücklauf nicht an derselben Stelle der Weglinie auftreten und mithin auch nicht die Größtgeschwindigkeiten für Vor- bzw. Rücklauf. Die Abb. 107 und 108 zeigen die Anwendung der Umlaufschleife beim Antrieb einer Stoßmaschine der Sondermann & Stier A.-G., Chemnitz.

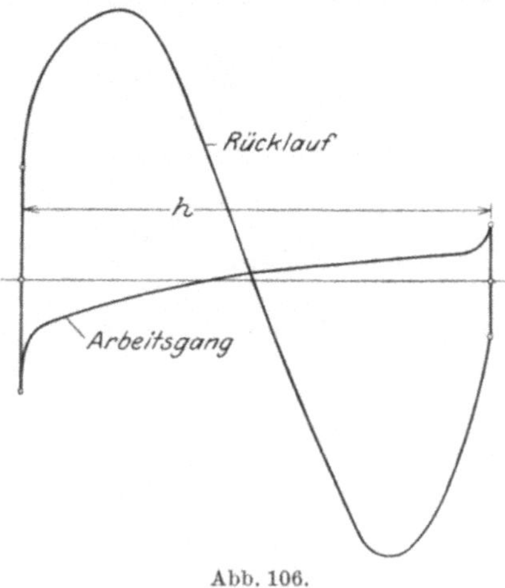

Abb. 106.

Gegenüber der Anordnung nach Abb. 105 liegt hier $K_2$ nicht auf der Mittellinie des Schlitzes, in dem sich der den Zapfen $K_1$ umschließende Stein verschiebt, sondern um 90° versetzt, was bei der Gewinnung der Geschwindigkeiten und Beschleunigungen zu berücksichtigen ist.

Auch beim Antrieb durch Kurbelschleife erhält man eine ziemlich gleichmäßige Arbeitsgeschwindigkeit, wie aus Abb. 105 hervorgeht, und der Rücklauf erfolgt in kürzerer Zeit als der Arbeitsgang. Der in Abb. 109

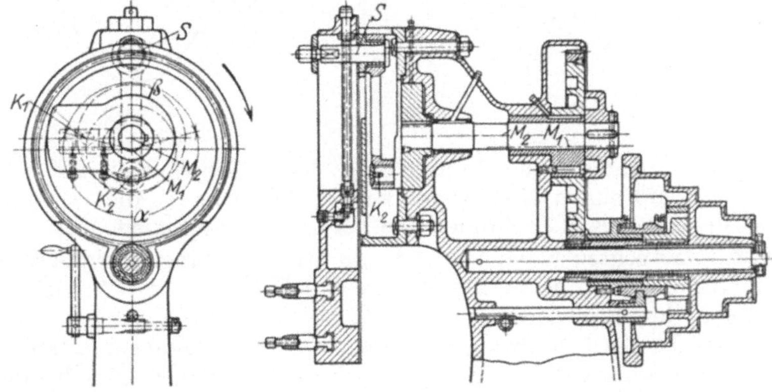

Abb. 107÷108.

dargestellte Antrieb der aus Umlaufschleife und Kurbelschwinge zusammengesetzten Kurbelschleife weist diese Vorzüge in noch erhöhtem Maße auf (Abb. 110). Wie bei den anderen Kurbeltrieben gilt auch hier:

$$\frac{\text{Arbeitsgangzeit}}{\text{Rücklaufzeit}} = \frac{\alpha}{\beta} = \frac{t_a}{t_r}.$$

Da die Veränderung der Hubgröße $h$ hier durch Veränderung des Kurbelradius $R$ erfolgen muß, so ist dies Verhältnis nicht konstant, wenn sich die Veränderung auch nicht so stark geltend macht wie bei der Kurbelschwinge nach Abb. 100. Man findet Ausführungen der zusammengesetzten Kurbelschleife, bei denen das Verhältnis $\frac{t_a}{t_r} = 3{,}5$ ist.

Weiter ist wieder wie oben:

$$c_{ma} = \frac{h \cdot n \cdot 360^0}{\alpha^0} \quad \text{und} \quad c_{mr} = \frac{h \cdot n \cdot 360^0}{\alpha^0}\,.$$

Aus Abb. 109 ist zu entnehmen: $\cos\gamma = \frac{R}{e_1}$ und $\frac{\sin\delta}{\sin\gamma} = \frac{e}{r}$, hieraus $\frac{\beta}{2} = \gamma - \delta$. Sodann ist $\frac{v_1'}{v} = \frac{R}{r+e}$ und $\frac{c_{a\,\max}}{v_1'} = \frac{l}{e_1 + R}$ für den Arbeitsgang und $\frac{v_2'}{v} = \frac{R}{r-e}$ und $\frac{c_{r\,\max}}{v_2'} = \frac{l}{e_1 - R}$ für den Rücklauf.

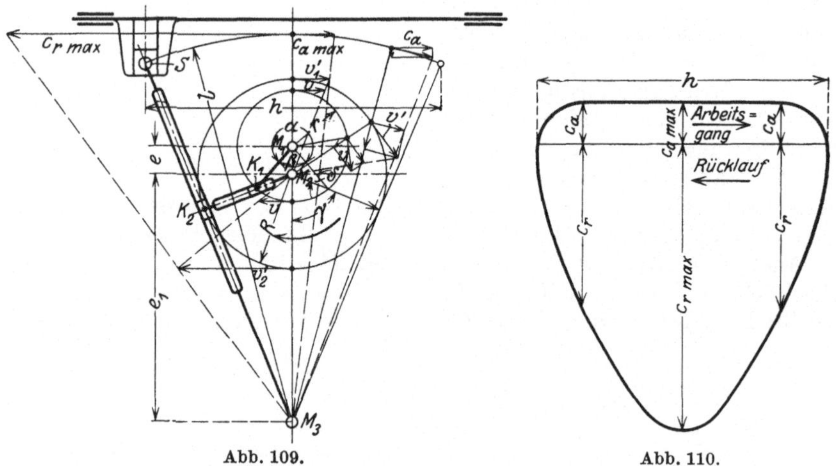


Abb. 109. Abb. 110.

Bei der zeichnerischen Feststellung der Geschwindigkeiten wird aus der gleichförmigen Geschwindigkeit des Zapfens $K_1$ die veränderliche $v'$ des Zapfens $K_2$ gefunden wie bei der Umlaufschleife. Aus der zu $\overline{M_2 K_2}$ senkrechten Komponente von $v'$ wird die Tangentialgeschwindigkeit von $S$ konstruiert. Die wagerechte Komponente der letzteren ist die gesuchte Stößelgeschwindigkeit.

Wie bei der Kurbelschwinge werden die Beschleunigungen mit Hilfe der Subnormalen gefunden (Abb. 101). Für die Totlagen gilt ebenfalls das gleiche wie bei der Kurbelschwinge, nur daß an Stelle von $v$ das $v'$ des Zapfens $K_2$ zu nehmen ist. Abb. 111 zeigt das Beschleunigungsschaubild der zusammengesetzten Kurbelschleife.

Entsprechend der bei dieser Antriebsart erreichbaren hohen Rücklaufgeschwindigkeit sind die Beschleunigungen und mithin die Massendrücke in den Umkehrpunkten und beim Rücklauf hoch, wie aus dem Schaubild Abb. 111 hervorgeht. Hierdurch tritt ein starker Verschleiß der Gelenke ein. Es empfiehlt sich, die Massendrücke zu berechnen und die Zapfen und Gleitflächen hiernach reichlich zu bemessen, um dem Verschleiß zu begegnen. Ein weiterer Nachteil des Getriebes ist seine Verwickeltheit. Es hat auch nicht an Versuchen gefehlt, die Rücklaufgeschwindigkeit im Verhältnis zur Arbeitsgeschwindigkeit durch Vorschalten einer weiteren Umlaufschleife noch zu steigern. Die Versuche mußten scheitern, einmal wegen der Häufung von Gelenken und dann, weil die Massendrücke beim Rücklauf noch größer wurden als bei dem Getriebe nach Abb. 109. Auch dieses wird wegen seiner Nachteile heute seltener ausgeführt.

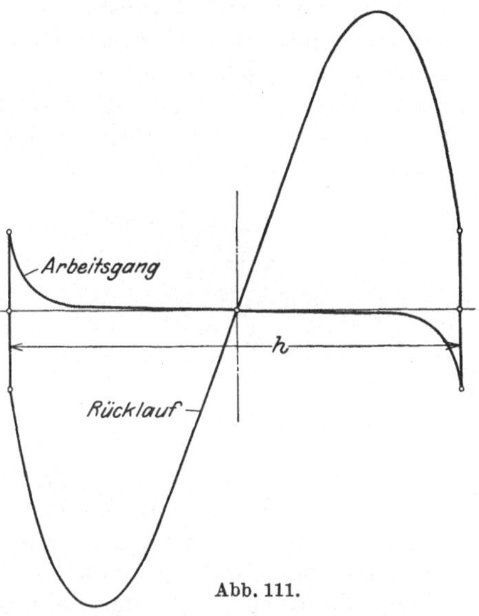

Abb. 111.

Für die Kurbeltriebe lassen sich ebenso Sägendiagramme aufstellen wie für Antriebe der drehenden Bewegung. Man bedient sich der Gleichungen für die mittlere Arbeitsgeschwindigkeit und faßt $c_{ma}$ und $h$ als die Veränderlichen auf. Bei dem einfachen Kurbelbetrieb und der Umlaufschleife sind die Drehzahllinien gerade, da der Winkel $\alpha$ konstant bleibt für jede Hubgröße. Es ergeben sich Diagramme ähnlich dem der Abb. 27 (S. 21). Bei der Kurbelschwinge und der zusammengesetzten Kurbelschleife ändert sich $\alpha$ mit der Hubgröße. Die Drehzahllinien werden hier zu Kurven. Abb. 112 zeigt ein Sägendiagramm für einen Kurbelschwingenantrieb. Es sind 6 geometrisch geordnete Drehzahlen von 6 bis 60 angenommen. Die Schwingenlänge $l$ (Abb. 100) beträgt 1000 mm und der größte Hub 600. Aus der Gleichung $\cos\frac{\beta}{2} = \frac{h}{2l}$ und $\alpha + \beta = 360^0$ wird für die verschiedenen Hübe die Größe des Winkels $\alpha$ bestimmt und dann aus $c_{ma} = \frac{h \cdot n \cdot 360^0}{\alpha^0}$ die mittleren Arbeitsgeschwindigkeiten für die verschiedenen Drehzahlen berechnet und im Diagramm aufgetragen.

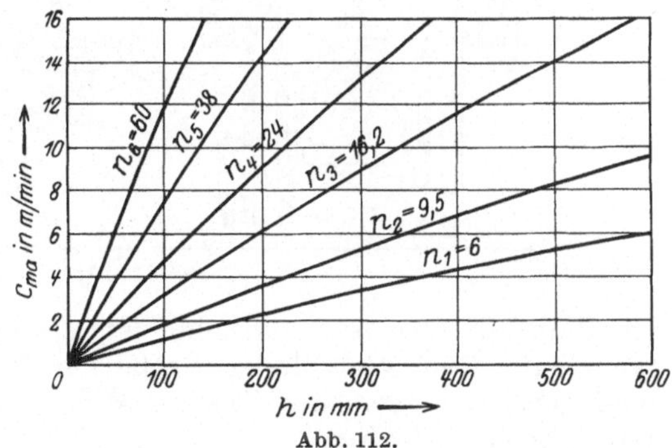

Abb. 112.

## b) Schnecke, Schraube, Zahnstange.

Kurbeltriebe werden verwendet bis zu einem Hub von etwa 800 bis 1000 mm. Darüber hinaus wird der Antrieb durch Schnecke, Schraubenspindel oder Zahnstange vorgezogen. Diese Antriebsarten haben gegenüber den Kurbeltrieben den Vorzug der völlig gleichmäßigen Arbeitsgeschwindigkeit. Sie bedürfen aber, wenn sie für hin und her gehende Bewegungen, z. B. Hobelzwecke, verwendet werden sollen, besonderer Umsteuerorgane, der Wendegetriebe, die weiter unten besprochen werden sollen. Als ein Vorzug der Kurbeltriebe ist die genaue Umsteuerung zu betrachten.

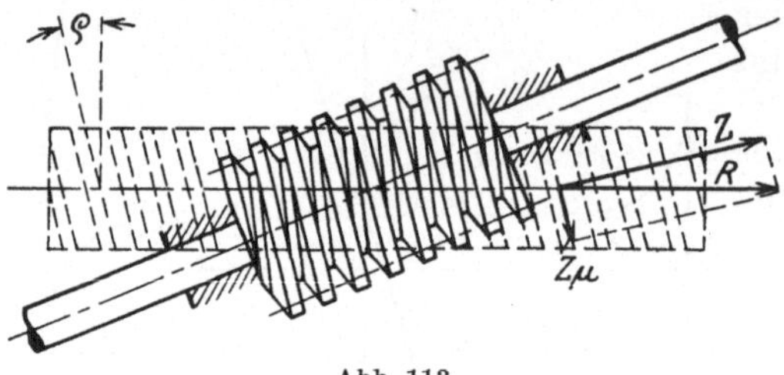

Abb. 113.

Abb. 113 zeigt den Antrieb durch Schnecke und Zahnstange mit geraden Zähnen. Diese Bauart wird jetzt wohl seltener ausgeführt, hauptsächlich wegen der Schwierigkeit der Ausführung, da die Achsen der Antriebsorgane zueinander schräg liegen und wegen des kleinen Eingriffsfeldes der Schnecke. Liegen die Zähne der Zahnstange unter dem Reibungswinkel $\varrho$, so kann man erreichen, daß der aus dem Zahndruck $Z$ und der Zahnreibung resultierende Druck $R$ in die Achsenrichtung der Zahnstange fällt. Der Seitendruck auf den Tisch, an welchem die Zahnstange befestigt ist — in der Abbildung also nach oben oder unten —, ist dann aufgehoben. Da die Größe

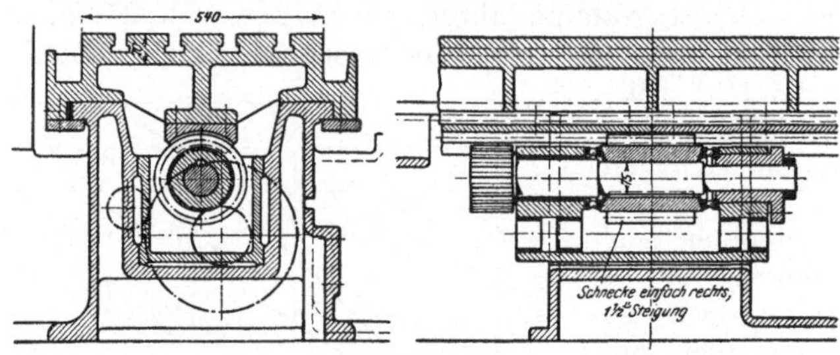

Abb. 114 ÷ 115.

der Reibzahl aber sehr unsicher ist, erscheint dieser Vorzug jedoch zweifelhaft. Bei wechselnder Größe der Reibzahl kann es sogar zu Schlingerbewegungen des Tisches kommen, die die Genauigkeit der Arbeit beeinträchtigen.

Das auf der Schneckenwelle sitzende Antriebsrad kann bei dieser Bauart groß gemacht werden, da man die Welle aus dem Gestell herausführen kann.

Liegt die Schneckenachse parallel der Achse des zu treibenden Teiles, so werden vor allem die Eingriffsverhältnisse weit besser, da die Zahnstange, die man hier als Langmutter bezeichnen kann, die Schnecke teilweise umfaßt. Sodann wird die Herstellung des Antriebes billiger. Allerdings kann der Außendurchmesser des die Schnecke antreibenden Rades nicht größer gemacht werden als der Kerndurchmesser der Schnecke. Das Rad muß daher den auftretenden Kräften entsprechend breiter gemacht werden als normal und es ist auf eine gute Lagerung der Welle zu achten. Dieser Antrieb, der in Abb. 114/115 dargestellt ist, wird bei den Langfräsmaschinen für den Vorschub des Tisches viel verwendet.

Der Antrieb durch Schraube und Mutter unterscheidet sich von dem vorhergehenden eigentlich nur dadurch, daß die Mutter verhältnismäßig kürzer ist als die Schraube, und daß in vielen Fällen die Mutter die Schraubenspindel ganz umfassen kann. Diese Art des Antriebes wird sowohl für Haupt- als auch für Vorschubbewegungen verwendet, so z. B. wird die Schnittbewegung der Hobelmaschinen mit ruhendem Werkstück, also der Blechkanten- und Grubenhobelmaschinen, stets durch Schraubenspindel und Mutter erzeugt. Müssen die Spindeln wegen ihrer Länge unterstützt werden, so sind Ausweichlager anzuordnen oder die Muttern können die Spindeln nur teilweise umfassen, wie aus Abb. 116 zu ersehen, die eine der beiden Spindeln einer Grubenhobelmaschine mit zugehöriger Mutter zeigt. Die Spindeln werden mit Trapezgewinde ausgeführt, um sie fräsen zu können. Das Material der Spindeln ist Stahl, während die Mutter meist aus Bronze hergestellt wird. Toussaint[1]) dagegen empfiehlt, die Mutter aus härterem Material zu machen als die Spindel, also aus Stahl oder Gußeisen. Jedenfalls ist aber dann für sehr gute Schmierung zu sorgen. Die Schraubenspindeln sollen, abgesehen von der Drehbeanspruchung, möglichst nur auf Zug beansprucht und dieser durch Kugellager aufgenommen werden. Das bereitet bei den langen Spindeln der Grubenhobelmaschinen usw. Schwierigkeiten, weil die Spindeln bei der Arbeit sich etwas erwärmen, sich dehnen und dann in den Lagern schlottern. Zieht man dann die Stellmuttern an den Spindelenden nach, so kann es bei Abkühlung der Spindeln leicht zur Zertrümmerung der Kugellager kommen. Statt der Kugellager verwendet man deshalb hier vielfach Kammlager mit Umlaufschmierung. Abb. 117 zeigt eine Spindellagerung mit Zugaufnahme durch ein Kugellager. Bei kleineren Maschinen sieht man häufig vom Einbau eines Kugellagers ab. Stets ist aber eine Scheibe vorzusehen, die, durch eine Nase oder einen Keil von der Spindel mitgenommen, sich gegen das Spindellager legt. Es wird hierdurch ver-

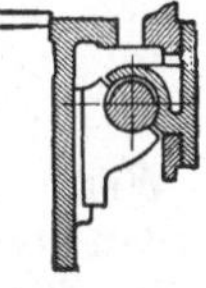
Abb. 116.

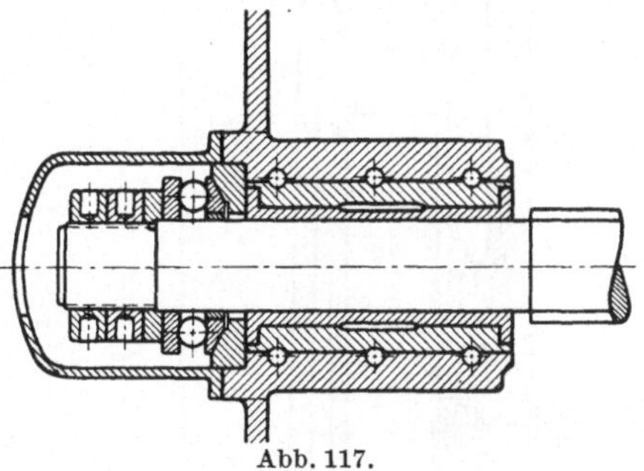
Abb. 117.

[1]) Dubbel: Taschenbuch. 3. Aufl. S. 1332.

mieden, daß sich die Stellmutter gegen das Lager legt und die Reibung diese Mutter löst. Abb. 118 stellt eine solche Spindellagerung dar mit Scheibe $A$ und Stellmuttern $B$, von welchen eine als Gegenmutter zur Sicherung dient. Auch in Abb. 117 sieht man die Scheibe und die beiden Stellmuttern.

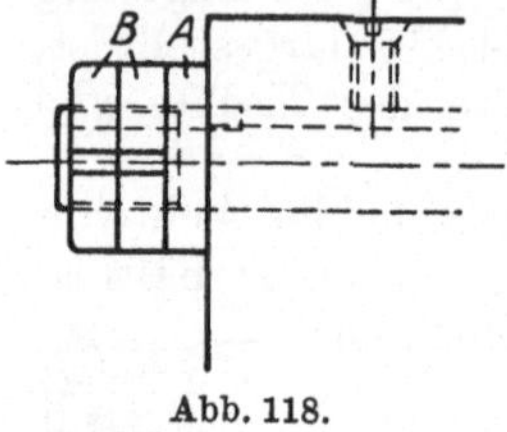

Abb. 118.

Soll der Verschleiß ausgeglichen werden, so muß die Spindelmutter geteilt werden, so daß sie nachgestellt werden kann. Abb. 119/120 zeigt eine solche Konstruktion, wie sie von den Zimmermann-Werken bei den Supporten der Hobelmaschinen angewendet wird.

Durch die Nachstellung darf keine Änderung der Achsenlage der Spindel eintreten.

Wenn die Mutter bei sich drehender Spindel ein- oder ausgerückt werden soll, so muß die Mutter in der Achsenrichtung geteilt und jede Hälfte für sich verstellbar sein, wie es beim Mutterschloß der Leitspindelbänke ausgeführt wird. Bei großen Maschinen, bei welchen die

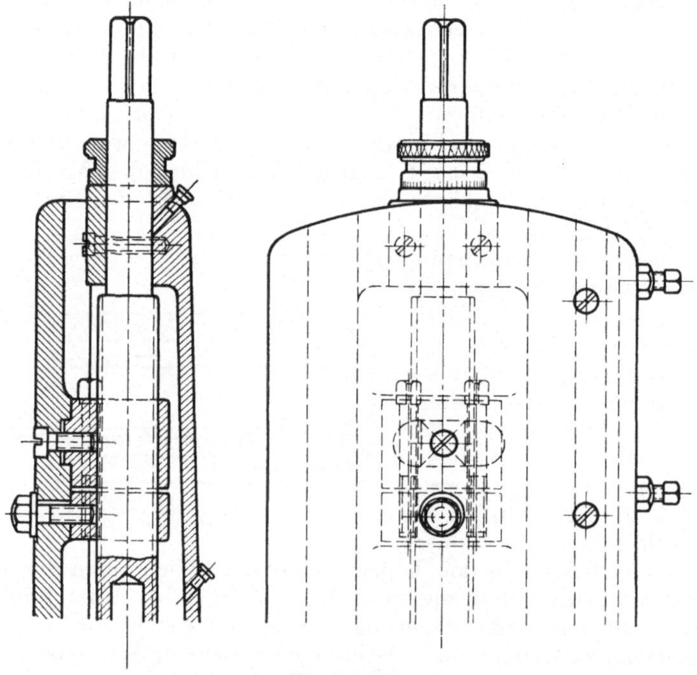
Abb. 119÷120.

Leitspindel auf festen Unterstützungslagern ruht, begnügt man sich mit einer Mutterbacke. Abb. 121 bis 123 zeigen eine übliche Konstruktion eines Mutterschlosses. In den senkrecht verschiebbaren Mutterbacken $A$ sind zwei Stifte $B$ eingeschraubt, die in Kurvenschlitze der Scheibe $C$ eingreifen. Die letztere sitzt auf einer Welle $D$, die mit Hilfe eines

Handhebels $E$ gedreht wird. Auf diese Weise wird das Öffnen bzw. Schließen der Mutter bewirkt. Bei anderen Ausführungen wird an jeder Backe eine Zahnstange befestigt. Auf der Welle $D$ der obigen Anordnung sitzt dann an Stelle der Scheibe $C$ ein Ritzel, welches in die beiden Zahnstangen eingreift. Bei einer Drehung der Welle wird die eine Zahnstange nach oben und die andere nach unten verschoben oder umgekehrt.

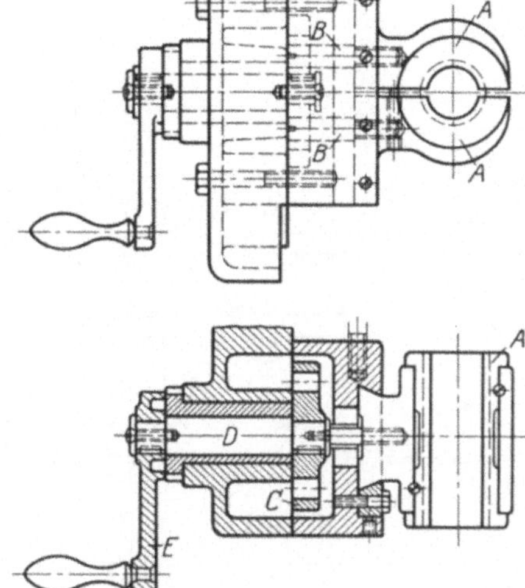


Abb. 121÷123.

Wohlenberg teilt die Mutter nicht wagerecht, sondern senkrecht. Die Backen werden dann mit Hilfe einer Spindel, die Rechts- und Linksgewinde hat, wagerecht verschoben. Aus Abb. 124 ist diese Anordnung zu erkennen.

Bei der Berechnung der Spindeln läßt man bei Stahl eine Zug- bzw. Druckbeanspruchung von 700 kg/cm² zu, um der Drehbeanspruchung Rechnung zu tragen. Bei Druck und größerer Länge ist die Knickung zu berücksichtigen. Die Mutterhöhe bzw. Gewindetiefe bestimmt sich aus der Forderung, daß die spezifische Pressung bei einer Mutter aus Bronze 100 kg/cm² nicht überschreitet. Hat die Mutter einen Kragen, der die beanspruchende Kraft aufnehmen soll, so ist dieser Kragen nicht auf Scherung, sondern auf Biegung zu berechnen.

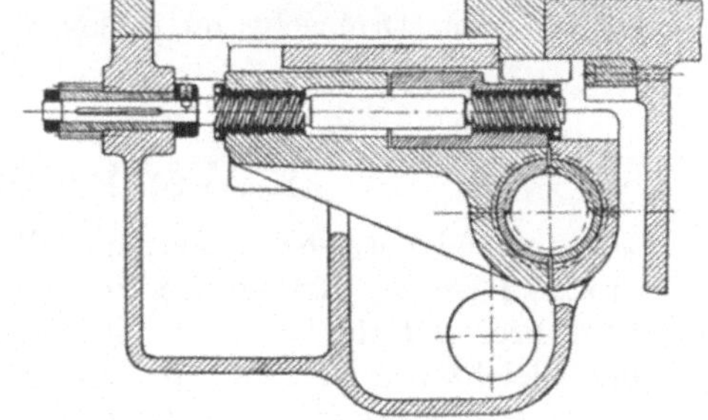

Abb. 124.

Als weiteres Mittel zur Erzielung einer geraden Bewegung wird die Zahnstange und das Rad sowohl für Haupt- als auch für Schaltbewegungen verwendet, z. B. bei der Tischhobelmaschine für den Schnitt und bei der Drehbank für den Vorschub. Der Wirkungsgrad ist ein besserer als der der vorhin erwähnten Antriebsarten. Jedoch sind mehr Übersetzungsglieder erforderlich, wodurch ein Teil des Gewinnes wieder verlorengeht. Das in die Zahnstange eingreifende Rad muß häufig mit sehr kleiner Zähnezahl ausgeführt werden und erhält deshalb zweckmäßig korrigierte Verzahnung, um den Unterschnitt zu vermeiden und die Eingriffsverhältnisse zu verbessern.

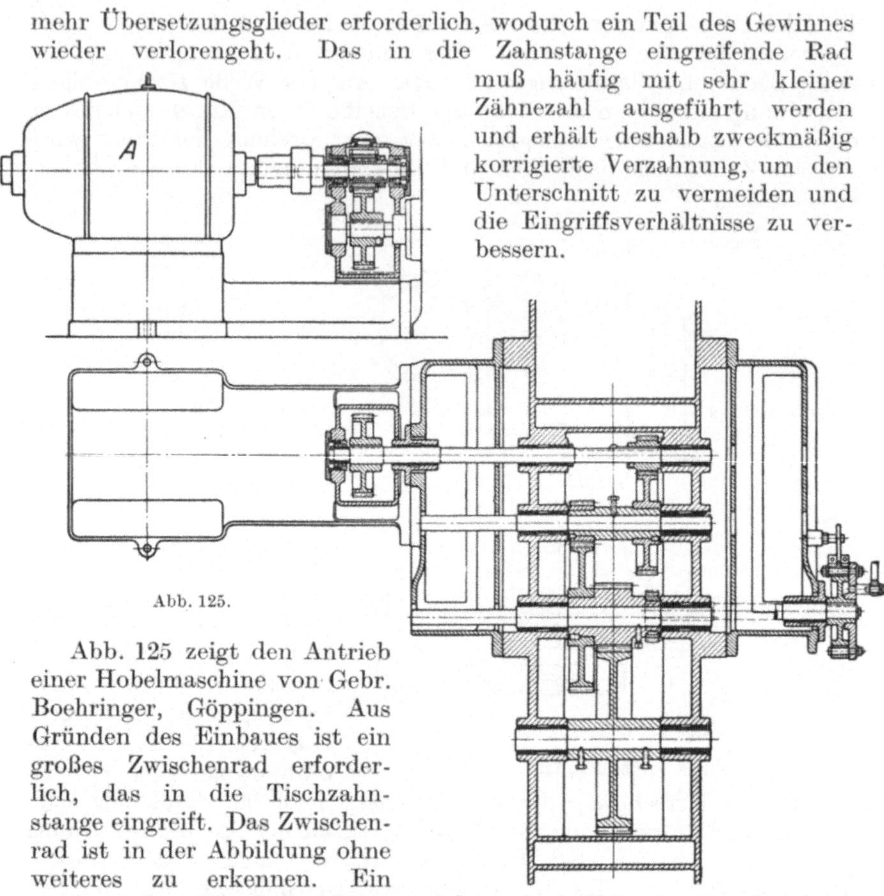


Abb. 125.

Abb. 125 zeigt den Antrieb einer Hobelmaschine von Gebr. Boehringer, Göppingen. Aus Gründen des Einbaues ist ein großes Zwischenrad erforderlich, das in die Tischzahnstange eingreift. Das Zwischenrad ist in der Abbildung ohne weiteres zu erkennen. Ein mechanisches Wendegetriebe ist nicht erforderlich, da der Antriebsmotor *A* seine Drehrichtung umkehrt.

## 5. Wendegetriebe.

Riemenwendegetriebe arbeiten mit einem offenen und einem gekreuzten Riemen. Erfolgt die Umsteuerung seltener, so werden beide Riemenführer auf der gleichen Stange angeordnet und mithin beide Riemen gleichzeitig verschoben. Hierbei müssen die Losscheiben von der doppelten Breite sein wie die Festscheiben und der Verschiebeweg der Riemen ist gleich zweimal Riemenbreite. Derartige Bauarten werden bei den Deckenvorgelegen von Drehbänken und Fräsmaschinen angewendet. Beim Antrieb von Hobel- und Stoßmaschinen, also sehr häufiger Umsteuerung, verwendet man Anordnungen, bei denen die Riemen nacheinander verschoben werden, d. h. wenn der eine Riemen von seiner Losscheibe auf die Festscheibe und wieder zurückgebracht wird, bleibt der andere in seiner Lage und umgekehrt. Bei diesen Konstruktionen sind die Losscheiben nicht breiter als die Festscheiben, und der Verschiebeweg der Riemen ist nur gleich einmal Riemenbreite, wodurch unnötiger Verschleiß vermieden wird. Die Riemenführer sind auf zwei Stangen angeordnet. Bei der Art nach Abb. 126 greifen Rollenzapfen, die an den Enden der Stangen sitzen, in Nuten einer Kurvenscheibe ein. Die Kurven sind zum Teil als Kreisbogen ausgebildet. Bei einer Drehung der Scheibe im Sinne des Uhrzeigers bleibt daher der linke Rollenzapfen in seiner Lage, während der rechte und damit der Riemenführer für den Rücklauf nach rechts geschoben wird. Es wird also der Rücklaufriemen auf die Festscheibe $f$ gebracht. Beim Zurückdrehen der Kurvenscheibe wird dann zunächst der Rücklaufriemen in die gezeichnete Lage gebracht und beim Weiterdrehen der Arbeitsriemen auf die Festscheibe.

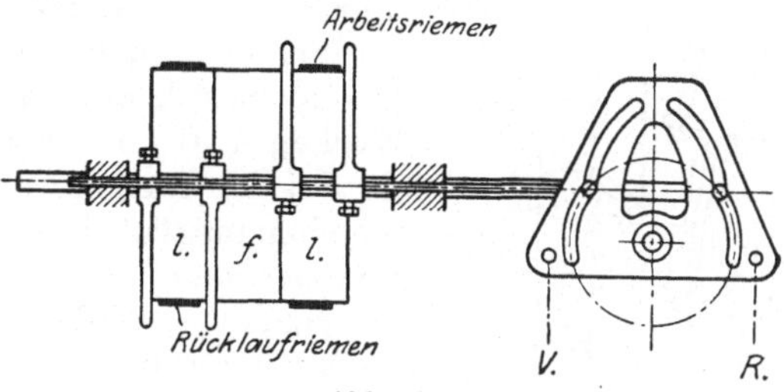

Abb. 126.

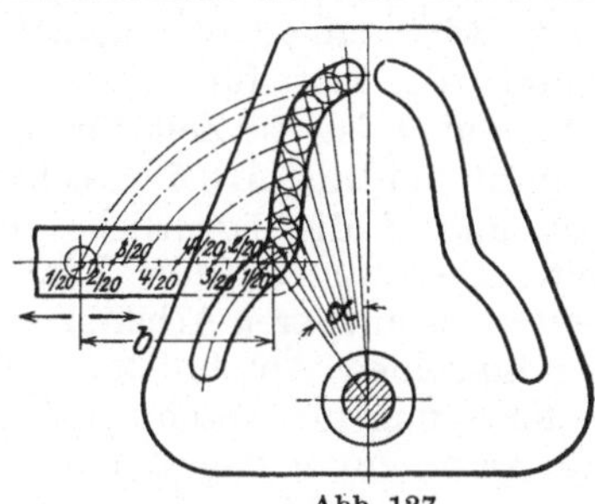
Abb. 127.

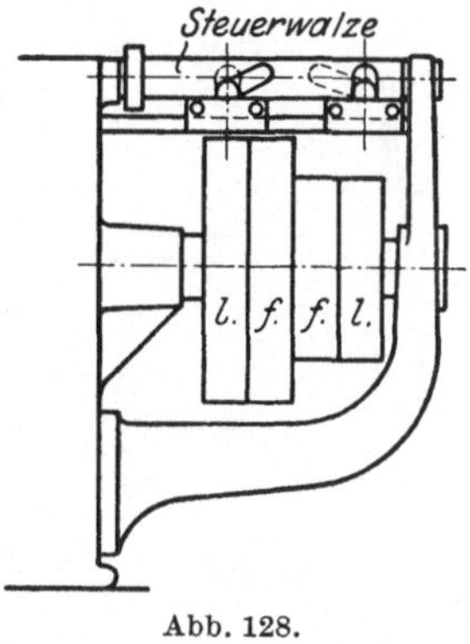

Abb. 128.

Bezüglich der Ausbildung der Steuernuten bei diesem Getriebe wie auch bei den folgenden ist darauf zu achten, daß die Riemenführer allmählich beschleunigt und zum Schluß langsam in die Endlage gebracht werden. Abb. 127 zeigt eine diesem Zweck entsprechende Konstruktion der Steuernut für einen gegebenen Verschiebeweg $b$ und einen gegebenen Drehwinkel $\alpha$ der Scheibe. Hierbei ist $b$ in eine Reihe zuerst wachsender und dann wieder abnehmender Teile $^1/_{20}\,b$, $^2/_{20}\,b$, $^3/_{20}\,b$ usw. eingeteilt und der Drehwinkel in die gleiche Anzahl aber unter sich gleicher Teile. Das Weitere ist aus der Abbildung leicht zu erkennen.

Die Nuten können auch in einer Walze angeordnet sein, der durch die übrigen Steuerorgane eine hin und her drehende Bewegung erteilt wird. Ein Getriebe dieser Art zeigt Abb. 128. Hierbei sind die Riemenführer auf einer festen Stange, jeder für sich, verschiebbar. Die Verschiebung erfolgt durch Zapfenrollen, die in die Nuten der Steuerwalze eingreifen.

Aus Abb. 129 ist die Anwendung eines Kurvenschiebers zu ersehen, der eine geradlinige hin und her gehende Bewegung ausführt und dadurch die in diesem Falle schwingenden Riemenleiter betätigt. Jeder Riemenführer hat zwei Zapfenrollen und deshalb braucht der Schieber nicht mit Nuten versehen zu sein. Die Konstruktion wird von den Zimmermann-Werken A.-G. in Chemnitz ausgeführt.

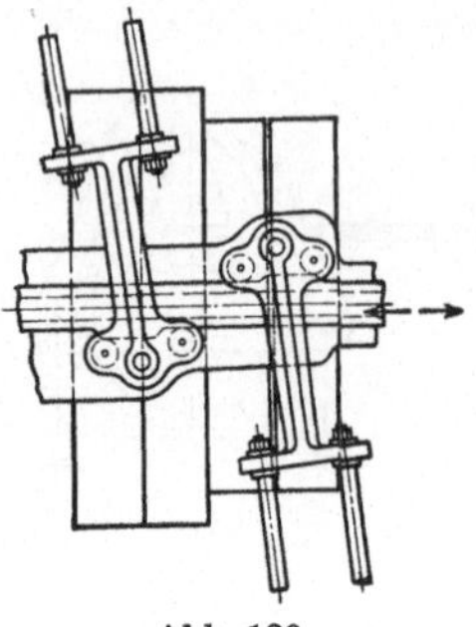
Abb. 129.

Bei den Riemenwendegetrieben sind die Festscheiben möglichst leicht zu halten, damit die umzusteuernden Massen möglichst klein sind. Die Festscheiben werden daher vielfach aus Leichtmetall hergestellt. Die stets in einer Richtung sich drehenden Losscheiben dagegen sind zweckmäßig als Schwungscheiben auszubilden.

Die bei der Umsteuerung auftretenden Massendrücke beeinflussen die Arbeitsleistung des Antriebsmotors im erheblichen Maße. Das geht aus dem Diagramm (Abb. 130) hervor, das Fischer[1]) bei der Untersuchung einer schweren Tischhobelmaschine der Firma Hartmann in Chemnitz nahm. Es bezeichnet hierbei $a$ die Zeit zum Umsteuern von der geringen Arbeitsgeschwindigkeit auf die dreimal so große Rücklaufgeschwindigkeit, $b$ bedeutet die Zeit für den schnellen Rücklauf, $c$ ist die Zeit für das Umsteuern auf die Arbeitsgeschwindigkeit und $d$ die eigentliche Arbeitszeit. Die wagerechten Linien bedeuten die mittleren Arbeitsleistungen der einzelnen Abschnitte. Die Arbeitsleistung für Abschnitt $d$ beträgt 4,5 Amp., für $a$ dagegen 50 Amp.

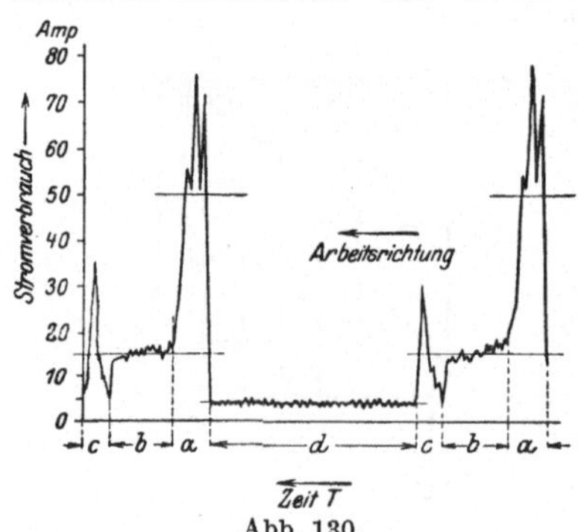

Abb. 130.

Das Arbeitsvermögen kann man mit Hilfe der Formeln $E = \frac{m \cdot v^2}{2}$ für die geradlinig bewegten und $E = \frac{J \cdot \omega^2}{2}$ für die umlaufenden Teile der Maschine bestimmen.

Schlesinger[2]) berechnete bei der Untersuchung einer Tischhobelmaschine die in der untenstehenden Zahlentafel zusammengestellten Werte.

Die Hobelmaschine hat:

1. einen Durchgang von 2500 mm,
2. eine Hobellänge von 5000 mm,
3. eine Arbeitsgeschwindigkeit von 9,5 m/min,
4. eine Rücklaufgeschwindigkeit von 17,0 m/min,
5. einen Arbeitsriemen von 130 mm Breite,
6. ein Tischgewicht mit Zahnstange von 13060 kg.

[1]) Z. 1904, S. 308. [2]) Z. 1910, S. 228.

Aus der Zahlentafel geht beim Vergleich der umzusteuernden Massen hervor, daß der schwere Tisch nur ein Arbeitsvermögen von 16,7 mkg hat, während die leichte Festscheibe *B* ein solches von 470 mkg aufweist. Die Zahlen beziehen sich auf den Arbeitsgang. Beim Rücklauf hat der Tisch ein Arbeitsvermögen von 53,5 mkg und die Festscheibe ein solches von 1500 mkg.

Die Festscheibe kann also nicht leicht genug gemacht werden. Das gleiche gilt für die schnellaufenden umzusteuernden Teile der folgenden Wendegetriebe.

Aber nicht nur die Massendrücke beim Umsteuern, sondern auch der Ein- und Austritt des Stahles in bzw. aus dem Werkstück setzen der Schnittgeschwindigkeit eine Grenze, die bei den gebräuchlichen Hobelmaschinen etwa 30 m/min beträgt. Die Steigerung der Geschwindigkeit auf höhere Werte müßte nach dem Eintreten des Stahles während der Arbeit erfolgen und vor dem Austreten eine entsprechende Verminderung. Diese Aufgabe ist von der AEG bei ihren elektrischen Hobelmaschinenantrieben gelöst werden. Vielleicht läßt es sich auch mit Hilfe von Flüssigkeitsgetrieben ermöglichen.

| Gegenstand | Zeichen | Äußerer Durchmesser bzw. Teilkreisdurchm. mm | Breite mm | Modul | Zähnezahl | Gewicht kg | Zeichenwiederholung | Uml./min $n$ sekundl. Winkelgeschw. $\omega$ sek. Geschw. $v$ | Bewegungsenergie $\frac{J\omega^2}{2}$ f. d. Arbeitsgang mkg |
|---|---|---|---|---|---|---|---|---|---|
| lose Riemenscheibe | *A* | 1300 | 140 | — | — | 124 | *A* | $n_1 = 219{,}5$ | 694 |
| lose Riemenscheibe | *C* | 950 | 165 | — | — | 106 | *C* | $\omega_1 = 23$ | 1032 |
| schmied. Doppelriemenscheibe | *B* | 1300/950 | 140/140 | — | — | 85 | *B* | | 470 |
| Schnecke | *D* | 110 | — | — | 4gängig | 48 | *D* | | 2 |
| Welle | *I* | 70 | — | — | — | 39 | *I* | | 0,6 |
| Schneckenrad | *E* | 800 | 140 | 13,3 | 60 | 285 | *E* | $n_2 = 14{,}6$ | 4,2 |
| Zahnrad | *F* | 414 | 220 | 18 | 23 | 206 | *F* | $\omega_2 = 1{,}53$ | 4,8 |
| Welle | *II* | 140 | — | — | — | 430 | *II* | | 0,2 |
| Zahnrad | *G* | 720 | 220 | 18 | 40 | 342 | *G* | $n_3 = 8{,}43$ | 1,5 |
| Zahnrad | *H* | 360 | 305 | 20 | 28 | 200 | *H* | $\omega_3 = 0{,}88$ | |
| Welle | *III* | 160 | — | — | — | 226 | *III* | | |
| Zahnrad | *J* | 840 | 305 | 20 | 42 | 587 | *J* | $n_4 = 3{,}61$ | 0,6 |
| Welle | *IV* | 160 | — | — | — | 260 | *IV* | $\omega_4 = 0{,}378$ | |
| Zahnstange mit Tisch | *K* | — | 305 | 20 | ∞ | 13060 | *K* | $v_5 = 0{,}158$ | 16,7 |
| | | | | | | | | | 500,6 (ohne *A* u. *C*) |

Ein Kupplungswendegetriebe mit Antrieb durch offenen und gekreuzten Riemen unter Verwendung einer Reibkupplung ist in Abb. 131 dargestellt. Die Verschiebung der Kupplung erfolgt hierbei durch mechanische Mittel. Der Vorteil gegenüber den oben behandelten Wendegetrieben besteht darin, daß die Riemen ihre Lage behalten. Das Einrücken der Reibkupplung kann auch auf elektrischem Wege geschehen und ist bei der Reversierkupplung des Magnet-Werkes Eisenach nach Abb. 132 in dieser Weise verwirklicht. Beiderseits der aufgekeilten Ankerscheibe $A$ sitzen die durch Riemen oder Zahnräder im entgegengesetzten Drehsinn angetriebenen Magnetkupplungen $B$, deren Erregerspulen $C$ der Strom durch die Schleifringe $D$ zugeführt wird. Die Ankerscheibe $A$ trägt leicht auswechselbare Reibbeläge $E$, durch welche die Kraftübertragung von den mit den

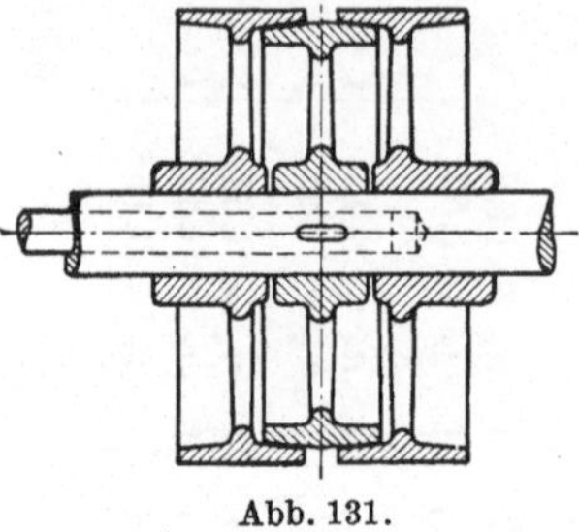

Abb. 131.

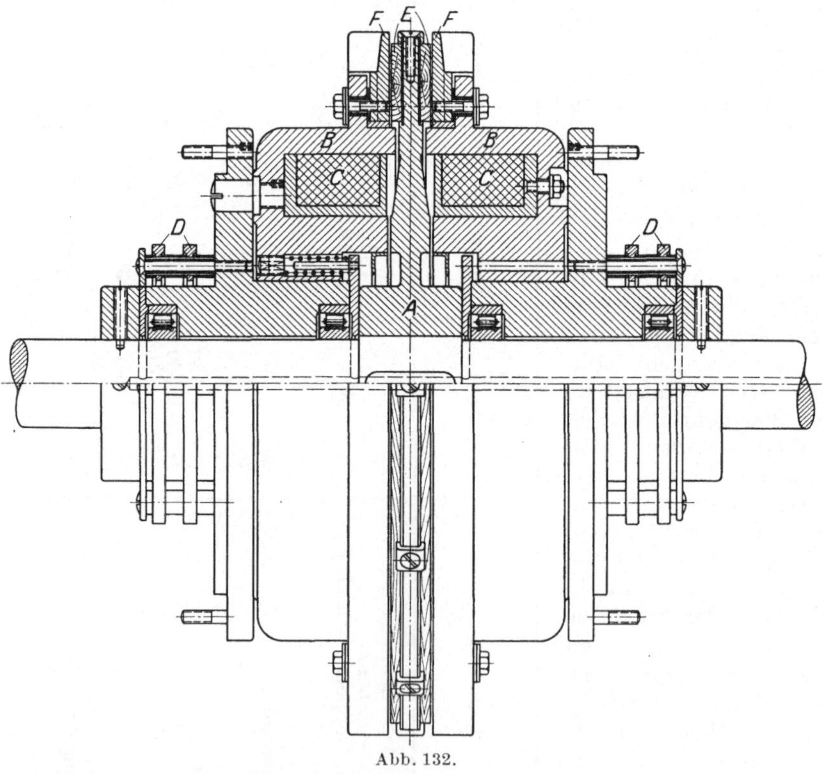


Abb. 132.

Kupplungen $B$ verbundenen Reibringen $F$ erfolgt. Wenn die eine Magnethälfte Strom erhält, so preßt sie sich mit der Reibfläche an die Ankerscheibe, wodurch diese und damit die Welle in der gleichen

Drehrichtung mitgenommen werden. Wird die eine Kupplungshälfte stromlos und die andere eingeschaltet, so läßt die erste los und die andere preßt sich mit ihrer Reibfläche wiederum gegen die Ankerscheibe, wodurch diese im entgegengesetzten Drehsinne mitgenommen wird.

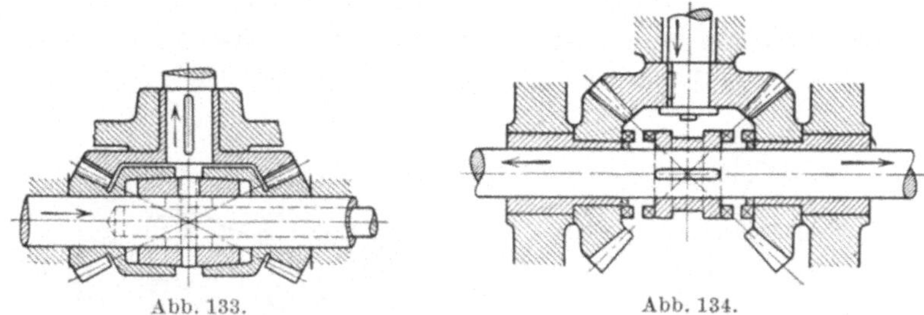

Abb. 133. Abb. 134.

Mit derartigen Kupplungen ausgerüstete Maschinen zeichnen sich durch genaue und stoßfreie Umsteuerung aus. Für leichte und mittlere Maschinen ist die Kupplung sehr brauchbar.

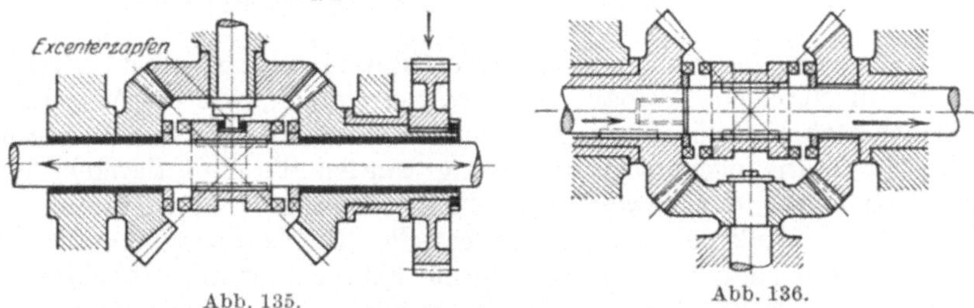


Abb. 135. Abb. 136.

Die Abb. 133 bis 136 zeigen nun verschiedene Kegelräderwendegetriebe mit Reib- bzw. Klauenkupplungen. Diese Getriebe werden hauptsächlich für Vorschub- und Eilbewegungen angewendet. Die Pfeile in den Abbildungen sollen die Richtung der Kraftübertragung angeben. In Abb. 137 ist ein Stirnräderwendegetriebe dargestellt. Bei diesem treibt $Z_1$ auf $Z_3$ durch ein Zwischenrad $Z_2$, während $Z_4$ mit $Z_5$ im unmittelbaren Eingriff steht. Dient ein solches Getriebe der Schnellverstellung bei Hobelmaschinen usw., so ordnet man vielfach die Kupplung auf der treibenden Welle an. Wenn dann auch während der wenigen Minuten des Betriebes ein Zurücktreiben ins Schnelle stattfindet, so wird doch in der übrigen Zeit das dauernde Mitlaufen der Räder vermieden. Stirnräderwendegetriebe ohne Kupplungen sind in den Abb. 138, 139 und 140 gezeigt. Die Anordnungen dieser Art bezeichnet man als Wendeherz. Der Vorteil

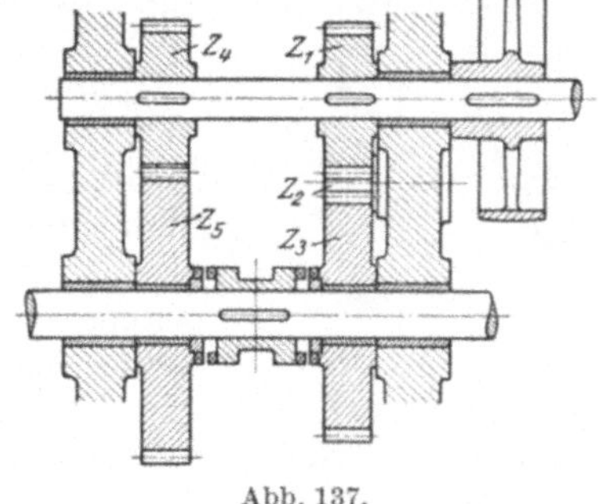


Abb. 137.

der Konstruktion nach Abb. 140 besteht darin, daß der Winkel, um den das Wendeherz gedreht werden muß, kleiner ist als bei beiden anderen und daß das Moment des Zahndruckes, welches das Wendeherz zu drehen sucht, gleich Null ist.

Bei unmittelbarem elektrischen Antrieb geschieht die Umkehrung der Drehrichtung von Hand mit Hilfe eines Wendeanlassers. Ein mechanisches Wendegetriebe ist also nicht erforderlich.

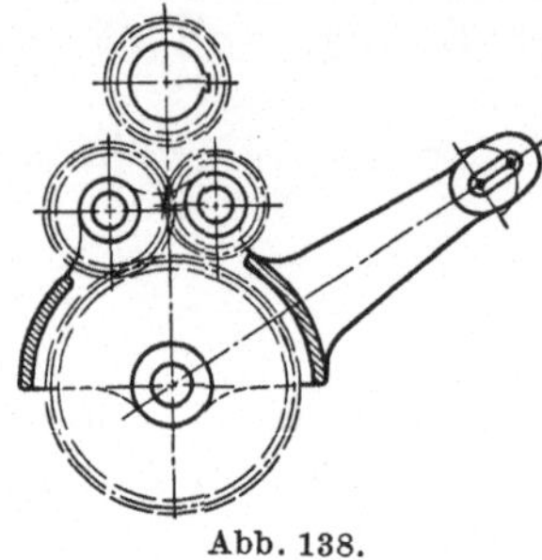

Abb. 138.

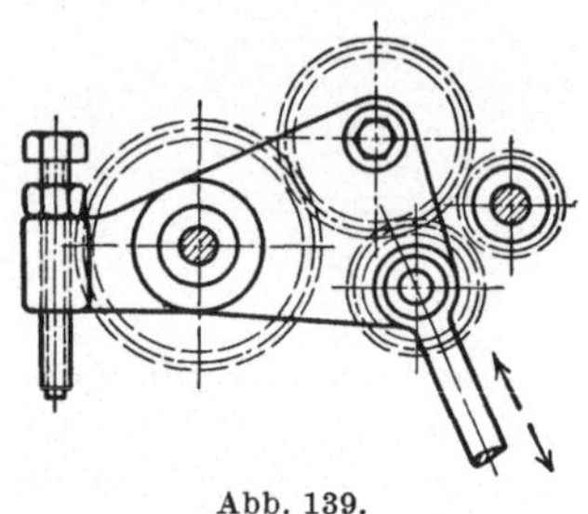

Abb. 139.

Auch wenn die Umsteuerung durch die Maschine selbst erfolgt, wird der mechanische Aufbau der Maschine einfach, wie die Abb. 125, S. 82, der Hobelmaschine mit Antrieb durch regelbaren Umkehrmotor zeigt. Durch die elektrische Bremsung werden die Zahnflanken der Räder schon vor der Bewegungsumkehr umgelegt und dadurch ein schnelles und stoßfreies Umsteuern erzielt. Hierbei wird der Motor bis auf seine Grunddrehzahl nur durch Feldverstärkung abgebremst und daher der größte Teil des Arbeitsvermögens der bewegten Massen zurückgewonnen und an das Netz zurückgegeben, während bei anderen Arten der Umsteuerung dieses Arbeitsvermögen durch Reibung vernichtet werden muß[1]). Abb. 141 stellt die durch D.R.P. geschützte Schaltung des Antriebes dar, der von der AEG. geliefert wurde. Es bedeuten hierbei $K_s$ und $K_r$ die unteren Begrenzungslinien der Umsteuerungsknaggen, die am Tisch der Hobelmaschine befestigt sind, sich mit dem Tisch also hin und her bewegen. Die Umsteuerknaggen stoßen gegen die Flügel des am Bett befestigten Steuerschalters $C$. Es sei der Umkehrverlauf vom Schnitt zum Rücklauf betrachtet. Hierbei ist $B_1$ eingeschaltet und der Knaggen $K_s$ bewegt sich nach rechts und stößt mit Punkt $s_1$ auf den entsprechenden Flügel des Stiefelknechtes, des Steuerschalters $C$. Der Stiefelknecht wird dadurch nach rechts umgelegt und 2 eingeschaltet. Der Steuerstrom betätigt nun das Anlaßrelais $B_3$, das den Nebenschlußregler $B_6$ kurzschließt. Damit wird das Feld des Motors entsprechend verstärkt, der aber wegen der Massen-

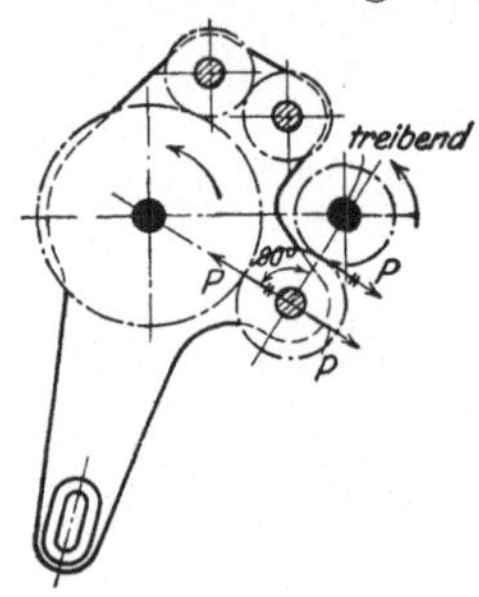


Abb. 140.

[1]) Z. 1914, S. 643.

energie zunächst seine Drehzahl beizubehalten sucht. Er wirkt daher zum Teil als Dynamo und die hierbei erzeugte Gegenspannung übersteigt die Netzspannung, es wird Strom an das Netz zurückgegeben und der

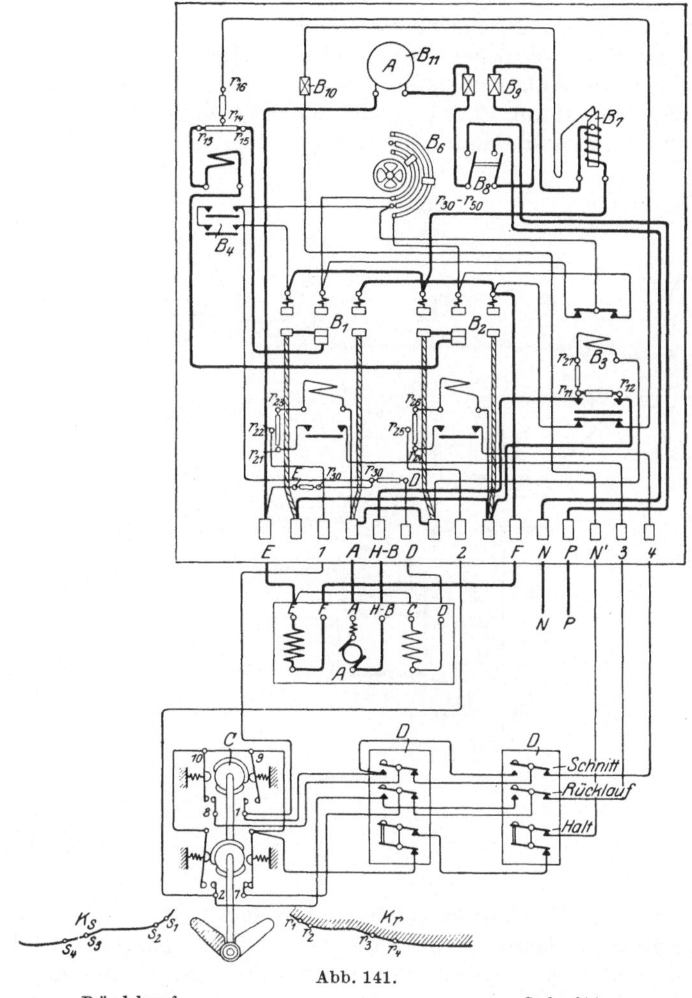


Abb. 141.

**Rücklauf.**

Ende Rücklauf:

- $r_1 = 1$ ein — Vorbereitung des Schnittes
- $r_2 = 8$ aus — Beendigung des Rücklaufes Einleitung des Schnittes
- $r_3 = 7$ aus — Notschaltung bei Drücken eines falschen Knopfes
- $r_4 = 1$ aus — Vollständige Unterbrechung des Steuerstromes.

**Schnitt.**

Ende Schnitt:

- $s_1 = 2$ ein — Vorbereitung des Rücklaufes
- $s_2 = 7$ aus — Beendigung der Schnittbewegung Einleitung des Rücklaufes
- $s_3 = 8$ aus — Notschaltung bei Drücken eines falschen Knopfes
- $s_4 = 2$ aus — Vollständige Unterbrechung des Steuerstromes.

| | |
|---|---|
| $A$ | Motor |
| $B$ | Selbsttätiger Umkehranlasser |
| $B_1$ | Fernschalter für Schnitt |
| $B_2$ | Fernschalter für Rücklauf |
| $B_3$ | Anlaßrelais |
| $B_4$ | Bremsfeldstromwächter |
| $B_6$ | Doppelnebenschlußregler |
| $B_7$ | Motorschutzvorrichtung |
| $B_8$ | Hauptschalter |
| $B_9$ | Hauptsicherungen |
| $B_{10}$ | Steuerstromsicherungen |
| $B_{11}$ | Amperemeter |
| $C$ | Anstoßsteuerschalter |
| $D$ | Betätigungsdruckknöpfe. |

Motor auf seine Grunddrehzahl abgebremst. Damit der Bremsstrom nicht zu stark wird, ist ein Stromwächter $B_4$ vorgesehen, der im gegebenen Falle die Widerstände von $B_6$ wieder einschaltet. Durch den über 2 fließenden Steuerstrom wird sodann $B_2$ eingeschaltet und der Ankerstrom über die Bremswiderstände $r_{13}$ bis $r_{15}$ kurzgeschlossen und dadurch ein fast sofortiger Stillstand des Motors erreicht. Von $B_3$ werden dann die Anlaßwiderstände $r_{11}$ bis $r_{12}$ in den Ankerstromkreis gelegt. Es stößt dann Punkt $s_2$ auf den Stiefelknecht, legt ihn noch etwas weiter um und schaltet dadurch 7 aus. Hierdurch fällt $B_1$ ab

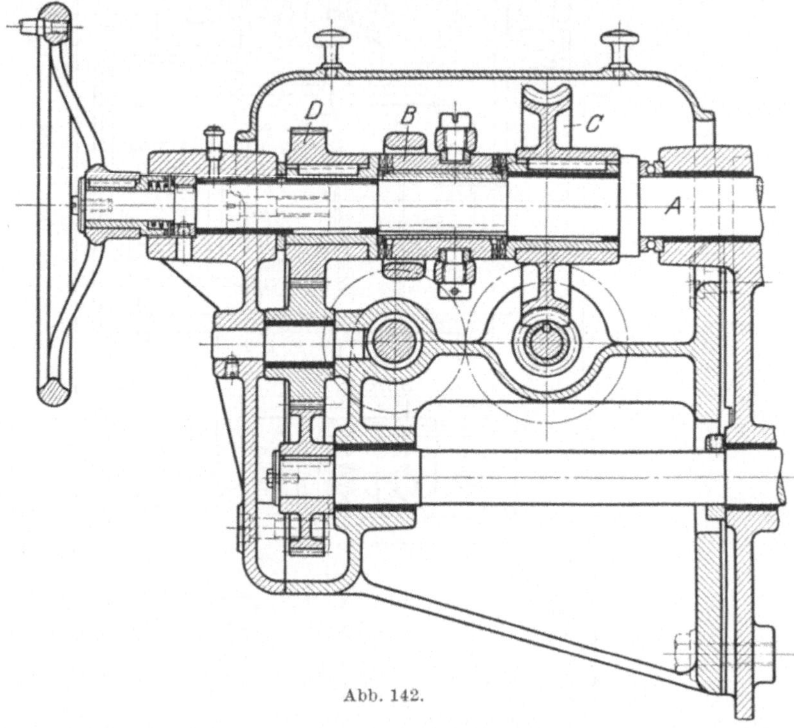

Abb. 142.

und es wird der Rücklauf eingeleitet. Durch Abfall von $B_1$ wird auch das Anlaßrelais wieder in die Ausgangsstellung gebracht, d. h. die Anlaßwiderstände kurzgeschlossen und der Regelwiderstand $B_6$ für den Rücklauf eingeschaltet. Drückt man während des Schnittes auf den Knopf „Rücklauf", so spielt sich derselbe Vorgang ab wie beschrieben. Durch Betätigen des Druckknopfes „Halt" fällt $B_1$ bzw. $B_2$ ab und der Motor wird über den Bremswiderstand $r_{13}$ bis $r_{15}$ kurzgeschlossen.

Große Hobel- und Stoßmaschinen werden heute meist mit Antrieb durch Umkehrmotor ausgeführt.

Ein mechanisches Wendegetriebe, welches dem schnellen Rücklauf eines Werkzeugschlittens einer Räderfräsmaschine von Reinecker dient, zeigt Abb. 142. Wird die auf der Vorschubspindel $A$ aufgefederte Kupplung $B$ in das Schneckenrad $C$ eingerückt, so arbeitet der eigentliche Vorschub; wenn die Kupplung in das Stirnrad $D$ eingerückt wird, so wird der Werkzeugschlitten schnell zurückgezogen. Hierbei wird das Stirnrad $D$ von einer Welle mit unveränderlicher Drehzahl angetrieben.

## 6. Wegbegrenzungsmittel.

Das Arbeitsvermögen eines Schlittens bei der Geschwindigkeit $v$ ist $E = \frac{m \cdot v^2}{2} = \frac{G \cdot v^2}{g \cdot 2}$ [1]. Wenn der Schlitten durch seine Reibung allein zur Ruhe kommen soll, so muß die Reibungsarbeit $G \cdot \mu \cdot h = \frac{G \cdot v^2}{g \cdot 2}$ sein, wobei $h$ den Überweg bedeutet, den der Schlitten nach Auslösung des Antriebes noch zurücklegt.

Setzt man $\mu = 0{,}051$, so ist $g \cdot 2 \cdot \mu = 1$ und daher $h = v^2$.

$\mu$ ist hier $= 0{,}051$ angenommen, damit $g \cdot 2 \cdot \mu = 1$ wird, doch stimmt der Wert von $\mu$ mit den Ergebnissen von Versuchen, die man an einer Tischhobelmaschine vornahm und wonach $\mu = 0{,}053$ war, ziemlich gut überein.

Wenn also $h = v^2$, so erhält man für:

| $v =$ | 1 | 0,9 | 0,8 | 0,7 | 0,6 | 0,5 | 0,4 | 0,3 | 0,2 | 0,1 | 0,05 | 0,01 m/sek |
|---|---|---|---|---|---|---|---|---|---|---|---|---|
| $h =$ | 1 | 0,81 | 0,64 | 0,49 | 0,36 | 0,25 | 0,16 | 0,09 | 0,04 | 0,01 | 0,0025 | 0,0001 m |

Bei der auf S. 84 erwähnten Tischhobelmaschine würde der Tisch beim Arbeitsgang, wo er eine Geschwindigkeit von 9,5 m/min hat, nach einem Überweg von $h = \left(\frac{9{,}5}{60}\right)^2 = 0{,}025\ \text{m} = 25\ \text{mm}$ zur Ruhe kommen, wenn nur die Massenwirkung des Tisches selbst in Frage käme. Aus der Zahlentafel S. 85 geht aber hervor, daß das Arbeitsvermögen der festen Scheibe $= 470$ mkg ist. Nimmt man als Wirkungsgrad der Schnecken- und Räderübersetzung den Wert von 0,65 an, so wird die Massenwirkung der Scheibe auf den Tisch $= 470 \cdot 0{,}65 = 305$ mkg betragen. Es ist also $G \cdot \mu \cdot h_1 = 305$ mkg, woraus $h_1 = \frac{305}{13060 \cdot 0{,}051}$ $= 0{,}455\ \text{m} = 455\ \text{mm}$ sich ergibt. Hierzu kommen noch die oben berechneten 25 mm und die durch das Arbeitsvermögen der übrigen umzusteuernden Teile bewirkten Überwege. Beim Rücklauf des Tisches sind die Überwege den höheren Geschwindigkeiten entsprechend noch viel größer. Bei der Umsteuerung muß also fast das gesamte Arbeitsvermögen der bewegten Teile durch den Vor- oder Rücklaufriemen vernichtet werden, da sonst die Überwege viel zu groß würden. Es ist wohl ohne weiteres klar, daß die Genauigkeit der Umsteuerung im starken Maße von der Spannung der Riemen abhängt.

Bei den Schlitten der Drehbänke, Fräsmaschinen usw. handelt es sich meist um die geringe Vorschubgeschwindigkeit. Die Entkupplung wird hierbei vielfach unmittelbar vor dem Schlittenantrieb vorgenommen, so daß nur das Arbeitsvermögen des Schlittens durch seine

[1] Fischer: Z. 1898, S. 517; Toussaint: Dubbels Taschenbuch für den Maschinenbau. 3. Aufl. S. 1341.

Reibung vernichtet zu werden braucht. Nimmt man z. B. einen Vorschub von 360 mm/min an = 0,006 m/sek, so ist der Überweg $h = v^2$ = 0,000036 m = 0,036 mm bei der Reibziffer von 0,051. Da die Reibziffer aber hier meistens größer ist als bei den glatten Tischbahnen der Hobelmaschine, so wird der Überweg noch kleiner.

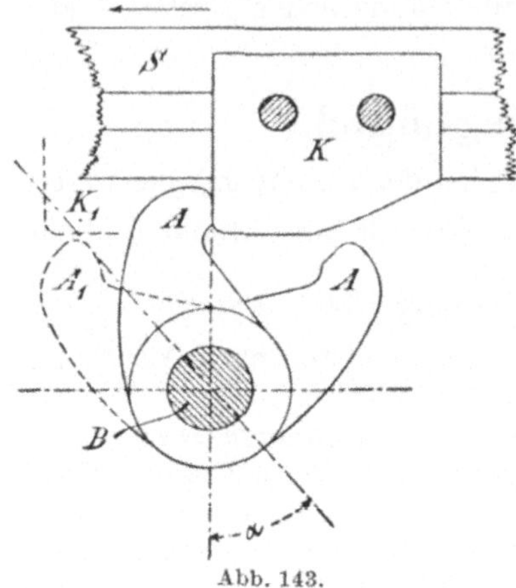

Abb. 143.

Die Wegbegrenzung bzw. Umsteuerung geschieht bei Hobelmaschinen vom Tisch aus, an dem zwei einstellbare Knaggen befestigt sind, die den sogenannten Stiefelknecht umlegen, der dann durch ein geeignetes Gestänge das Wendegetriebe betätigt. Abb. 143 zeigt eine solche Einrichtung. Von den Knaggen ist nur der gezeichnet, der den Rücklauf zum Arbeitsgang umsteuert, wobei der Stiefelknecht um den Winkel $\alpha$ umgelegt wird. Der rechte Knaggen fällt in die Bahn des linken Flügels des Stiefelknechts und der linke

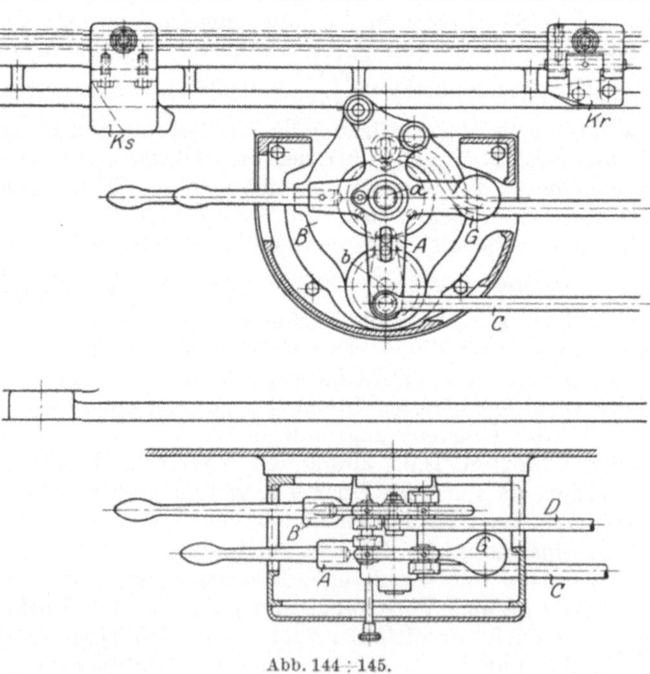

Abb. 144÷145.

Knaggen in die Bahn des rechten Flügels. Beide Flügel, die also nicht in der gleichen Ebene liegen, haben die gleiche Länge. Diese

Ausführung wird gewählt, wenn der Schlitten in beiden Richtungen die gleiche Geschwindigkeit hat, wie es z. B. bei den Blechkantenhobelmaschinen der Fall ist. Aber auch bei Antrieb durch Umkehrmotor wird die gleiche Länge der Flügel ausgeführt (Abb. 141, S. 89). Es wird hier absatzweise geschaltet und dem größeren Überweg am Ende des Rücklaufes wird dadurch Rechnung getragen, daß man den rechten Knaggen länger macht.

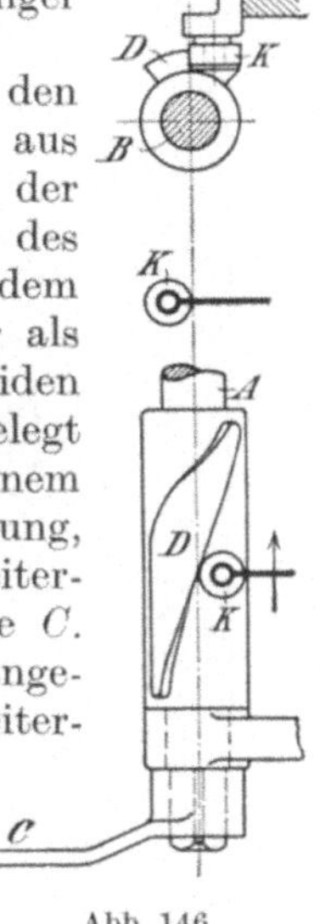

Abb. 146.

Bei Maschinen mit Riemenantrieb gibt man den Flügeln des Stiefelknechts verschiedene Längen, wie aus Abb. 144 u. 145 hervorgeht, die die Konstruktion der Zimmermann-Werke darstellt. Der linke Flügel des Stiefelknechts, der den Rücklauf umsteuert, ist dem größeren Überweg des Schlittens entsprechend länger als der rechte, doch so, daß der Stiefelknecht in beiden Richtungen um den gleichen Winkelbetrag umgelegt wird. Der Umsteuerstiefelknecht $A$ ist noch mit einem Gewicht $G$ versehen, wodurch die Umsteuerbewegung, die langsam eingeleitet, beschleunigt wird. Die Weiterleitung der Bewegung geschieht durch die Stange $C$. Hinter dem Stiefelknecht $A$ ist ein anderer, $B$, angeordnet, von dem die Schaltung abgeleitet wird. Weiterleitung dieser Bewegung durch die Stange $D$. Während $A$ seinen Drehpunkt in $a$ hat, ist $b$ der Drehpunkt des Schaltstiefelknechtes. Mit den Handgriffen kann der Tisch stillgesetzt oder umgesteuert werden bzw. kann die Schaltung betätigt werden. Bei der aus Abb. 146 zu erkennenden Umsteuerung liegt die Steuerwelle $A$ parallel zur Bewegungsrichtung des Schlittens. Durch die am Schlitten verschiebbar befestigten Rollen $K$ wird die Muffe $B$ und damit die Steuerwelle $A$ links und rechts gedreht. Diese Umsteuerung, die den Vorzug hat, daß sie fast stoßfrei arbeitet, wird bei Tischhobelmaschinen seltener ausgeführt. Wohl findet man sie bei Grubenhobelmaschinen. Hier sind auf der am Bett entlang liegenden Steuerwelle zwei Muffen, eine für den Vorgang und eine für den Rückgang einstellbar angeordnet.

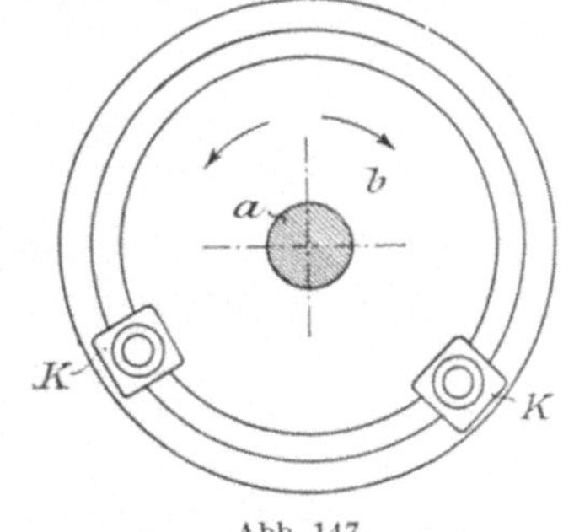

Abb. 147.

Bei großen Stoßmaschinen, auch bei den Vertikal- und Horizontalhobelmaschinen, ist es nicht möglich, die Umsteuerknaggen am Schlitten einstellbar zu befestigen. Hier verwendet man eine besondere Steuerscheibe (Abb. 147), die vom Antrieb des Schlittens aus derart bewegt wird, daß sie auch beim größten Schlittenhub keine ganze Umdrehung macht. Sie wird daher meist durch Schnecke und Schneckenrad angetrieben.

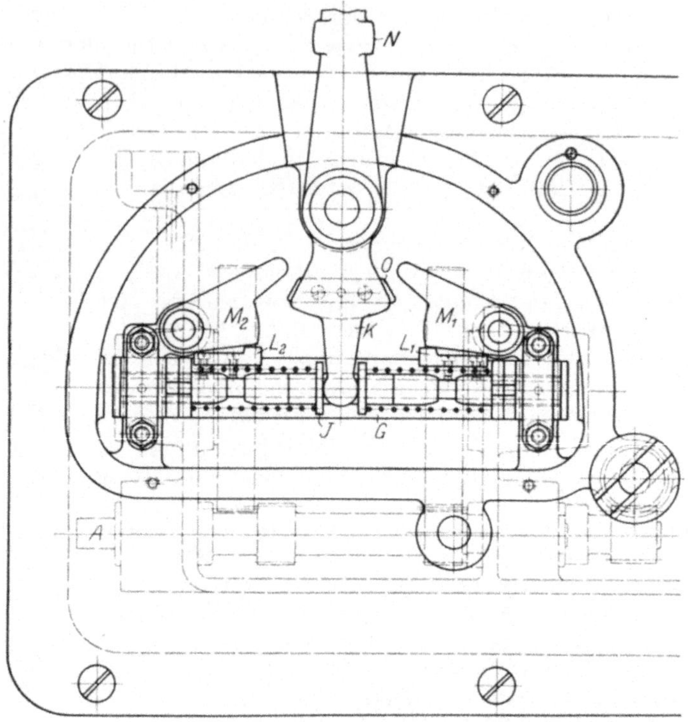


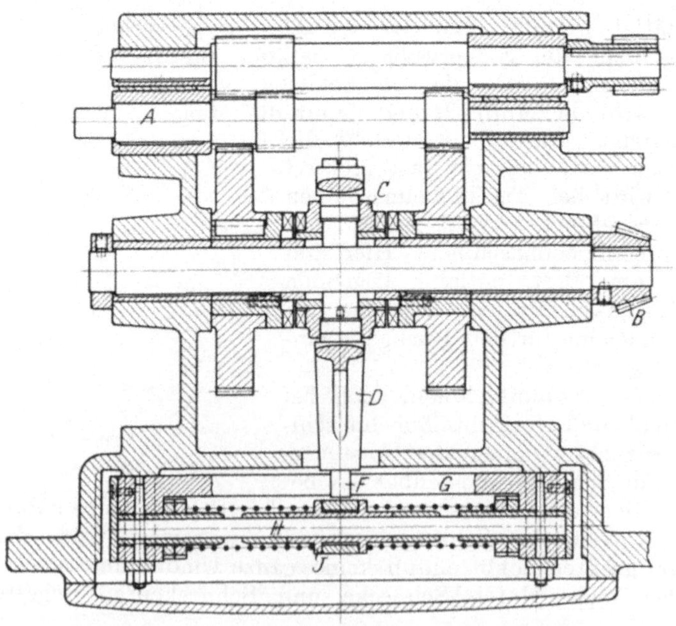


Abb. 148 u. 149.

In der Ringnut der Steuerscheibe sind die Knaggen $K$ einstellbar befestigt.

Wie aus dem obigen Berechnungsbeispiel hervorgeht, bereitet es keine Schwierigkeit, bei langsam laufenden Werkzeugschlitten eine praktisch genaue Wegbegrenzung zu erzielen, da der Schlitten fast sofort nach Auslösung des Antriebs zur Ruhe kommt. Soll er aber umgesteuert werden, so reicht sein Arbeitsvermögen nicht aus, um die Kupplung des Wendegetriebes umzulegen. Es bedarf dann noch einer besonderen Kraftquelle, also etwa eines umfallenden Gewichtes oder einer gespannten Feder. Ein Beispiel solcher Umsteuerung geben die Abb. 148 und 149 wieder, und zwar handelt es sich um eine Umsteuerung einer Rundschleifmaschine der Firma Reinecker. Die Einleitung der Bewegung geschieht bei dem Stirnräderwendegetriebe an der Welle $A$, die Weiterleitung durch das Kegelrad $B$. Die auf der Kegelradwelle aufgefederte Kupplung $C$ wird durch eine Gabel $D$ verschoben, die einen Zapfen $F$ hat, der in einen Schlitz der Schiene $G$ eingreift. Durch Verschieben der Schiene $G$ wird das Wendegetriebe also umgesteuert. Mit der Schiene fest verbunden ist der Bolzen $H$, auf dem sich die Muffe $J$ verschieben kann. Bewegung dieser Muffe durch den Umsteuerhebel $K$, der nur rechts oder links liegt. Die gezeichnete Mittellage kommt nur während der Umsteuerung vor. An der Schiene $G$ sind zwei gehärtete Platten $L_1$ und $L_2$ angeschraubt, gegen die sich die Spannklinken $M_1$ und $M_2$ legen können. Es sei nun

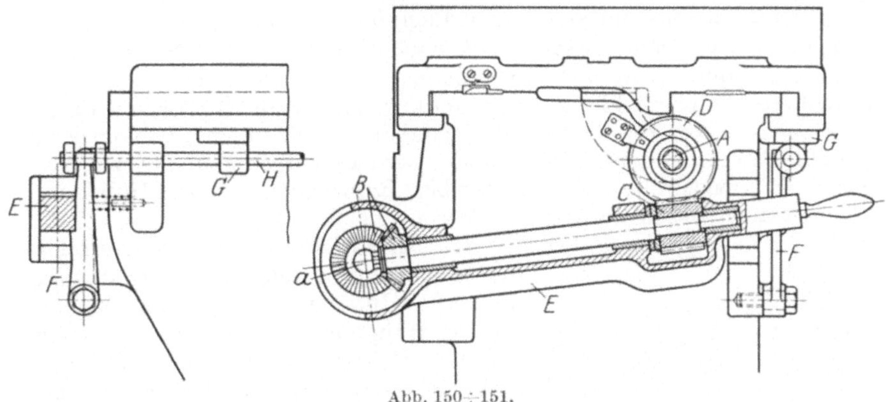

Abb. 150÷151.

angenommen, daß der Umsteuerhebel oben rechts und unten links liegt. Dann faßt die Nase der rechten Spannklinke die Platte $L_1$ und die linke Feder ist gespannt. Stößt nun der Werkzeugschlitten gegen die Fläche $N$ des Umsteuerhebels, so wird er nach links umgelegt; es stößt der Anschlag $O$ gegen die rechte Spannklinke $M_1$, hebt sie aus und die linke Feder schnellt die Muffe $J$ nach rechts, die die Schiene $G$ und damit die Kupplung $C$ ebenfalls nach rechts wirft. Hierbei fällt die linke Sperrklinke $M_2$ ein und spannt die rechte Feder.

Soll der Vorschub des Schlittens nur ausgerückt, nicht umgesteuert werden, so bedient man sich häufig einer Fallschnecke, wie sie in den Abb. 150 und 151 dargestellt ist. Der Antrieb der Vorschubspindel $A$

für den Werkzeugschlitten erfolgt hier von den Kegelrädern *B* über die Schnecke *C*, Schneckenrad *D*. Die hebelartige Lagerung *E* der Schneckenwelle ist um den Punkt *a* drehbar, so daß die Kegelräder immer im Eingriff bleiben. Der Lagerhebel *E* wird nun gehalten durch den Abschlaghebel *F*, derart, daß Schnecke und Schneckenrad im Eingriff sind. Stößt nun beim Vorgang des Schlittens der an ihm befestigte Bock *G* gegen einen auf der Stange *H* verschiebbaren Anschlag, so wird die Stange nach rechts gerissen und damit der Anschlaghebel *F*, der den Lagerhebel *E* freigibt. Dieser fällt nach unten und dadurch werden Schnecke und Schneckenrad außer Eingriff gebracht.

Weiteres über die genaue Wegbegrenzung enthält der Aufsatz von Fischer[1]) und über die Wegbegrenzung auf elektrischem Wege sei auf S. 104 hingewiesen.

## 7. Ruckschaltwerke.

Die Elemente der Dauerschaltwerke, wie sie bei den Drehbänken, Fräsmaschinen, Bohrmaschinen usw. verwendet werden, sind in den vorhergehenden Abschnitten behandelt worden. Es sind die Räderkasten in ihren verschiedenen Bauarten, dann Spindel und Mutter oder Zahnstange und Rad. Die Ruckschaltwerke nun findet man hauptsächlich an den Maschinen mit hin und her gehender Bewegung. Geschaltet wird hier meist vor dem Beginn des Schnittes. Bei Schlichtarbeiten jedoch ist es zweckmäßig, nach Beendigung des Schnittes zu schalten, damit nicht der Stahl beim Rücklauf über die bereits geschlichtete Fläche schleift. Verwendung finden die Ruckschaltwerke aber auch bei Kopfdrehbänken, Radsatzbänken, Walzendrehbänken usw.

Die Bewegung dieser Schaltwerke wird hervorgebracht durch Hubscheibe, Kurvenrolle, Kurvenscheibe, Reibzeug oder bei Hobelmaschinen auch durch einen Stiefelknecht (Abb. 144, S. 92).

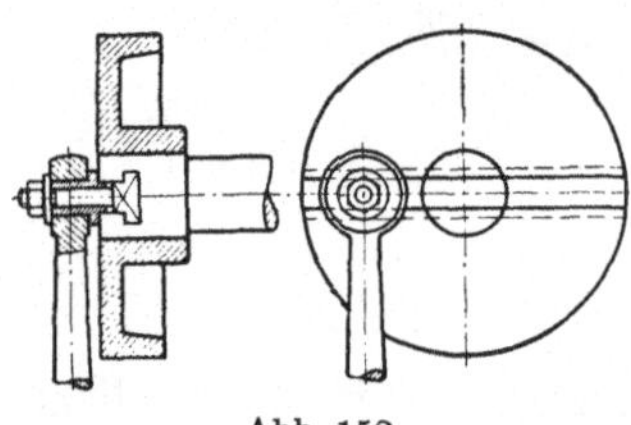
Abb. 152.

Bei den Kopfdrehbänken usw. erfolgt die Schaltung durch eine sich ständig drehende Hubscheibe nach Abb. 152, die von der Hauptspindel der Maschine häufig mit der Übersetzung 2 : 1 und 3 : 1 angetrieben wird, so daß bei einer Umdrehung des Werkstücks zweimal bzw. dreimal geschaltet wird. Eine solche Hubscheibe ist nichts weiter als eine Kurbel, bei der der Kurbelradius verändert werden kann. Der Kurbelantrieb ist für Schaltzwecke sehr brauchbar, weil die Geschwindigkeit der Schaltstange und damit der Schaltklinke in den Totlagen der Kurbel gleich Null ist und dann anwächst. Es werden also die zu schaltenden Massen allmählich beschleunigt, wodurch Stöße vermieden werden[2]). Bei der Hubscheibe einer Hobelmaschine nach Abb. 153

[1]) W. T. 1908, S. 345.

[2]) Fischer: Über Schaltwerke. W. T. 1908, S. 63.

kann der Zapfen mit Hilfe einer Spindel verstellt werden zur Veränderung der Schaltgröße. Die Hubscheibe führt hier nur eine schwingende Bewegung aus, die ihr von einem Reibzeug oder von einem Schaltstiefelknecht erteilt wird.

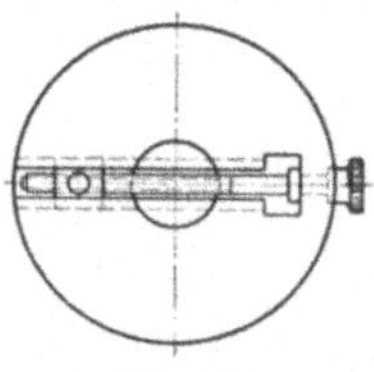
Abb. 153.

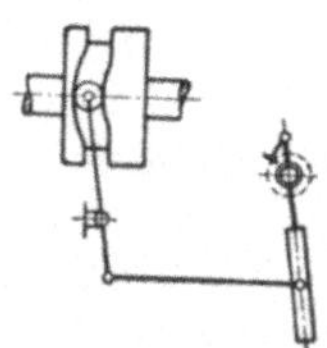
Abb. 154.

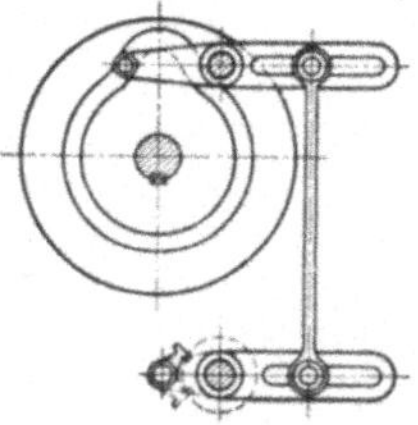
Abb. 155.

Aus Abb. 154 ist der Schaltungsantrieb durch eine Kurvenrolle zu ersehen, und Abb. 155 zeigt die bei Stoßmaschinen übliche Steuerung mit Kurvenscheibe. Für die Ausbildung der Steuernuten gilt das gleiche, was bei den Wendegetrieben auf S. 83 bereits erwähnt wurde. Die Konstruktion der Nuten erfolgt in ähnlicher Weise, wie in Abb. 127 (S. 83) dargestellt.

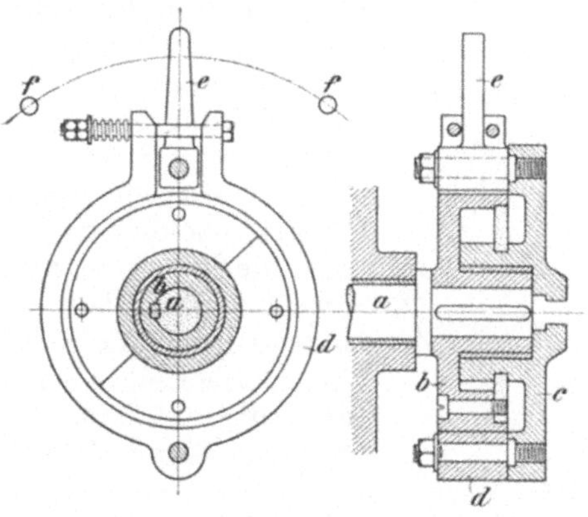

Abb. 156÷157.

Soll die Schaltung von einer Welle abgeleitet werden, die sich einmal in dem einen und dann in dem anderen Sinne dreht, so kann man sich eines Reibzeuges nach Abb. 156 u. 157 bedienen. Hierbei wird der Ring *d* von der Scheibe *b* durch Reibung mitgenommen, bis der Hebel *e* gegen einen der Anschläge *f* stößt. Dadurch wird der Ring gespreizt und seine Mitnahme beendet. Durch Veränderung der Entfernung der Anschläge *f* kann der Winkel geändert werden, um den der Ring *d* schwingt. Gegenüber dem Schaltstiefelknecht hat das Reibzeug den Vorzug, daß es, weil auf Reibung beruhend, nachgiebig ist. Die zu schaltenden Massen haben daher Zeit zu ihrer Beschleunigung. Eine Anwendung des Reibzeuges sieht man auch in der Abb. 125, S. 82.

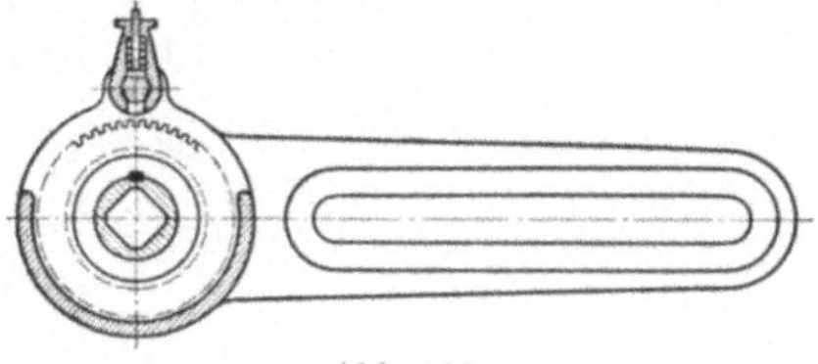
Abb. 158.

Die Weiterleitung der erzeugten Bewegung auf den eigentlichen Schaltmechanismus erfolgt durch Stangen und Wellen, Ketten oder Zahnstange. Eine Schaltratsche für den Antrieb durch Stange zeigt Abb. 158. Diese Ratsche ist für die Schaltung in beiden Richtungen geeignet. Sie besteht in der Hauptsache aus Hebel, Schaltrad und

Federklinke. Der Bolzen, auf welchem letztere sich dreht, ist an drei Stellen abgeflacht. Gegen eine der Stellen legt sich der Federbolzen der Klinke, je nachdem in dem einen oder anderen Sinne geschaltet werden oder ob die Klinke, wie in Abb. 158 dargestellt, ausgerückt sein soll. Abb. 159 mit Sperrad *a*, Klinke *b* und Bolzen *c* läßt dies noch deutlicher erkennen.

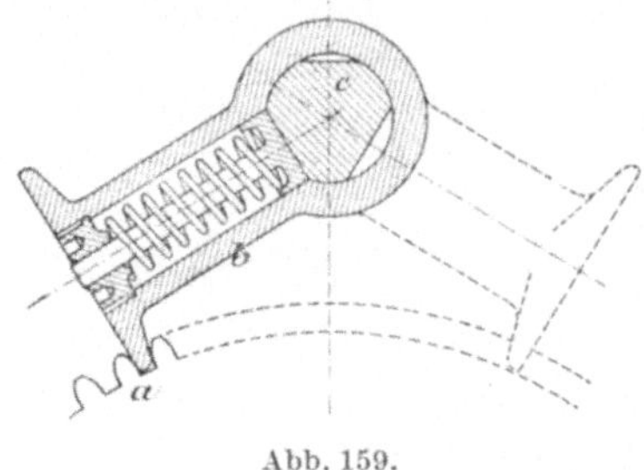

Abb. 159.

Eine bei Shapingmaschinen viel verwendete Ratsche zeigt Abb. 160. Zwecks Umkehrung ist hier der Schaltzahn, der gleich als Federbolzen ausgebildet ist, um 180⁰ zu drehen. Während des Schaltens wird der Schaltzahn durch den Stift *s* gegen Verdrehen gesichert.

Bei den erwähnten Einrichtungen erfolgt die Änderung der Schaltungsgrößen durch Verändern des Hubes an den Hubscheiben oder durch Verstellen der Stangenangriffszapfen, so bei Abb. 152, 155 und 158. Die Änderung kann aber auch durch Beschränkung des Wirkungsbogens der Sperrklinke geschehen. Dieser Gedanke ist bei der Ratsche nach Abb. 161 verwirklicht. Hierbei führt das Gehäuse *g*, welches den Sperrklinkenbolzen trägt, eine schwingende Bewegung aus, die ihm vom Zahnrad $Z_2$, angetrieben durch $Z_1$, erteilt wird. Die mit Hilfe des Handgriffes *h* einstellbare Kurvenscheibe *k* hat sodann eine Erhöhung, auf welche die Rolle *r* bei der Bewegung in der Pfeilrichtung aufläuft und damit die Sperrklinke aushebt. Beim Schalten kann daher die Klinke nur auf dem Teil ihres Weges wirken, der von der Kurvenscheibe *k* freigegeben ist. Die Einrichtung hat den Nachteil, daß beim Schalten, wenn sie sich also entgegengesetzt der Pfeilrichtung bewegt, die Klinke mit voller Geschwindigkeit in die Sperrzähne einfällt und dadurch einen Stoß verursacht. Es wäre vielleicht besser, die Klinke während der eigentlichen Schaltbewegung auszuheben.

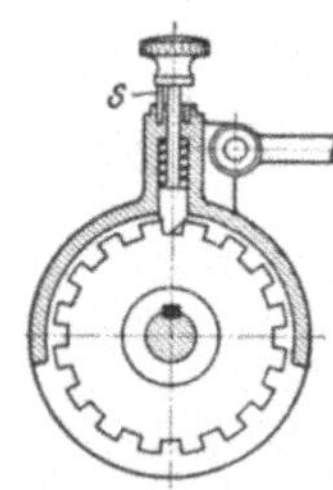

Abb. 160.

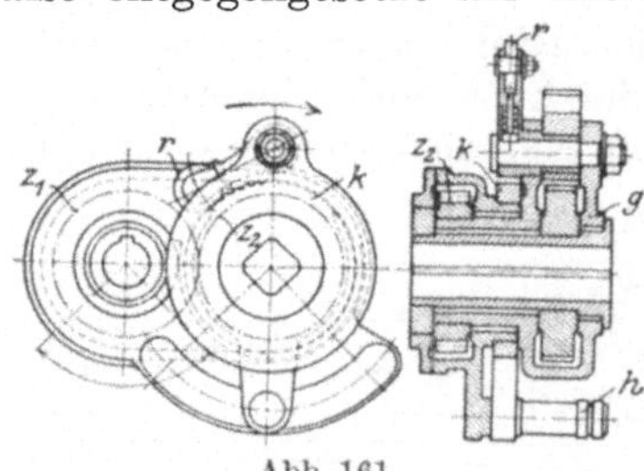

Abb. 161.

Ein Schaltwerk, das auf dem gleichen Grundsatz wie das vorstehende beruht, wird von Sondermann & Stier für Stoßmaschinen ausgeführt (Abb. 162 und 163). An der durch den Handgriff zu verstellenden Scheibe *A* sitzt eine Zunge *B*, durch welche der Wirkungsbogen der Schaltklinke *C* beschränkt wird. Das Gehäuse *D*, in welchem die Schaltklinke gelagert ist, wird durch eine Schaltstange in schwingende Bewegung gebracht. Da die Klinke nur in einer Richtung schaltet, ist für die Bewegungsumkehr ein Kegelräderwendegetriebe angeordnet. Dem obenerwähnten Nachteil der stoßweisen Wirkung der Einrichtung wird hier dadurch begegnet, daß das Schaltrad durch eine Rutschkupplung mit dem Wendegetriebe verbunden ist. Diese Kupplung (s. S. 103) hat auch den Zweck, im Falle der Überlastung Brüche im Schaltwerk zu verhüten. Abb. 163 läßt erkennen, daß 6 verschiedene Vorschübe gegeben werden können. Führt man das Schaltrad mit Innenverzahnung aus, so kann der Mechanismus verdeckt angeordnet

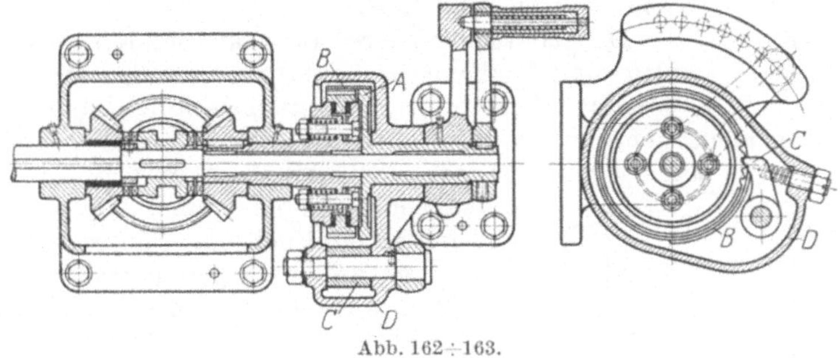

Abb. 162 ÷ 163.

werden. Dies ist bei der bekannten Schaltdose von Gray der Fall, die in Abb. 164 dargestellt ist. Die Schaltklinke wird durch eine äußere oder innere Feder in der Rechtsschaltungs-, Linksschaltungs- oder Mittellage gehalten. Soll von der Schaltdose die Bewegung zweier Supporte abgeleitet werden, so wird sie, wie nach Abb. 165, nur für eine Drehrichtung ausgeführt. Die Bewegungsumkehr erfolgt dann durch Wendegetriebe. Wenn der Winkelausschlag der Sperrklinke von

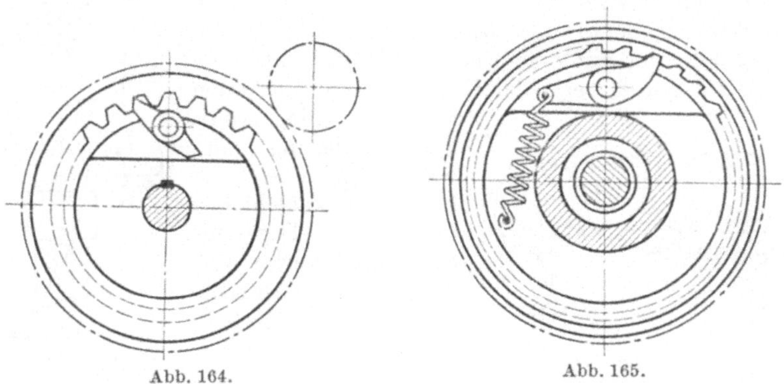
Abb. 164. Abb. 165.

unveränderlicher Größe ist, so kann die Änderung der Schaltungsgröße in ähnlicher Weise bewirkt werden, wie in Abb. 161 gezeigt. An Stelle der Kurvenscheibe tritt dann ein einstellbarer Kurvenring. Dem Nachteil dieser Einrichtung kann man dadurch begegnen, daß man den Antrieb nachgiebig gestaltet, also ein Reibzeug dazu verwendet.

Die beschriebenen Schaltwerke haben nur eine Sperrklinke. Weniger als durch einen Zahn des Sperrades gegeben, kann daher nicht geschaltet werden. Ordnet man aber mehrere Klinken nebeneinander an, die auf dasselbe Rad wirken, nach Abb. 166, so kann man auch feinere Schaltung erreichen. Die vorderen Enden der vier Klinken stehen um je $^1/_4$ Zahnteilung voneinander ab. Es kommt also nur die Klinke zur Wirkung, welche die betreffende Zahnbrust zuerst berührt. Es wird also $^1/_4$ der Schaltung erzielt, als wenn nur eine Klinke vorhanden wäre.

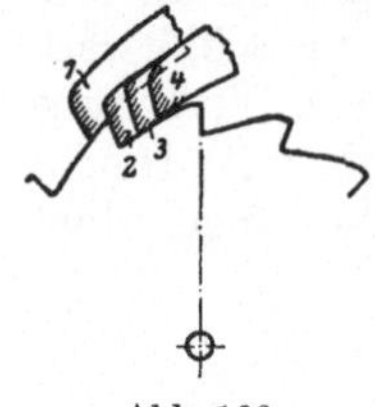

Abb. 166.

Die gebräuchlichen Schaltwerke schalten bei jedem Hin- und Hergang des Schlittens einmal, was bei den Tischhobelmaschinen, Shapingmaschinen und Stoßmaschinen auch gefordert wird. Sollen die Maschinen aber sowohl beim Vor- als auch beim Rückgang arbeiten, wie es z. B. bei den Blechkantenhobelmaschinen der Fall ist, so muß bei jedem Hin- und Hergang zweimal geschaltet werden. Man verwendet dann ein Doppelschaltwerk, wie in Abb. 167 schematisch dargestellt. Von den beiden ineinandergreifenden Rädern sitzt eines fest auf der Schaltspindel, z. B. das rechte. Geht die Schaltstange $g$ nach rechts, so wird das linke Rad linksherum geschaltet und das rechte dadurch entgegengesetzt. Bewegt sich die Stange nach links, so wird das rechte Rad geschaltet, und zwar wieder in der gleichen Richtung wie vorhin.

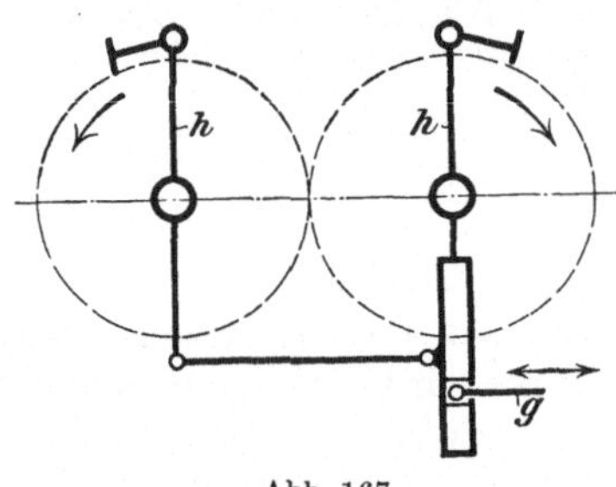

Abb. 167.

Ruckweise Schaltung wird auch durch einen Stern erzielt, der auf dem Ende der Vorschubspindel aufgekeilt ist und bei jeder Umdrehung gegen einen festen Anschlag stößt. Die Änderung der Schaltungsgröße ist hier durch Verschieben möglich. Derartige Sternschaltwerke werden, wie aus den Abb. 168 u. 169 zu ersehen, bei Zylinderbohrwerken verwendet.

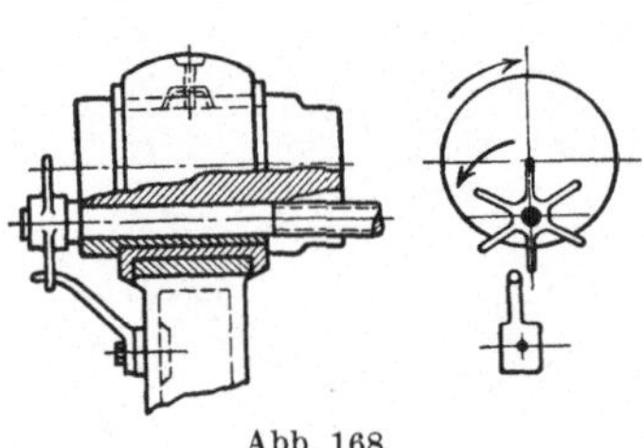
Abb. 168.

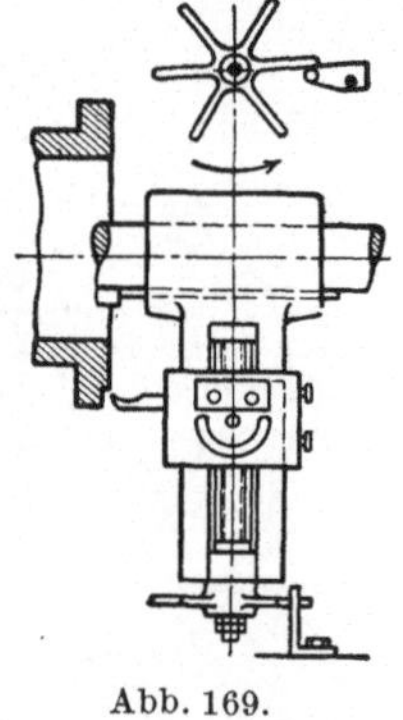
Abb. 169.

Eine Anwendung eines Ruckschaltwerkes zeigt auch Abb. 172/173, S. 102.

# IV. Sicherheitsvorrichtungen.

Bei einer Maschine, die durch Riemen angetrieben wird, bietet dieser schon eine gewisse Sicherheit gegen Überlastung der Maschine, da er in diesem Falle rutscht oder abfällt. Da aber der Vorschub auch solcher

Maschinen heute nicht mehr seinen Antrieb durch einen Riemen erhält, werden hier besondere Sicherheitsorgane eingebaut. Bei Einscheibenmaschinen wird in der Antriebsscheibe meist eine Reibkupplung angeordnet (Abb. 59 und 62), die einen gewissen Schutz gegen Überlastung gibt. Hat die Maschine Einzelantrieb, so wird der Hauptantrieb mit einer Sicherheitsvorrichtung mechanischer oder elektrischer Art ausgeführt.

Die Sicherheitsvorrichtungen können nach dem Vorgang Sipmanns[1]) etwa nach folgenden Gesichtspunkten eingeteilt werden:

1. In den unmittelbar die Kraft für den Arbeitsgang ausübenden Maschinenteil wird eine Vorrichtung eingebaut, welche die Ausübung einer größeren als der vorgesehenen Kraft nicht gestattet.

2. Es werden im Haupt-Schalt- und Schnellverstellungsantrieb Kupplungen oder ähnliche Vorrichtungen vorgesehen, die nur die Übertragung eines Drehmomentes von vorgeschriebener, der Leistung der Maschine entsprechender Größe, jedoch keine Überlastung zulassen.

3. Durch geeignete Einrichtungen werden die zu verschiebenden Teile zum Stillstand gebracht, ehe sie in ihren Endstellungen ankommen oder auf einen anderen Maschinenteil aufstoßen. Hinzu kommen nach Weil[2]) noch die Vorrichtungen, die das gleichzeitige Einrücken von gegenläufigen Bewegungen verhüten. Diese Vorrichtungen bezeichnet man als Blockierungen. Abb. 170 gibt eine Vorrichtung der erstgenannten Art wieder, die bei Stanzen, Pressen usw. angewendet wird. Die Konstruktion stammt von der Firma Schiess, Düsseldorf. Die durch eine Exzenterwelle betätigte Druckstelze $A$ überträgt durch einen Plungerkolben $B$ unter Vermittlung einer Druckflüssigkeit den Druck auf den Stößel $C$. Der Flüssigkeitsraum steht mit einer Art Sicherheitsventil $D$ in Verbindung, das durch eine dem höchstzulässigen Druck entsprechend eingestellte Feder belastet ist. Bei Überschreiten des Höchstdruckes öffnet sich das Ventil selbsttätig, und der Kolben geht nieder, ohne den Stößel weiter zu bewegen. Hierbei entweicht die Druckflüssigkeit in den oberen Teil des Stößels bei $E$. In der höchsten Stellung des Stößels wird dann das Ventil durch einen Anschlag $F$ für kurze Zeit geöffnet, so daß die Flüssigkeit unter den Kolben zurückgelangen kann. Die Vorrichtung gestattet das An-

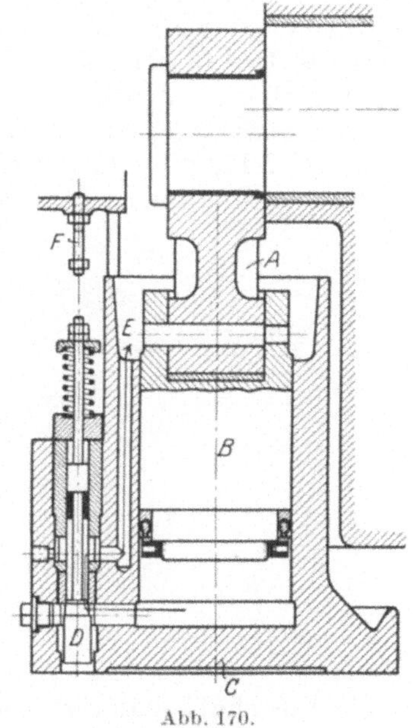

Abb. 170.

[1]) Schiess-Nachrichten, 1923/24, S. 28. [2]) Maschinenbau, 1926, S. 153.

schließen eines Manometers, an dem die Druckvorgänge während der Arbeit beobachtet werden können. Ein Druckregler ähnlicher Art wird auch von L. Schuler[1]), Göppingen, ausgeführt.

Statt der beschriebenen, sehr guten, aber etwas teueren Sicherung begnügt man sich meist mit dem Einbau einer Bruchplatte, die beim Überschreiten des Höchstdruckes zertrümmert wird.

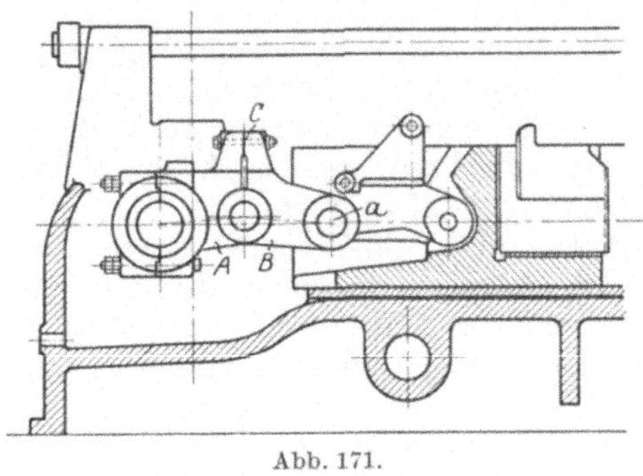

Abb. 171.

Eine bei den Schmiedemaschinen von De Fries verwendete Sicherung[2]) ist in Abb. 171 dargestellt. Hierbei besteht die Druckstelze aus zwei Teilen *A* und *B*, die scharnierartig miteinander verbunden sind. Der Punkt *a* wird in der Wagerechten geführt. Die beiden Scharnierteile sind noch durch den Sicherheitsbolzen *C* miteinander verbunden, der den normalen Drücken gewachsen ist, aber zerreißt, sobald eine Überbeanspruchung eintritt, wobei die Druckstelze nach oben ausknickt.

An Stelle des Zerreißbolzens kann auch eine starke Feder treten, die bei Überlastung nachgibt.

Abb. 172/173 gibt ein Beispiel der Vorschubsicherung wieder, wie sie von Wagner, Reutlingen, bei den Kaltsägen ausgeführt wird[3]). Die Mutter

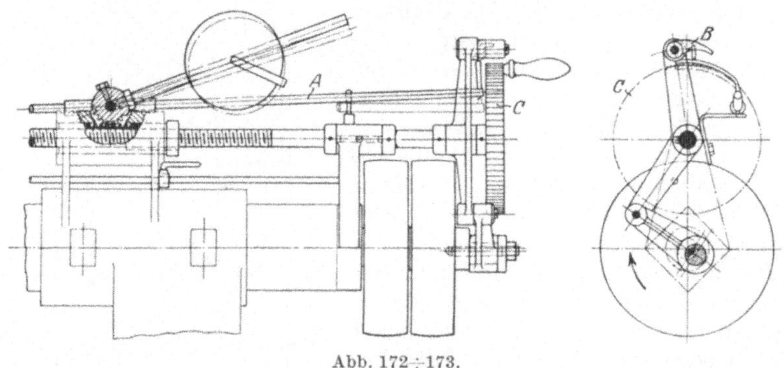

Abb. 172÷173.

für die Vorschubspindel ist verschiebbar im Gestell gelagert und wird durch ein Gewicht mit Ritzel und Zahnstange angedrückt, so daß sie bei zu großem Schnittdruck zurückweichen kann. Auf der Welle des Ritzels ist noch eine Stange *A* befestigt, die dann die Klinke *B* aus dem Schaltrad *C* heraushebt, wodurch der Vorschub ganz unterbrochen wird, bis der Schnittdruck wieder kleiner wird.

[1]) Z. 1910, S. 1850. [2]) Maschinenbau, 1926, S. 156. [3]) Z. 1906, S. 174.

Die Vorrichtungen der zweiten Art sind entweder als Scherstiftkupplungen nach Abb. 174 oder als Rutschkupplungen nach Abb. 175 bis 177 ausgebildet. Bei der Kupplung nach Abb. 174 wird die Kraft durch einen Abscherstift von hoher Festigkeit übertragen, der in zwei gehärteten Stahlbüchsen sauber eingepaßt ist. Berechnung des Stiftes auf Scherung mit 0,8 × Zerreißfestigkeit. Der Stift wird durch eine Verschlußschraube gehalten und kann durch das Loch an der anderen Seite ausgetrieben werden.

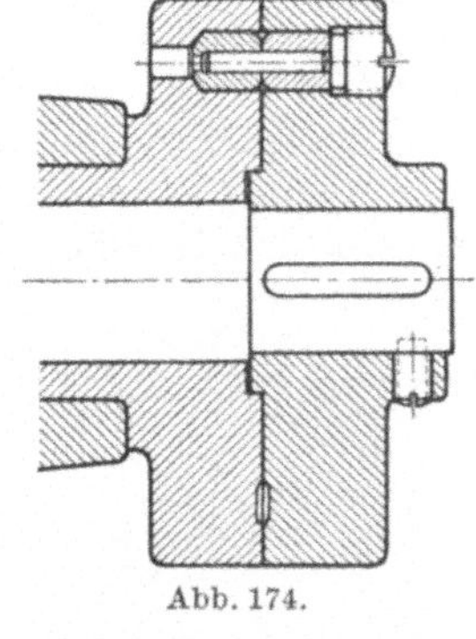
Abb. 174.

Abb. 175 zeigt eine Doppelkegelrutschkupplung für einen Hauptantrieb, die zugleich elastisch und beweglich ist. Die eine Hälfte wird auf dem Motorstumpf aufgekeilt. Anwendung solcher Kupplungen für Antriebe über 25 PS. Für geringere Leistungen werden die Rutschflächen eben, nicht kegelig, ausgebildet, wie in Abb. 84, S. 59 zu erkennen ist. Derartige Motorrutschkupplungen haben nur dann Zweck, wenn sämtliche Teile des Antriebes so bemessen sind, daß sie auch bei der kleinsten Drehzahl der Hauptspindel der Maschine die volle Leistung des Motors übertragen können. Das ist bei Maschinen mit größerem Regelbereich aber selten der Fall, und es ist daher wohl richtiger, die Sicherheitseinrichtung, also etwa Abscherstifte, in die verhältnismäßig schwächsten Teile, das sind die letzten Räder, in das Rad auf der Hauptspindel oder in das eingreifende Ritzel einzubauen (vgl. auch S. 47). Es ist noch zu bemerken, daß bei Antrieb durch einen Motor, dessen Drehzahlen im Verhältnis von 1 : 3 regelbar sind, der Motor bei seiner höchsten Drehzahl die dreifache Normalleistung abgeben müßte, bevor die Kupplung anfängt zu rutschen. Die Kupplungen sind zweckmäßig so anzuordnen, daß zwischen ihnen und dem Kraft ausübenden Teil keine wechselbaren Räderübersetzungen mehr vorhanden sind. Das gilt auch für die Sicherheitsorgane der Vorschub- und Schnellverstellungsgetriebe.

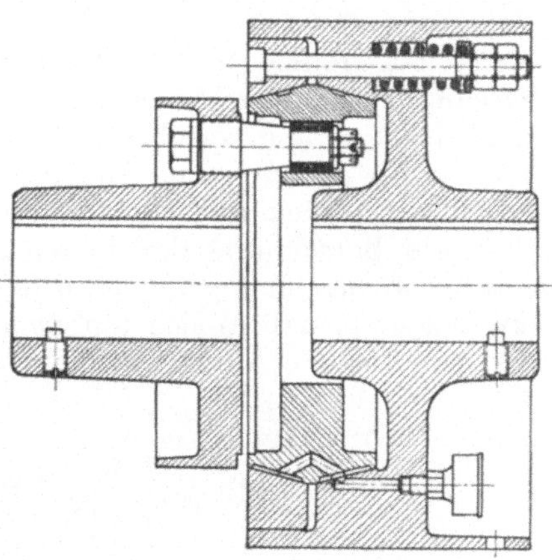
Abb. 175.

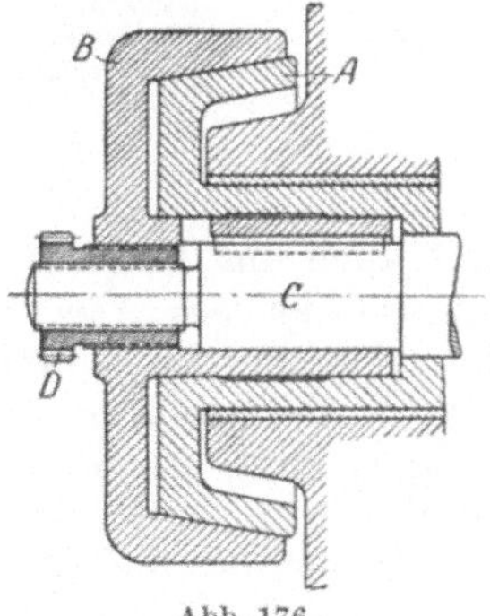

Abb. 176.

Abb. 176 zeigt eine Rutschkupplung für den Vorschub, die von der Firma Schiess an den Supporten der Drehbänke verwendet wird. Die

Kraftübertragung erfolgt von dem Kegel *A* über den Hohlkegel *B* auf die Welle *C*, die sich mit einer Schulter gegen die Hülse von *A* anlegt. Die Differentialmutter *D*, die innen ein Gewinde von 10 Gang und außen ein solches von 6 Gang auf 1″ hat, ermöglicht ein feinfühliges Einstellen der Kupplung auf das größte zu übertragende Drehmoment.

In Abb. 177 ist eine Rutschkupplung für den Vorschub einer Reinecker-Fräsmaschine dargestellt. Es wird hier der Kegel durch eine starke Feder in den Hohlkegel hineingepreßt. Diese Sicherheitskupplung wird auch mit Abscherstiften ausgeführt.

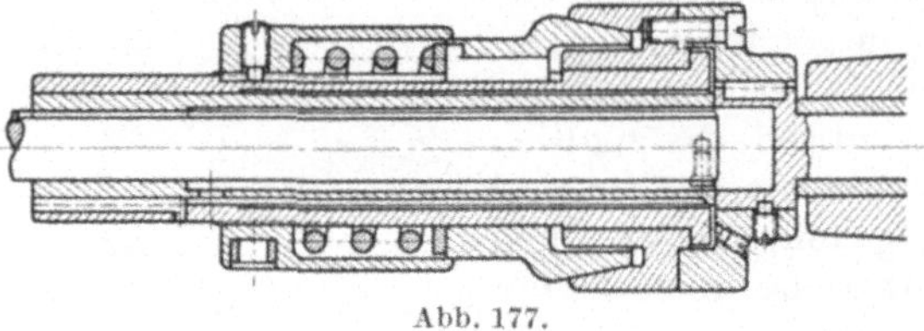

Abb. 177.

Eine den Rutschkupplungen ähnliche Einrichtung, die Verfasser bei einer Spannvorrichtung anwandte, zeigt Abb. 178. Die Welle *A* mit Hohlkegel *B* treibt über den Vollkegel *C*, der durch die Tellerfedern *D* in den Hohlkegel hineingepreßt wird, die Schraubenspindel *E* an. Diese verschiebt eine Spannbacke in der Pfeilrichtung. Wird der Spannwiderstand zu groß, so schraubt sich die Spindel in ihrer Mutter zurück und rückt dadurch den Kegel *C* aus.

Für die Berechnung der Kegelrutschkupplungen gilt das gleiche, was auf S. 37 bereits angeführt wurde. Bei der Kupplung nach Abb. 175 ist zu beachten, daß es sich um zwei Reibflächen handelt. Man kann nun sagen, daß die Abscherkupplungen sich sicherer berechnen lassen

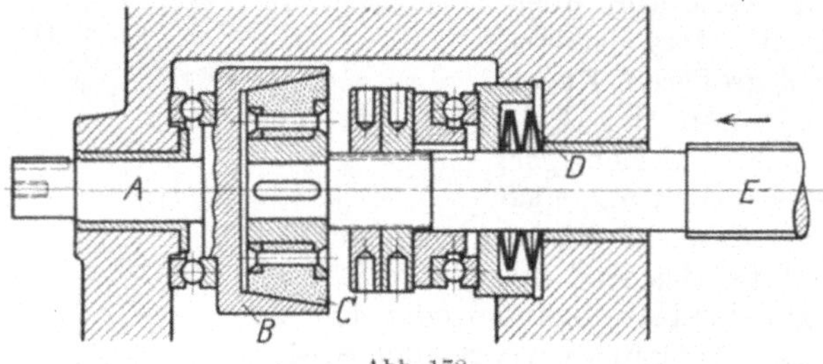


Abb. 178.

und auch im Betrieb zuverlässiger sind als die Rutschkupplungen, deren tadelloses Arbeiten vom Zustand der Rutschflächen und von ihrer Schmierung abhängig ist. Zu den an dritter Stelle genannten Sicherheitseinrichtungen ist zu bemerken, daß mechanische Mittel, die geeignet sind, Zusammenstöße von sich verschiebenden Teilen zu verhüten, bereits unter Wegbegrenzungsmittel angeführt wurden. Es soll deshalb hier nur noch die Sicherung erwähnt werden, die auf elektrischem Wege mit Hilfe von Grenz- oder Endschaltern erreicht wird[1]). Dieses sind kleine Stromunterbrecher, die durch einen Anschlag oder einen kleinen Hebel betätigt werden. Sie können in beliebiger Anzahl hintereinander in einen Hilfsstromkreis eingeschaltet werden und werden so

[1]) Schiess-Nachrichten, 1923/24, S. 35.

angebracht, daß der zu sichernde Schlitten selbst kurz vor Erreichung seiner Endstellung gegen ihren Anschlag anläuft. Hierdurch wird der Hilfsstromkreis unterbrochen und ein in diesen eingeschaltetes Schütz herausgeworfen, wodurch die Stromzuführung zum Verstellmotor aufhört. Um den Antrieb augenblicklich zum Stillstand zu bringen, wird bei Gleichstrom eine Ankerkurzschlußbremsung oder bei Drehstrom eine mechanische Bremse vorgesehen. Abb. 179 zeigt eine Übersichtszeichnung einer Hobelmaschine mit Leitungsschema für die elektrische Sicherung. Das Schema läßt erkennen, daß nicht nur die Wege aller verstellbaren Teile, wie Querbalken, Querbalkensupporte und Seitensupporte begrenzt sind, sondern auch die Querbalkensupporte gegen Anrennen untereinander und die Seitensupporte gegen Anfahren an

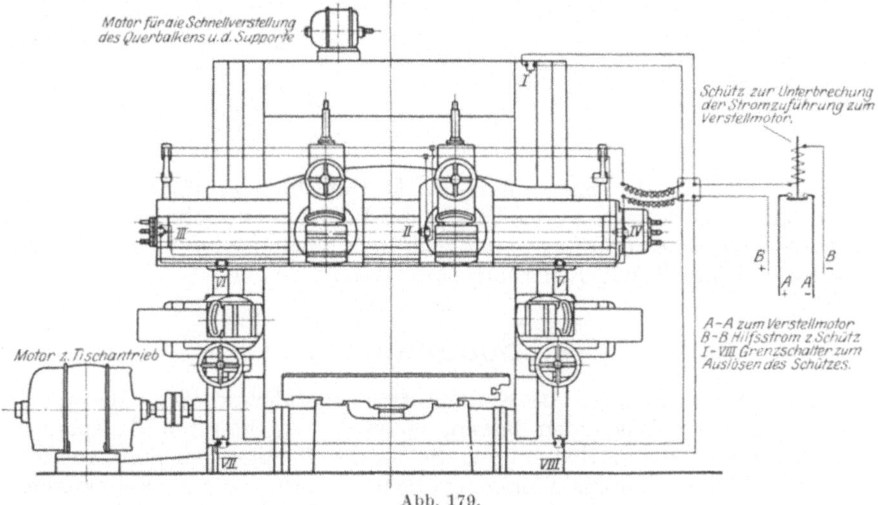


Abb. 179.

den Querbalken geschützt sind. Auf die ausführliche Beschreibung elektrischer Sicherungen an Blechkantenhobelmaschinen, die von Becker stammt, sei hier noch hingewiesen[1]).

Ein Beispiel der Blockierung, als des Mittels, das gleichzeitige Einrücken gegenläufiger Bewegungen zu verhüten, ist schon auf S. 42, Abb. 60, gebracht worden. Bei den Supporten von Leit- und Zugspindeldrehbänken ist die Aufgabe zu lösen, gleichzeitiges Einrücken des Langzuges, des Planzuges und des Mutterschlosses unmöglich zu machen.

Abb. 180 gibt die Lösung dieser Aufgabe der Firma Franz Braun, Zerbst, wieder. Mit dem Hebel $A$ wird mit Hilfe eines Steilgewindes die Gabel $B$ verschoben, die das Rad $C$ faßt. Dieses Rad ist in der ausgerückten Stellung gezeichnet. Es vermittelt, nach oben geschoben (in bezug auf die Zeichnung), den Langzug, und nach unten geschoben, den Planzug. In der ausgerückten Lage wird die Gabel $B$ durch den Federbolzen $D$ festgehalten, der am anderen Ende eine Schneide hat.

[1]) Schiess-Nachrichten, 1924/25, S. 157.

An dieser Schneide kann die Muffe *E* vorbei, doch so, daß sich der Federbolzen *D* nicht verschieben kann. Die Muffe *E* sitzt fest auf der Welle *F*, durch deren Drehung das Mutterschloß betätigt wird. Es ist also nicht möglich, jetzt den Lang- oder Planzug einzurücken. Erst wenn die Schneide des Federbolzens *D* in die Kerbe *G* der Muffe *E* faßt,

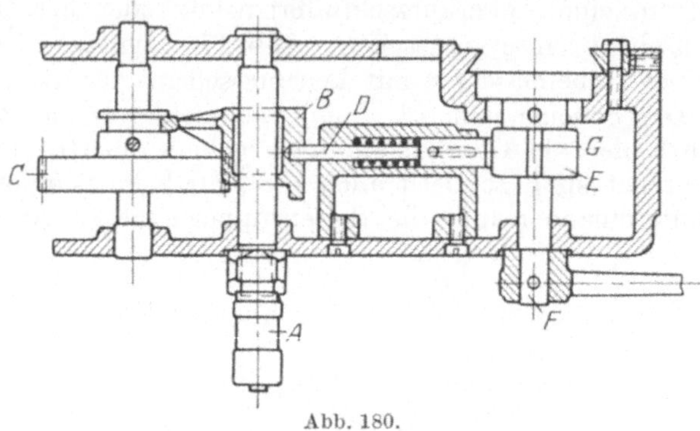


Abb. 180.

und das ist nur der Fall, wenn das Mutterschloß geöffnet ist, kann das Rad *C* zur Betätigung des Lang- oder Planzuges verschoben werden. Andererseits ist es dann nicht möglich, das Mutterschloß zu schließen, weil die Schneide des Federbolzens das nicht zuläßt.

# V. Spannmittel.

Es sollen hier einige der Spannmittel angeführt werden, die einen Bestandteil der Maschinen bilden, nicht die sogenannten Aufspannvorrichtungen, deren Behandlung Sache des Fertigungsingenieurs ist.

Zum Einspannen des Werkzeugs bedient man sich bei Drehbänken der in der Abb. 181 bis 183 wiedergegebenen Einrichtungen, und zwar ist die nach Abb. 181 für leichtere Drehbänke bestimmt, die nach Abb. 182 für mittlere und die nach Abb. 183 für schwere Maschinen. Bei der ersten Konstruktion, die von Gebr. Böhringer stammt, ist die Unterlegscheibe der Spannschraube kugelig, damit jeder Zwang zwischen der Spannschraube und der Platte vermieden wird.

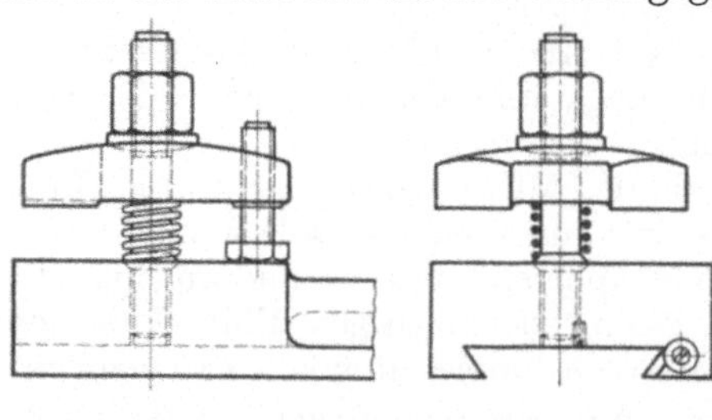

Abb. 181 a u. b.

Die Ausgleichsschraube wird auch mit der Spitze nach unten angeordnet. Die im Bild gezeigte Anordnung hat den Vorteil, daß der spezifische Druck zwischen Schraube und Aufspannfläche geringer ist. Ferner kann eine normale Schraube verwendet werden. Da die Muttern der Spannschrauben oft gelöst werden müssen, wird die Höhe der Mutter zu $1{,}5 \cdot d$ genommen, wie auch aus den anderen Abbildungen zu ersehen.

Abb. 182 zeigt die Spannklaue der Magdeburger Werkzeugmaschinenfabrik. Der Stahl ruht hierbei nicht auf dem Oberschieber, wie bei der

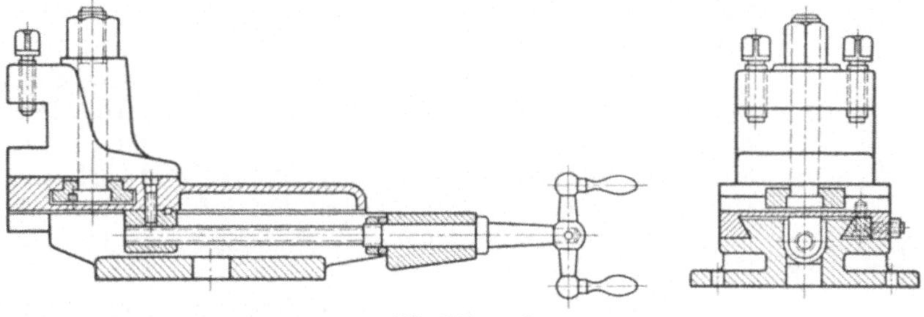

Abb. 182a u. b.

üblichen Bauart, sondern wird nur von der Spannklaue selbst gefaßt. Das Einstellen des Stahles in irgendeinen Winkel zur Drehachse ist daher einfacher, da nur die Mutter der Spannschraube gelöst bzw. angezogen zu werden braucht. Sodann wird die Klaue nicht durch die Werkzeughaltschrauben von ihrer Unterlage abgehoben. Die Spannklaue kann, wie aus der Abbildung ersichtlich, senkrecht zur Schieberachse verstellt und kann auch leicht vom Schieber heruntergenommen werden.

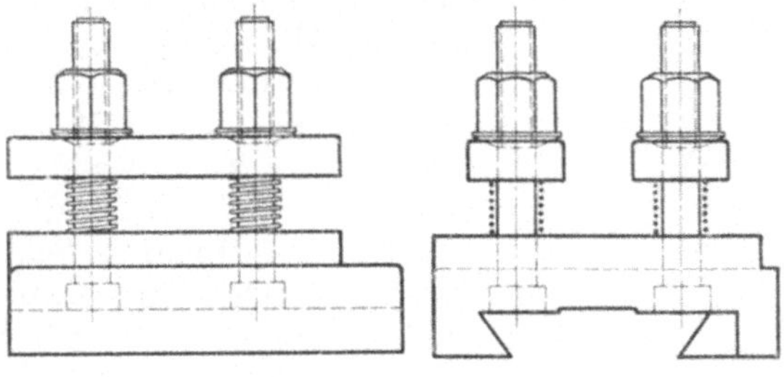

Abb. 183a u. b.

Bei der Konstruktion gemäß Abb. 183 werden zwei kräftige Spannplatten durch je zwei Schrauben angezogen. Aus dem bereits oben angegebenen Grunde werden auch hier die Unterlegscheiben unten kugelig ausgebildet.

In neuerer Zeit werden auch normale Drehbänke in steigendem Maße mit Vierkantrevolverköpfen ausgerüstet, um die Zeit für den Werkzeugwechsel möglichst abzukürzen. Einen solchen Revolverkopf der Magdeburger Werkzeugmaschinenfabrik gibt Abb. 184 wieder. Dieser Kopf kann ohne weiteres an Stelle der Spannklaue nach Abb. 182 auf den Oberschieber aufgebracht werden.

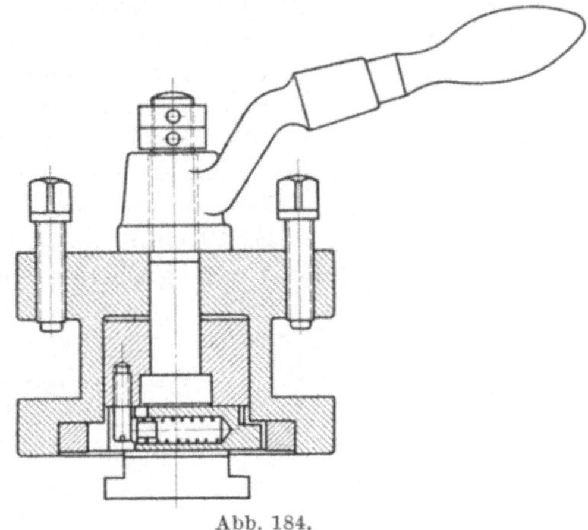

Abb. 184.

Abb. 185 zeigt die bei Hobel- und Stoßmaschinen gebräuchliche Einspannung des Werkzeugs, die mit Hilfe von Spannbügeln geschieht, welche in die Nuten der Meißelklappe oder des Stößels eingeschoben werden.

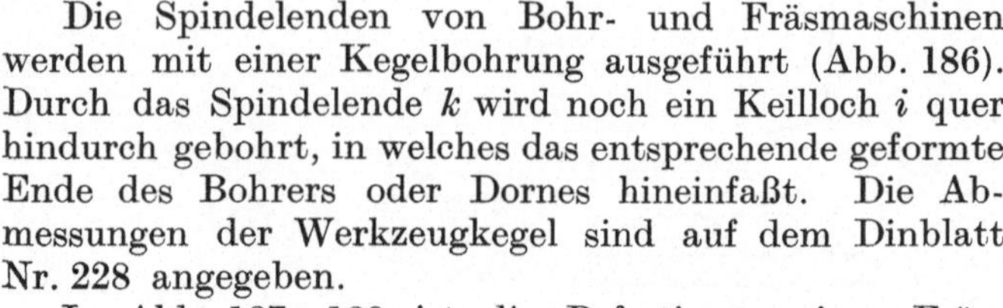

Die Spindelenden von Bohr- und Fräsmaschinen werden mit einer Kegelbohrung ausgeführt (Abb. 186). Durch das Spindelende $k$ wird noch ein Keilloch $i$ quer hindurch gebohrt, in welches das entsprechende geformte Ende des Bohrers oder Dornes hineinfaßt. Die Abmessungen der Werkzeugkegel sind auf dem Dinblatt Nr. 228 angegeben.

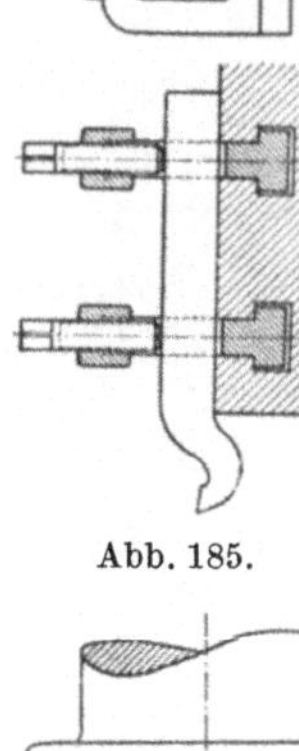

Abb. 185.

In Abb. 187÷189 ist die Befestigung eines Frädornes dargestellt, die von Reinecker ausgeführt wird. Durch die Maschinenspindel $A$ ist eine Stange B hindurchgeführt, die an ihrem Ende mit Gewinde versehen ist und hiermit den Fräsdorn $C$ faßt. Dieser hat eine Abflachung, die in eine entsprechende Ausfräsung der Maschinenspindel paßt, gemäß Abb. 187, wodurch die sichere Mitnahme bewirkt wird. An dem anderen Ende der Maschinenspindel $A$ befindet sich eine Schraube $D$, die mit Bajonettverschluß versehen ist. In diese Schraube kann eine Flügelmuffe $E$ durch entsprechende Aussparungen hineingeschoben werden. Durch Drehen am Vierkant der Stange $B$ kann diese leicht herausgeschraubt werden, wenn sich die Flügel der Muffe $E$ den Aussparungen von $D$ gegenüber befinden, wie in Abb. 189 angenommen ist. Wenn die Stange $B$ eingebracht ist, wird die Muffe $E$ um etwa 90° gedreht. Die Stange ist dann gegen Verschieben gesichert.

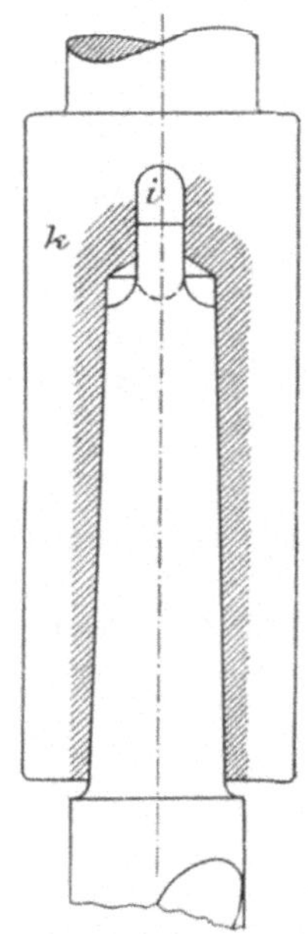


Abb. 186.

Abb. 190 zeigt die Anwendung des Differentialgewindes zur Befestigung eines Fräsers. In der Maschinenspindel $A$ ist hier eine Verringerungshülse $C$, die durch die Stange $B$ in die Kegelbohrung der Maschinenspindel hineingezogen wird. Der Fräser ist an der Stelle $a$ mit feinerem Gewinde, z. B. 10 Gang auf 1″ versehen. Die Mutter $D$ dagegen an der Stelle $b$ mit gröberem Gewinde, z. B. 6 Gang auf 1″.

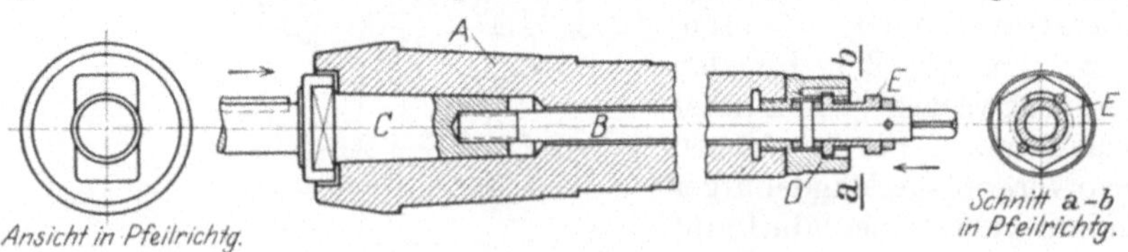


Abb. 187÷189.

Durch die Differenzwirkung wird dann beim Anziehen der Mutter der Fräser fest in die Hülse hineingedrückt.

Wie Schleifscheiben eingespannt werden, ist aus der Abb. 220, S. 120, zu erkennen. Die Mitnahme geschieht lediglich durch die Reibung zwischen der Schleifscheibe und den Aufspannflanschen. Zwischen Schleifrad und Flanschen legt man Scheiben aus weicher Pappe.

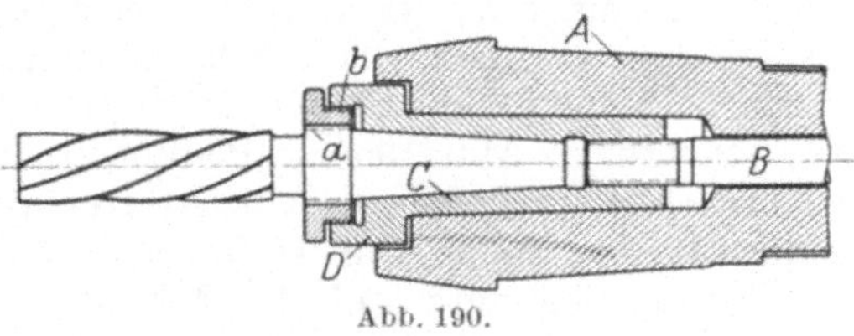

Abb. 190.

Die Einspannung der Kreissägeblätter erfolgt in ganz ähnlicher Weise. Da aber die Reibung hier zur Mitnahme nicht genügt, erhält der auf der Welle befestigte Flansch eine Anzahl von Stiften, die in entsprechende Löcher des Sägeblattes eingreifen.

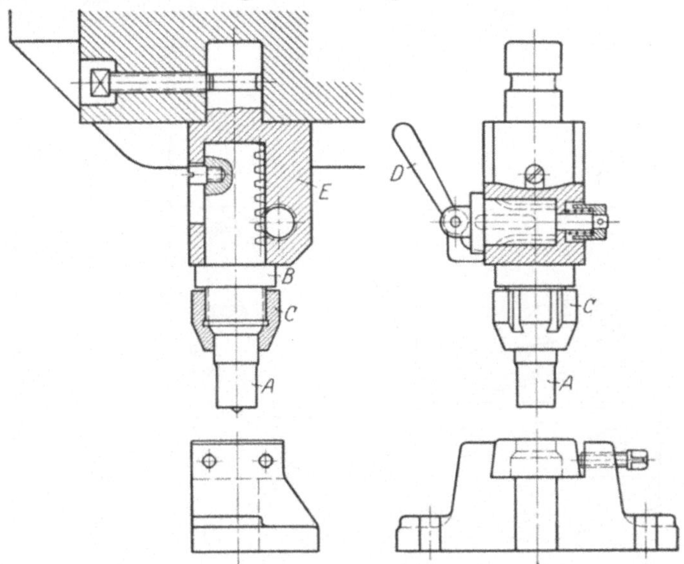

Abb. 191÷192.

Ein Beispiel der Einspannung eines Lochstempels und seines Lochringes bieten die Abb. 191 und 192. Ausgeführt wird diese Konstruktion von der Firma A. u. H. Escher, Chemnitz. Der auswechselbare Lochstempel *A* ist mit dem gezahnten Bolzen *B* durch eine Überwurfmutter *C* verbunden. Der Bolzen *B* wird durch ein Ritzel mit Hilfe des Handgriffes *D* bei Stillstand der Maschine nach unten verschoben, wenn man den Anriß suchen will, also beim sogenannten Tippen. Der Bolzen *B* sitzt in einer Führung *E*, die durch eine Schraube im Stößel gehalten wird.

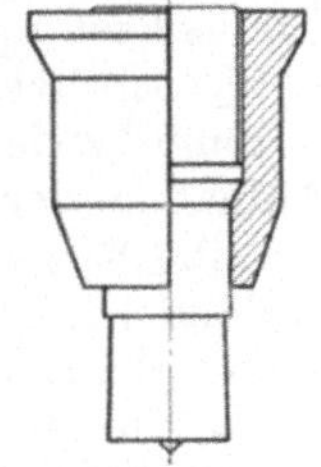
Abb. 193.

Soll ein Lochstempel kleineren Durchmessers verwendet werden, so wird er nach Abb. 193 durch eine Stempelhülse gefaßt und mit dieser mit Hilfe der Überwurfmutter *C* (Abb. 191) eingespannt. Abb. 194 und 195 zeigen die Einspannung von Ober- und Untermesser in den Stößel bzw. Sattel einer Schere, die durch Schrauben mit versenkten Köpfen erfolgt. Abb. 195 läßt auch den Niederhalter erkennen, der durch ein Handrad verstellt werden kann.

Die folgenden Abbildungen zeigen nun Mittel zum Aufspannen des Werkstückes, so Abb. 196 die Planscheibe einer Drehbank. Die Planscheibe ist mit vier Klauen ausgestattet, die in Schlitzen der Scheibe geführt werden und sich mit Hilfe von Spindeln einzeln verstellen lassen. Die Planscheibe wird auf die Maschinenspindel aufgeschraubt. Es empfiehlt sich, das Zentrierende an der Planscheibennabe reichlich lang zu machen, damit ein guter schlagfreier Lauf der Planscheibe gewährleistet ist.

Bei großen Drehbänken wird die Planscheibe auf das Spindelende hydraulisch aufgepreßt und an einem Bund der Spindel noch mit

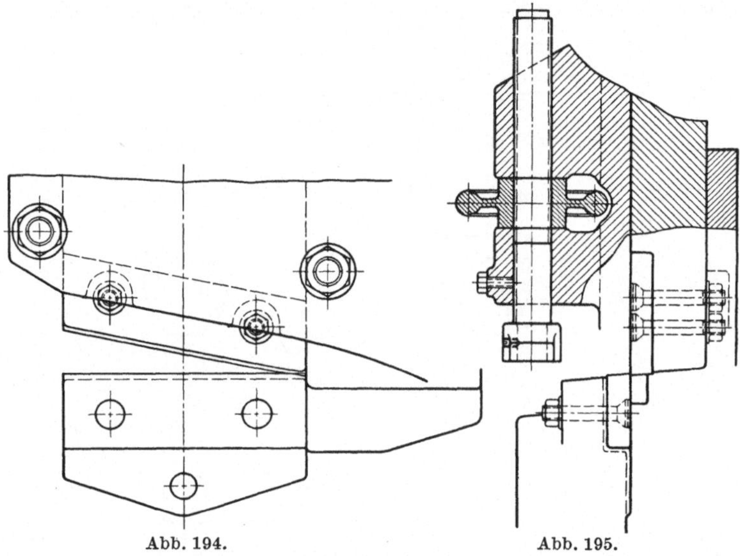

Abb. 194. Abb. 195.

Schrauben befestigt, wie aus Abb. 216, S. 119, zu ersehen ist. Das Bild zeigt außerdem, daß hier die Spindeln zur Verstellung der Klauen nicht in der Planscheibe selbst angeordnet sind, sondern in besonderen Klauenkasten. Diese Kasten werden durch Schrauben gehalten, die in ⊥-Schlitzen der Planscheibe verschoben werden können. Da die Reibung zwischen Klauenkasten und Planscheibe nicht genügt zur Aufnahme der sehr großen Drücke, so sind zwischen Klauenkasten und Scheibe Riegel eingeschoben, die das Zurückweichen der Klauenkasten verhindern. Die Abb. 216 läßt den Riegel an dem gezeichneten Klauenkasten deutlich erkennen, ebenso die Aussparungen in der Planscheibe, in welche der Riegel bei den verschiedenen Stellungen des Kastens eingelegt wird.

Eine Planscheibe, bei der man alle Klauen gleichzeitig verstellen kann, erhält man dadurch, daß man auf den Klauenspindeln kleine

Kegelräder anordnet, die in einen gemeinsamen Kegelradkranz eingreifen. Der Vorteil einer solchen Einrichtung ist der Zeitgewinn beim Ein- und Ausspannen.

Bei einer anderen Art von Zentrierplanscheiben wird die gleichzeitige Verstellung der Klauen durch eine Kurvenscheibe erreicht. In die Kurvennuten greifen Ansätze der Klauen. An der Kurvenscheibe ist ein Kegelrad- oder Schneckenradkranz befestigt, in den ein Kegelrad bzw. eine Schnecke eingreift.

Eine weitere Konstruktion ist in Abb. 197 schematisch dargestellt. Die zu drehende Scheibe ist hier mit Plangewinde ausgeführt. In dieses Plangewinde greifen die entsprechend geformten Unterseiten der Klauen oder Backen ein, die radial geführt werden. Ein Nachteil dieser Bauart ist der, daß die Anlagefläche zwischen Plangewinde und den eingreifenden Zähnen nur gering sein kann, weil das Plangewinde außen einen größeren Krümmungsradius hat als innen. Eine Bewegung der Backen ist daher nur möglich, wenn die Zähne innen einen großen und außen einen kleinen Krümmungsradius aufweisen. Die Anlagefläche $a$ kann also nur klein sein.

Abb. 196.

Aus dieser Erkenntnis heraus entstand die Bauart des geschützten Forkardt-Futters, dessen Wirkungsweise aus Abb. 198 zu erkennen ist.

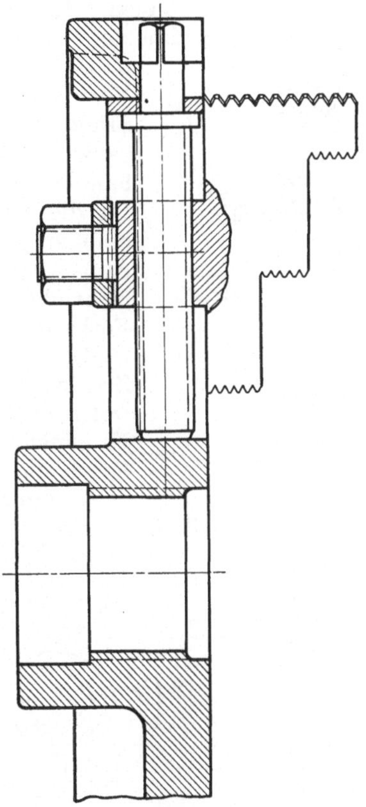

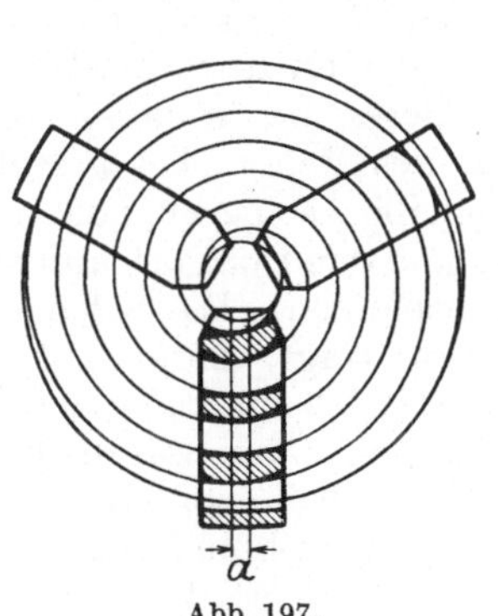

Abb. 197.

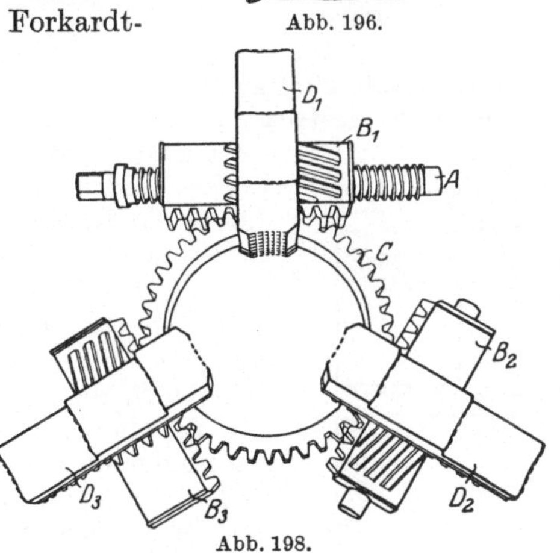

Abb. 198.

Durch die Spindel $A$ wird die Keilzahnstange $B_1$ verschoben, die das Zahnrad $C$ dreht. In dieses Zahnrad greifen weiter die Keilzahnstangen $B_2$ und $B_3$ ein, die sich ebenfalls in ihren Längsrichtungen verschieben können. In die Keilrillen der Stücke $B$ greifen dann die Unterseitenzähne der Backen $D$ ein. Durch Drehen der Spindel können daher die Spannbacken radial verstellt werden. Der Vorteil der Bauart besteht darin, daß sich die Keilzähne der Stücke $B$ und der Backen $D$ auf ihrer ganzen Fläche berühren, da es sich ja um Ebenen handelt. Der Flächendruck ist daher hier sehr gering. Da die Backen ohne weiteres herumgedreht werden können, genügt ein Satz von Backen zum Innen- und Außenspannen, während das beim Plangewindefutter nicht der Fall ist. Abb. 199 zeigt noch ein solches Forkardt-Futter im Querschnitt.

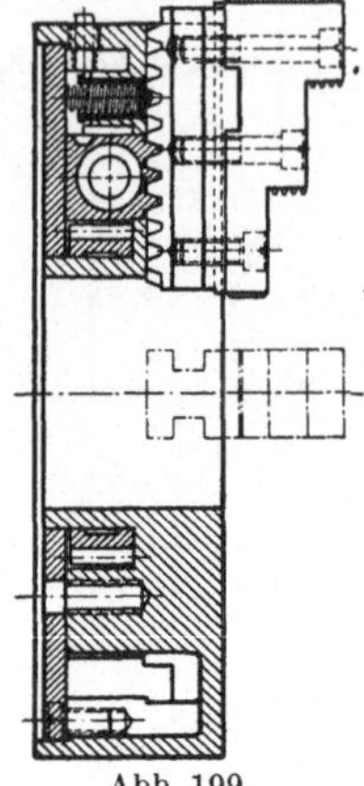
Abb. 199.

Um beim Ein- und Ausspannen noch mehr an Zeit zu gewinnen, baut man auch Spannfutter, bei welchem die Backen durch Preßluft bewegt werden. Es genügt also das einfache Drehen an einem Ventilhebel, um das Futter zu schließen oder zu öffnen[1]).

Kommen nur kleinere Kräfte in Frage, wie z. B. beim Schleifen, so verwendet man mit Vorteil elektromagnetische Spannfutter, wie solche vom Magnet-Werk Eisenach gebaut werden.

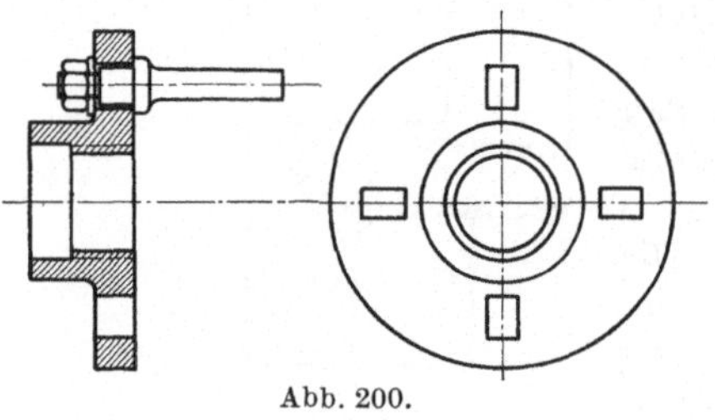
Abb. 200.

Abb. 201.

Sollen längere Werkstücke gedreht werden, wie Wellen usw., oder Gegenstände auf dem Dorn bearbeitet werden, so wird ein Mitnehmer, wie Abb. 200 einen zeigt, auf das Spindelende aufgeschraubt und das Werkstück durch ein Drehherz (Abb. 201) gefaßt. In das Spindelende muß außerdem eine Körnerspitze gesteckt werden. Die Körnerspitze wird in eine entsprechende Vertiefung des Werkstückes oder des Dornes gedrückt und dieses am anderen Ende durch die Körnerspitze des Reitstockes gestützt.

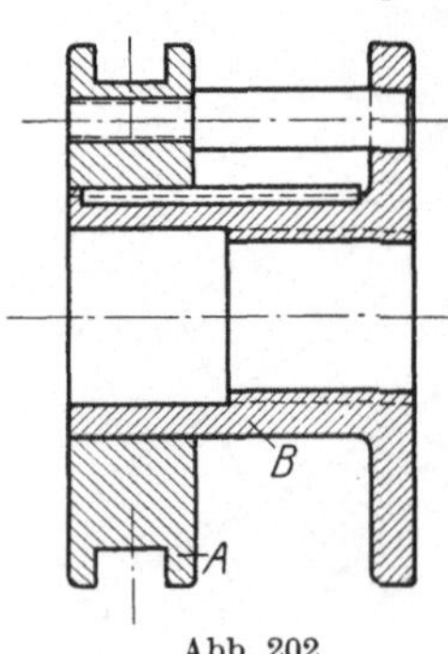

Abb. 202.

Bei der Mitnehmerscheibe nach Abb. 202 ist es möglich, das Werkstück oder den Dorn bei laufender Maschine ein- und auszuspannen. Die Scheibe $A$, die den Mitnehmerbolzen trägt, kann auf der Scheibe $B$, die auf dem Spindelende aufgeschraubt ist, verschoben werden, und zwar während des Laufes der Maschine, da in die Rille von $A$ eine Ausrückgabel hineinfaßt. Im ausgerückten Zustand gibt der Mitnehmerbolzen das Drehherz frei und das Werkstück kann dann heruntergenommen werden.

[1]) W. T. 1921, S. 370.

Wie schon erwähnt, bedarf es beim Einspannen längerer Werkstücke eines Reitstockes, der ebenso wie die Hauptspindel eine Körnerspitze trägt. Diese Körnerspitze wird als tote bezeichnet, weil sie bei der Arbeit nicht rotiert im Gegensatz zu der des Spindelstockes, die lebende heißt. Abb. 203/204 zeigt einen Reitstock mit äußerer Spindel, wie er bei größeren Maschinen verwendet wird. Bei dieser Bauart ist das Gewinde zum Verstellen des Reitnagels außen auf diesen selbst geschnitten. Die Drehung des Reitnagels wird durch eine Feder *A* verhindert und das Zurückweichen durch die zweiteilige Scheibe *B*. Die Festklemmung des Reitnagels geschieht durch zwei Backen *C* und *D*, die durch die Griffmutter *E* zusammengepreßt werden und sich gegen den Reitnagel anlegen. Die Backen, die sich hier seitlich befinden, werden bei großen Maschinen vielfach über dem Reitnagel angeordnet. Bei kleineren Maschinen ist das Rohr des Reitstockes, in dem sich der Nagel verschiebt, vorn geschlitzt. Durch eine Schraube wird das Rohr vorn zusammengezogen und auf diese Weise die Klemmung des Reitnagels bewirkt. Der Reitstockoberteil kann auf seinem Unterteil quer zur Längsachse der Maschine zum Drehen schlanker Kegel verstellt

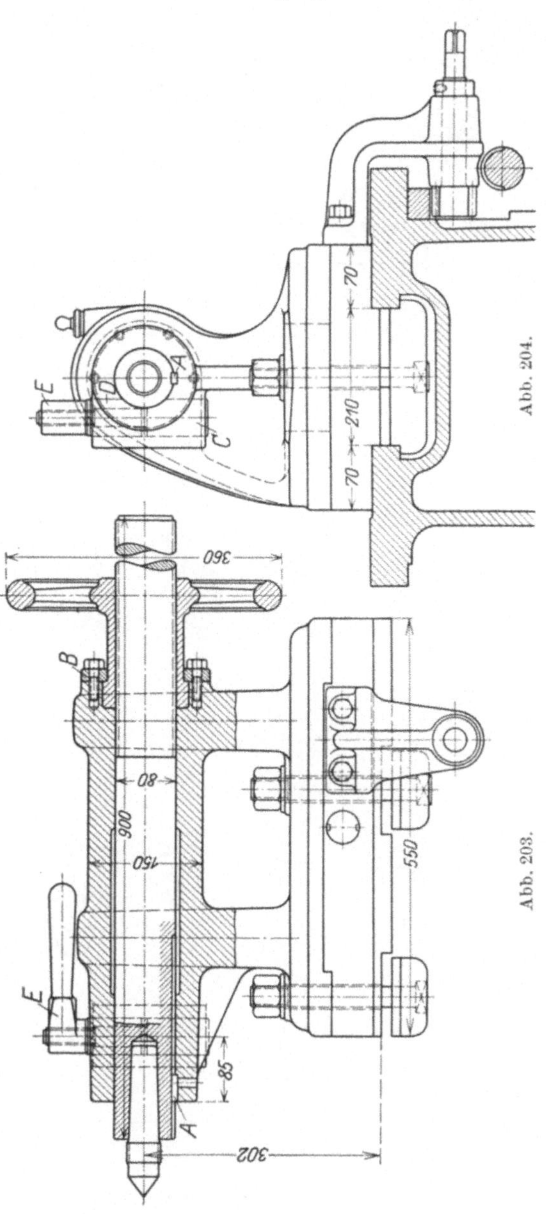


Abb. 204.

Abb. 203.

werden. Die Festklemmung des Unterteiles auf dem Bett geschieht

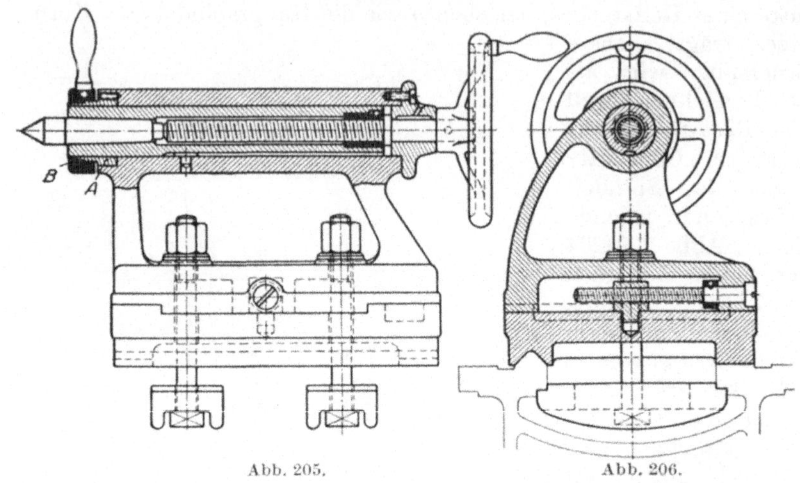

Abb. 205. Abb. 206.

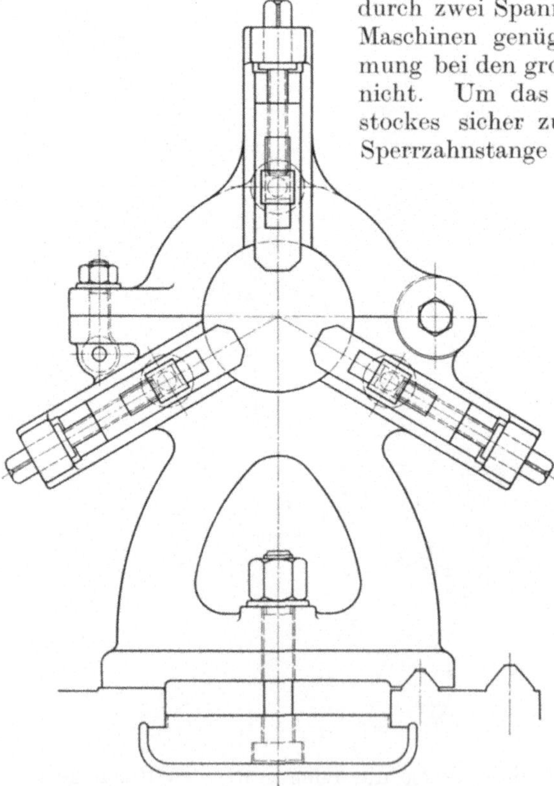
Abb. 207.

durch zwei Spannplatten. Bei sehr großen Maschinen genügt die einfache Festklemmung bei den großen Werkstücksgewichten nicht. Um das Zurückweichen des Reitstockes sicher zu verhüten, ist hier eine Sperrzahnstange im Bett angeordnet, in welche ein Sperriegel des Reitstockes eingreift. Auf dem Bett verstellt wird der ganze Reitstock mit Hilfe von Ritzel und Zahnstange, wie aus Abb. 204 unschwer zu erkennen ist. Die Körnerspitze ist mit Gewinde versehen zur Aufnahme einer Abdrückmutter, wodurch das Herausziehen der Spitze aus dem Reitnagel erleichtert wird. Die Abmessungen von Körnerspitzen findet man auf den Dinblättern 806 und 807.

Einen Reitstock der Wotanwerke, Leipzig, mit innerer Spindel gibt Abb. 205/206 wieder. Der Reitnagel ist hier völlig durchbohrt, und das Gewinde zum Verstellen befindet sich auf einer besonderen Spindel, die völlig geschützt liegt. Mit dieser Spindel kann auch die Körnerspitze herausgedrückt werden, so daß es keiner Abdrückmutter bedarf. Die Festklemmung ist hier eine zentrische, da sie durch ein geschlitztes, kegelförmiges Klemmstück $A$ erfolgt, das durch die Handgriffmutter $B$ zusammengezogen wird. Die Abbildung zeigt auch die Querverstellung des Reitstockoberteiles. Die Führung des Reitstockes geschieht hier wie auch bei dem nach Abb. 204 auf besonderen Bahnen des Bettes, nicht auf jenen, auf welchen der Support gleitet. Der Zweck dieser Maßnahme soll sein, die dauernd genaue Höhenlage der Körnerspitze zu erreichen.

Werkstücke, die nicht mehr stabil sind, bei welchen also das Verhältnis von Länge zum Durchmesser größer als 12 : 1 ist, werden noch durch einen oder mehrere Setzstöcke gestützt, um die Durchbiegung so klein wie möglich zu halten. Man unterscheidet nun feste oder mitgehende Setzstöcke, die auch Brillen oder Lünetten genannt werden. Abb. 207 stellt einen festen Setzstock dar, der auf dem Bett aufgeklemmt wird. Es ist ein geschlossener Dreibackensetzstock. Zur Erleichterung des Ein- und Ausspannens der Werkstücke ist er mit einem Klappdeckel versehen. Die Backen können den verschiedenen Werkstücksdurchmessern entsprechend verstellt werden.

Mitgehende Setzstöcke werden auf dem Bettschlitten des Supports befestigt. Diese Setzstücke sind einteilig und nach dem Werkzeug zu offen.

# VI. Führungen.

## 1. Führungen für kreisförmige Wege.

Zu Führungen für kreisförmige Wege sind die Lager, Gleit- oder Wälzlager, geeignet. Die Hauptabmessungen eines Gleitlagers, das sind Bohrung und Länge, bestimmen sich nach dem Zapfen, den es aufnehmen soll. Für die Bestimmung der Zapfenabmessungen sind zunächst die Regeln der Festigkeitslehre maßgebend. Weiterhin ist zu untersuchen, ob die spezifische Pressung einen zulässigen Wert nicht überschreitet, damit nicht das Schmiermaterial herausgepreßt wird. Sodann darf die spezifische Reibungsarbeit nicht größer werden als unten angegeben, damit kein Warmlaufen stattfindet. Das letztere kommt besonders bei schnellaufenden Zapfen in Frage.

Die spezifische Pressung $k = \frac{P}{l d}$ wird bei spanabhebenden Maschinen selten höher als 50 kg/cm² genommen — bei den Drehbankspindeln u. a. gleich 30 kg/cm². $P$ ist hier die Belastung des Zapfens. Bei den Exzenterzapfen von Pressen dagegen geht man bis 450 kg/cm². Damit kein Warmlaufen eintritt, sei $k \cdot v \leqq 40$ kgm. Hierbei ist zu beachten, daß dann $k \leqq 15$ kg/cm², wenn es sich um Lagergußeisen handelt, und $k \leqq 38$ kg/cm², wenn die Lagerbüchse aus Bronze besteht. Hat $k \cdot v$ einen geringeren Wert, so kann $k$ höher genommen werden, wie aus dem Schaubild[1]) Abb. 208 hervorgeht. $v$ ist hier die Lagergeschwindigkeit in m/sek.

Es ist noch zu bemerken, daß Lagergußeisen dann verwendet werden kann, wenn keine Kantenpressung eintritt und für dauernd gute Schmierung gesorgt ist. Der Durchmesser des Zapfens bestimmt sich bei geschlossenen Lagerbüchsen sehr häufig aus dem Zusammenbau. Aus Abb. 59, S. 42, z. B. ist zu ersehen, daß die Wellen mit ihren Keilen durch die Lager hindurchgesteckt werden müssen, da es sonst nicht möglich ist, die Keile einzubauen, wenn nicht die Büchsen nachher eingebracht werden, was ziemlich umständlich ist. Die Zapfendurchmesser sind daher an den betreffenden Stellen größer als die Durchmesser der Wellen. Aber auch dann, wenn es möglich wäre, den Keil später einzulegen, vermeidet man dies, weil es den Zusammenbau erschwert und gibt dem Lager eine solche Bohrung, daß man die Welle mit dem vorher darauf befestigten Keil hindurchbringen kann. Aus der genannten Abbildung wie auch aus anderen des Buches geht hervor, daß die Wellen aus dem genannten Grunde mehrfach abgesetzt sein müssen. Deshalb wendet der Werkzeugmaschinenbau die Einheitsbohrung an und nicht die Einheitswelle.

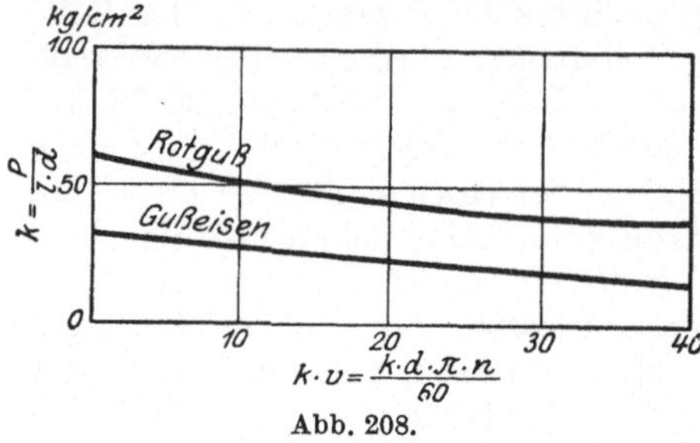

Abb. 208.

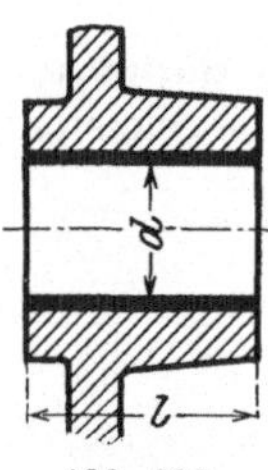

Abb. 209.

Abb. 209 zeigt nun zunächst eine einfache Lagerbüchse. Das Verhältnis von $l$ zu $d$ nimmt man hier wie auch bei den folgenden Bauarten gleich $1{,}2 \div 2$ und darüber. Es ist dann nachzurechnen, ob obige Forderungen erfüllt sind. Die Wandstärke der Büchse nimmt man zu $4 \div 7{,}5$ mm, je nach dem Durchmesser, wenn es sich um Bronze handelt. Bei Lagergußeisen müssen die Wandstärken größer sein. Die Außendurchmesser der Büchsen und damit die Wandstärken ergeben sich aber vielfach aus der Erwägung, daß die Außendurchmesser und damit die Bohrungen in einem Räderkasten oder sonstigem Maschinenteil, die in der gleichen Achse liegen, gleich groß gemacht werden, weil es dann leichter ist, diese Bohrungen herzustellen. Abb. 71, S. 51, läßt dies deutlich erkennen. Aus diesem Bild, wie auch Abb. 210, geht hervor, daß die Stirnflächen der Büchsen nicht mit den Warzenstirnflächen abschneiden, sondern überstehen. Es brauchen dann die letzteren nicht bearbeitet zu werden, und die Wellen, die aufzunehmen sind, können gleich in genauen Längen hergestellt werden, da das sogenannte Vergleichen in Wegfall kommt. Anwendbar aber nur dort, wo keine

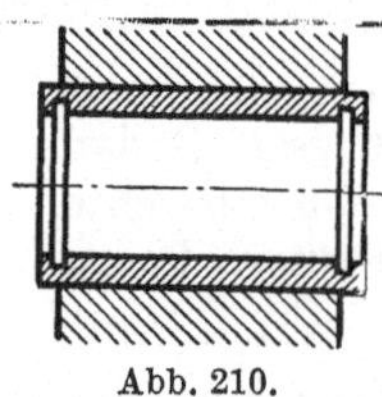
Abb. 210.

[1]) Z. 1915, S. 461.

Drücke in Achsenrichtung auftreten, z. B. nicht, wenn ein Kegelrad neben der Büchse angeordnet ist. Hier läßt man Büchsen- und Warzenstirnflächen miteinander abschneiden (Abb. 71, S. 51). Den Eindrehungen der Büchse Abb. 210 entsprechen Spritzeindrehungen auf der Welle. Beträgt die Lagergeschwindigkeit mehr als 1,5 m/sek, so sind die Lager mit Ringschmierung auszustatten. Eine einfache Ringschmierbüchse ist in Abb. 211 dargestellt. Eine etwas geringere Baulänge erfordert die Abart dieser Konstruktion nach Abb. 212. Wenn ein solches

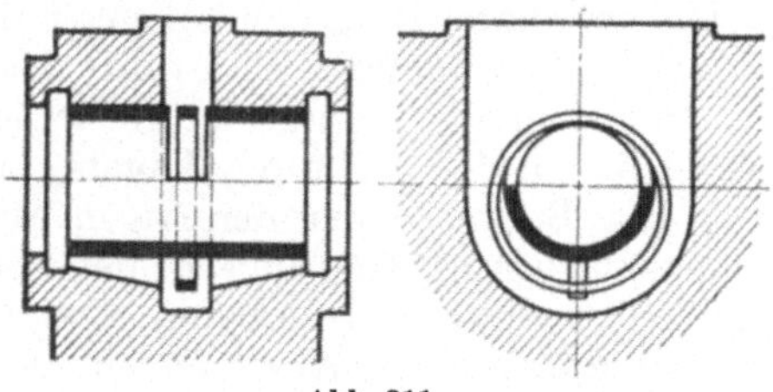

Abb. 211.

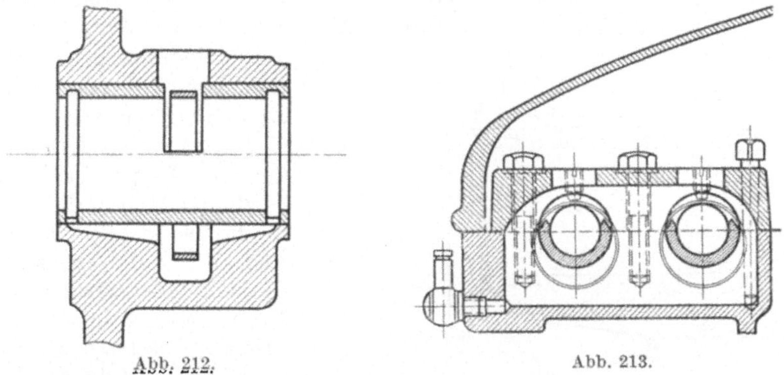

Abb. 212. Abb. 213.

Lager zweiteilig sein soll, so empfiehlt es sich, die Lagerschalen mit Kragen zu versehen, wie bei einem gewöhnlichen Stehlager, und die Oberschale so auszubilden, daß sie den Schmierring umfaßt. Der Lagerdeckel mit der Oberschale kann dann ohne weiteres heruntergenommen werden. Eine Bauart, bei der zwar der Lagerkörper geteilt, die Büchsen aber einteilig sind, zeigt Abb. 213 im Schnitt, eine Ergänzung zu Abb. 62, S. 43. Hier werden beim Zusammenbau die Büchsen mit den Schmierringen auf die Welle gesteckt und mit dieser in den Räderkasten eingelegt. Abb. 214 stellt ein Ringschmierkopflager ohne Büchse der Wotanwerke dar. Beim Zusammenbau wird erst die Welle mit ihren Rädern in den Kasten gebracht, dann das Lager *A* aufgesteckt, das darauf mit seinem Deckel *B* durch vier Schrauben an der Kastenwand befestigt wird. Wenn das Lager entsprechend

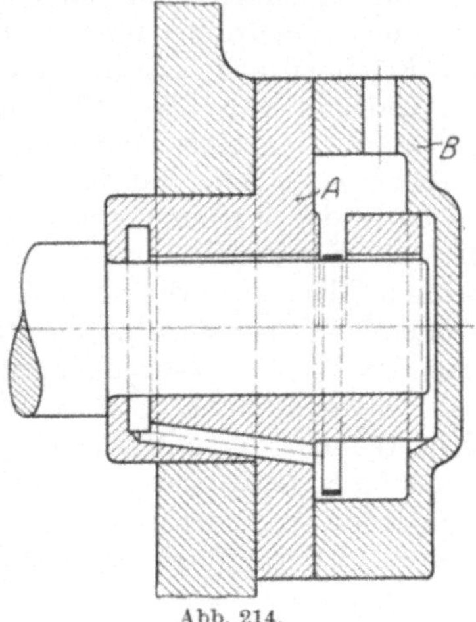


Abb. 214.

abgeändert wird, kann es auch für eine durchgehende Welle verwendet werden.

Die erwähnten Ringschmierlager haben den Nachteil, daß die Ringe hängen bleiben können. Man führt deshalb die Lager auch mit Ringen oder Scheiben aus, die auf der Welle befestigt sind. Diese Ringe heben das Öl bis zu der Stelle des Lagers, an der die Verteilung stattfinden soll. Ein Beispiel einer derartigen Schmierung bietet die der Firma Schiess nach Abb. 215, angewendet bei dem zweiteiligen Hauptspindellager einer schweren Drehbank. Das von der Scheibe hochgenommene Öl wird durch einen Abstreifer in die wagerechte Bohrung oberhalb der Spindel geführt und fließt von da durch eine Anzahl senkrechter Löcher auf die Spindel. Ein Vorteil dieser Schmierung ist der geringe Raumbedarf. Sie findet auch bei Kammlagern Verwendung.

Bei sehr schweren Maschinen wird das Öl mit einigen Atmosphären Druck den Schmierstellen zugeführt. Abb. 216, die den Schnitt durch den Spindelstock einer Großdrehbank von Schiess, Düsseldorf, darstellt, läßt eine solche Schmierung erkennen. Von einer Pumpe wird das Öl durch die Rohre in die beiden Spindellager und in die Gegenspitze, die den Längsdruck beim Drehen aufnehmen soll, gedrückt. Die Lager sind abgedichtet, und das Öl fließt durch Kanäle dem im Spindelstock angeordneten Sammelbehälter zu, wird hier filtriert und von da aus wieder auf die Schmierstellen gepumpt.

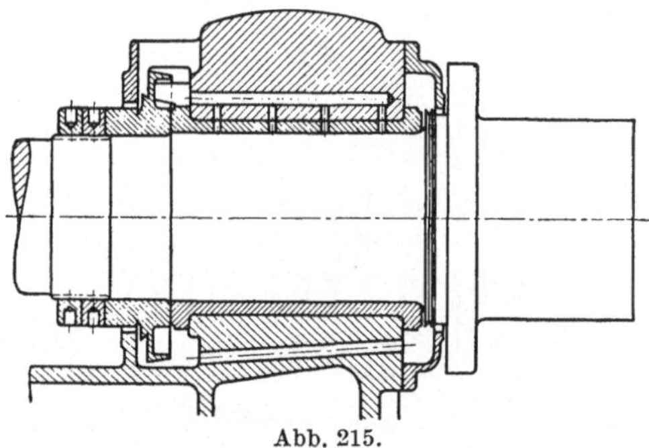

Abb. 215.

Nach Klapper[1]) braucht der Öldruck nicht so groß zu sein wie der Flächendruck, der auf der Gleitbahn lastet. Es genügt hiernach ein Öldruck von 0,7—1 kg/cm² bei einem Flächendruck von etwa 5 kg/cm², um eine ausreichende Ölschicht zwischen den reibenden Flächen zu bilden und unter wechselnder Belastung zu erhalten.

Über die Wirkung einer Schmierung überhaupt ist zu bemerken, daß die Schmierschicht das unmittelbare Aufeinandergleiten der reibenden Flächen verhüten soll. Die Flächen sind im Querschnitt von Wellenlinien begrenzt[2]). Je weicher der Werkstoff ist, um so tiefer sind die Wellen. Bei gehärtetem Stahl dagegen ist die Begrenzungslinie fast geradlinig. Gleiche Werkstoffe haben gleich lange und gleich tiefe Wellen, die ineinander passen. Es findet hier daher leicht ein „Fressen“ statt, wenn die beiden Teile aufeinandergleiten. Bei verschiedenen Materialien passen die Wellen nicht ineinander, daher geringere Neigung zum Anfressen. Es ist dafür zu sorgen, daß die Öl-

[1]) Maschinenbau, 1925, S. 1047. [2]) Toussaint in Dubbels Taschenbuch für den Maschinenbau, 2. Aufl. S. 1347.

schicht zwischen den Flächen so stark ist, daß sich die Erhöhungen der Wellen nicht berühren. Bei gehärtetem Stahl genügt also schon eine geringe Ölschicht. Es ist klar, daß es sehr vorteilhaft ist, auch nur einen der aufeinandergleitenden Teile, also etwa die Welle oder Spindel, an den Lagerstellen zu härten. Das Schmiermaterial soll an den Stellen des geringsten Druckes zugeführt werden, und die Ölnuten sind so anzuordnen, daß die Ölschicht nicht dadurch zerrissen wird. Es ist also unrichtig, beide aufeinandergleitenden Flächen mit Ölnuten zu versehen. Abb. 217 zeigt die richtige Ölzuführung bei einem Lager[1]). Der Querschnitt der Welle ist in vier Teile geteilt, die Richtung und der Druck auf die Welle oder Spindel so angenommen, daß diese in das Viertel III gedrückt wird. Am besten erfolgt dann die Ölzufuhr im Viertel II, da hier am meisten Raum zwischen Welle und Lager ist. Bei der Drehung im Sinne des Pfeiles wird das Öl aus Teil II nach Teil IV mitgenommen und dabei zusammengedrückt, geht dann weiter unter steter Drucksteigerung nach Teil III, wo es seinen stärksten Druck erfährt. Nun öffnet sich der Spalt zwischen Spindel und Lager wieder, das zusammengedrückte Öl kann sich wieder ausdehnen und kommt

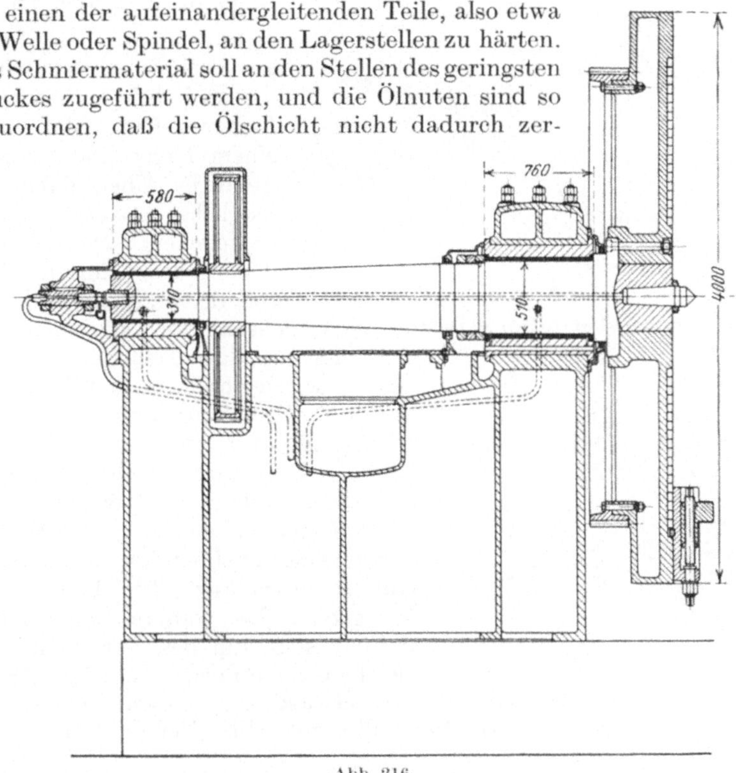

Abb. 216.

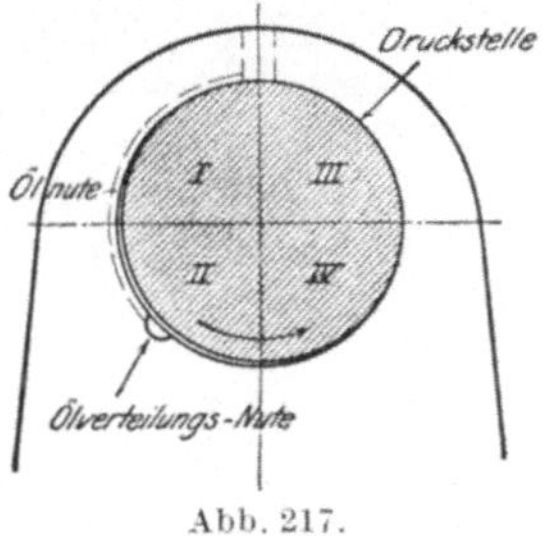

Abb. 217.

[1]) W. T. 1908, S. 421.

nach Durchwanderung des Viertels I wieder in seine Ausgangsstellung. Soll jedoch die Ölzuführung oben in der Mitte erfolgen, so müssen die Ölnuten in Teil I angeordnet werden. Da die Ölung gewöhnlich nur in der Mitte stattfindet, ist es ratsam, von dieser Stelle aus zwei Nuten vorzusehen, die nach beiden Seiten des Lagers gehen. Ölnuten in einem Lager sind ein notwendiges Übel, daher ist möglichst sparsam damit umzugehen. Die Kanten der Ölnuten dürfen nicht scharf sein, sondern müssen abgerundet werden. Bei geteilten Lagerbüchsen erfolgt die Verteilung des Öles an den Teilfugen, die an beiden Seiten unter einem Winkel von etwa $45^0$ abgeschrägt werden. Die Abschrägung wird nicht ganz bis ans Ende der Büchse durchgeführt. Weitere Ölnuten sind hier nicht erforderlich.

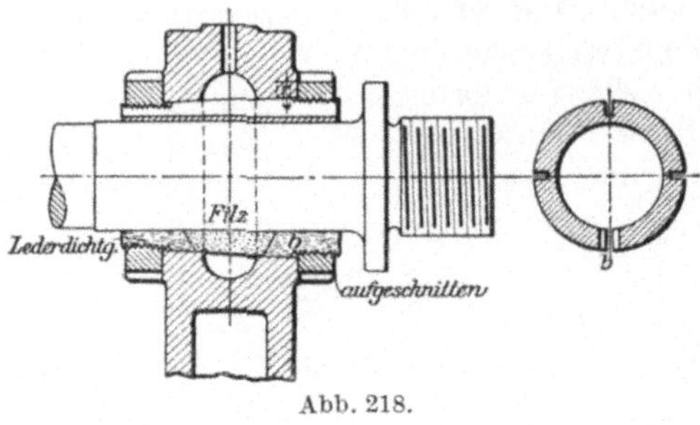

Abb. 218.

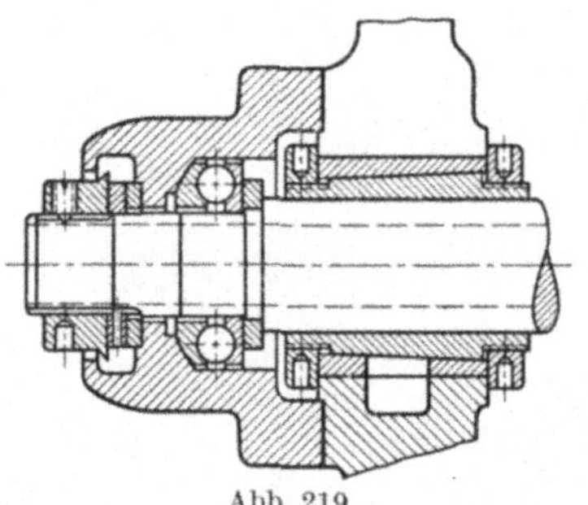
Abb. 219.

Soll eine Spindel, z. B. die Hauptspindel einer Drehbank, dauernd genau laufen, so müssen ihre Lager oder wenigstens das vordere Lager nachstellbar sein, um den Verschleiß ausgleichen zu können. In Abb. 218 ist die bei leichteren Drehbänken viel verwendete Kegelschlitzbüchse für zylindrische Bohrung dargestellt, die mit Hilfe der Muttern nachgestellt wird. Die Schmierung erfolgt durch das Filzpolster von unten, was nach dem oben Gesagten auch richtig ist, da der Stahldruck auf die Spindel schräg nach oben wirkt. Um die Kegelbohrung im Spindel-

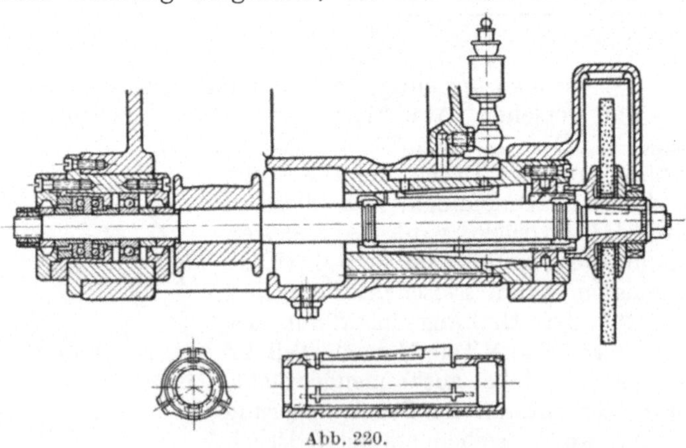
Abb. 220.

stock zu vermeiden, setzt die Magdeburger Werkzeugmaschinenfabrik eine besondere, außen zylindrische Büchse mit Kegelbohrung ein, wie aus Abb. 219 hervorgeht, die das hintere Spindellager einer Drehbank zeigt. Weitere Anwendungen der Kegelschlitzbüchse zeigen die Abb. 45, S. 37, und Abb. 62, S. 43. Auch bei der Schleifspindellagerung der Zimmermann-Werke (Abb. 220) ist diese Konstruktion des nachstellbaren Lagers verwendet. Auch Ringschmierung wird bei diesen Lagern ausgeführt nach Abb. 221, und Abb. 62, S. 43. Weiterhin läßt sich die Schmierung auch ähnlich der Abb. 215, S. 118, ermöglichen[1]). Eine andere Art der Nachstellung wenden Schärer & Co., Karlsruhe, bei den Hauptspindellagern ihrer Drehbänke an, wie Abb. 222 zeigt. Ein auf der Spindel aufgekeilter Kegel wird durch eine Mutter in das Lager hineingedrückt und dadurch der Verschleiß ausgeglichen. Schwere Drehbänke haben zweiteilige Lagerschalen, nach Abb. 215, und die Nachstellung erfolgt durch Anziehen der Deckelschrauben. Bei sehr großen Maschinen, wie bei der nach Abb. 216, S. 119, werden die Hauptspindellager vierteilig ausgeführt und die Nachstellung der Seitenschalen kann durch Keile geschehen wie bei den Kurbelwellenlagern der Dampfmaschinen. Das Verhältnis von Länge zum Durchmesser bei den Lagern der Drehbankspindel nimmt man zu 1,5 bis höchstens 2. Eine größere Länge ist nicht zu empfehlen, da dann nicht mehr die ganze Fläche trägt, besonders nicht bei Formänderungen der Spindel.

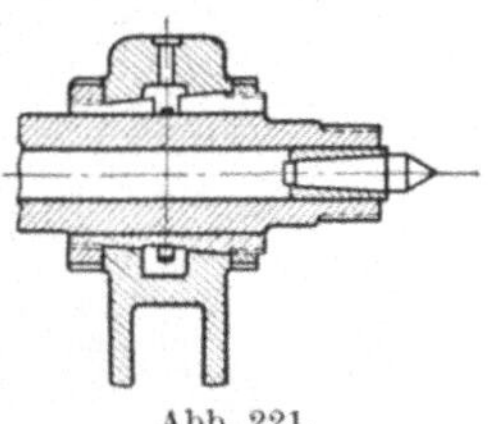
Abb. 221.

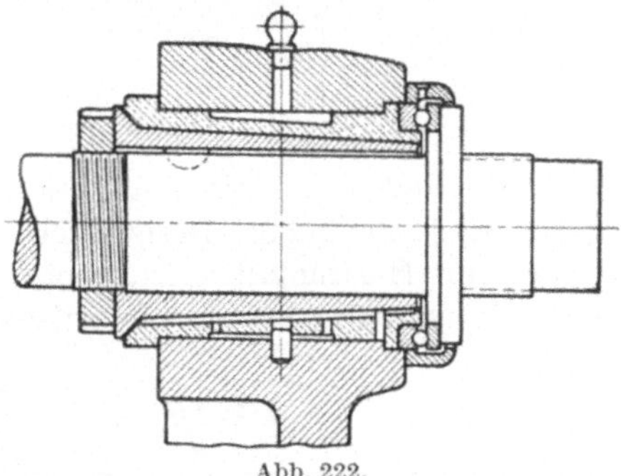
Abb. 222.

Während die Zapfen der Drehbankspindeln heute ausschließlich zylindrisch ausgeführt werden, macht man den Hauptzapfen einer Frässpindel kegelig, wie in Abb. 223 dargestellt, weil bei dieser Spindel eine verhältnismäßig große Kegelbohrung am Kopfende zur Aufnahme des Fräsers oder Dornes erforderlich ist. Die Nachstellung des Kegelzapfens geschieht durch die Muttern $m$, während mit Hilfe der unteren Muttern das Kugellager eingestellt wird, das den Längsdruck aufnehmen soll. Ein weiteres Beispiel gibt Abb. 59, S. 42, wieder. Hier geschieht die Aufnahme des Längsdruckes durch gehärtete und geschliffene

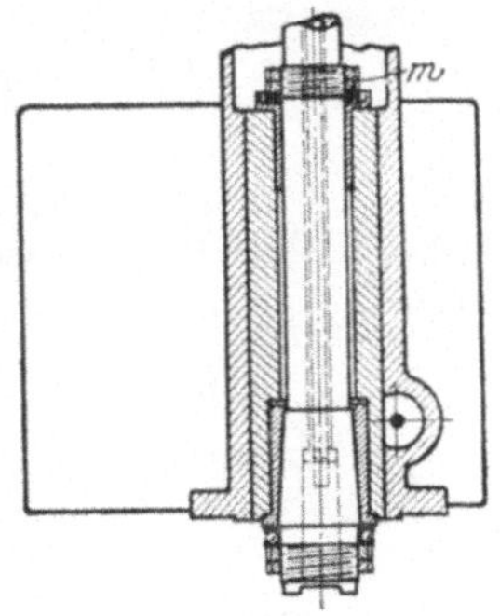

Abb. 223.

[1]) W. T. 1908, S. 483.

Anlaufringe. Abb. 224 zeigt dann die Frässpindellagerung der Zimmermann-Werke. Durch die Mutter $A$ wird das Kugellager eingestellt und durch Anziehen der Mutter $B$ der Verschleiß der kegelig gebohrten Büchse $C$ ausgeglichen. Wie bei den vorhin erwähnten Spindeln ist der andere Zapfen zylindrisch, aber in einer Kegelschlitzbüchse gelagert, die durch die Mutter $D$ nachgezogen werden kann.

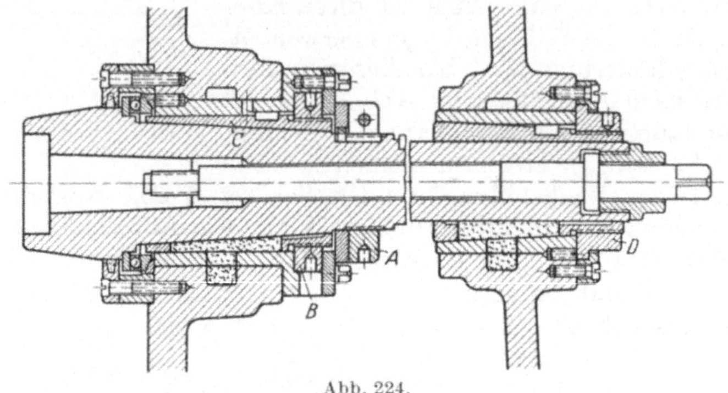


Abb. 224.

Das Bestreben, den Wirkungsgrad der Werkzeugmaschinen zu verbessern und die hohen Drehzahlen, wie sie bei den Maschinen, auf welchen mit Hartmetallwerkzeugen gearbeitet werden soll, und wie sie bei Sondermaschinen für die Leichtmetallbearbeitung gefordert werden,

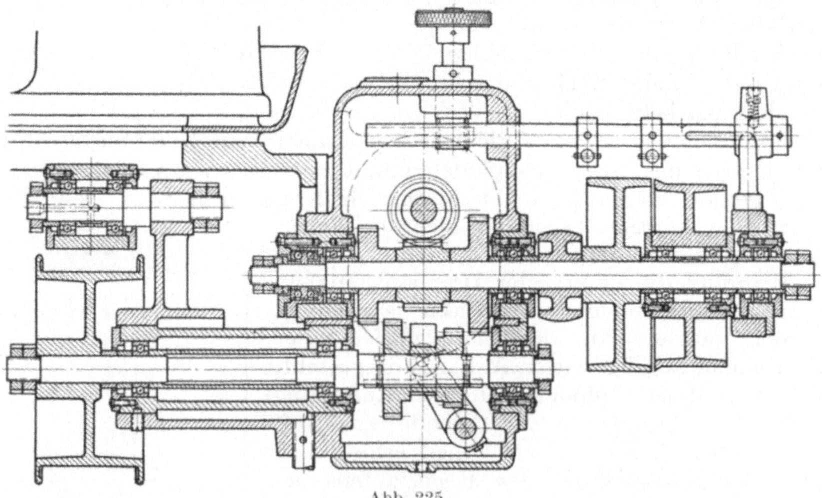

Abb. 225.

führen zu einer immer weitergehenden Verwendung von Wälzlagern an Stelle der Gleitlager[1]). Die Reibungsarbeit beträgt bei den Wälzlagern etwa $^1/_7$ derjenigen der Gleitlager, und der Schmiermittelverbrauch ist ein sehr viel geringerer. Weiterhin bedarf ein Wälzlager

[1]) Vgl. den Aufsatz von Schlesinger in W. T. 1926, S. 189.

auch weniger Wartung. Der Raumbedarf in der Länge ist geringer als beim Gleitlager, dagegen ist der Außendurchmesser des Wälzlagers größer, so daß der Einbau manchmal etwas schwierig ist. Der Preis eines Wälzlagers ist natürlich ein höherer als der eines gewöhnlichen Gleitlagers. Eine Nachstellbarkeit ist beim Wälzlager bis jetzt nicht erreicht worden. Aus diesem Grunde werden z. B. die vorderen Hauptspindellager von Drehbänken immer noch als Gleitlager ausgeführt, wenn auch sämtliche anderen Lager des Spindelstockes Wälzlager sind.

Angewendet werden die Kugellager zur Aufnahme der Längsdrücke bei Schraubenspindeln (Abb. 117, S. 79), bei Schnecken und Schraubenrädern (Abb. 225) und zur Aufnahme der Arbeitsdrücke bei Hauptspindeln. Abb. 42, S. 35, Abb. 62, S. 43, Abb. 219, geben hierzu Beispiele. Auch die Abb. 226, welche den Antrieb einer Schleifscheibe darstellt, läßt sie erkennen. Es wird hier die in einem senkrecht verschiebbaren Gehäuse gelagerte Trommel *E* durch einen Riemen angetrieben. Bei dieser Konstruktion wie auch bei dem Antrieb nach Abb. 225 sind sämtliche Gleitlager durch Kugellager ersetzt. Es werden also auch die quer zu den Achsen gerichteten Drücke durch Kugellager aufgenommen.

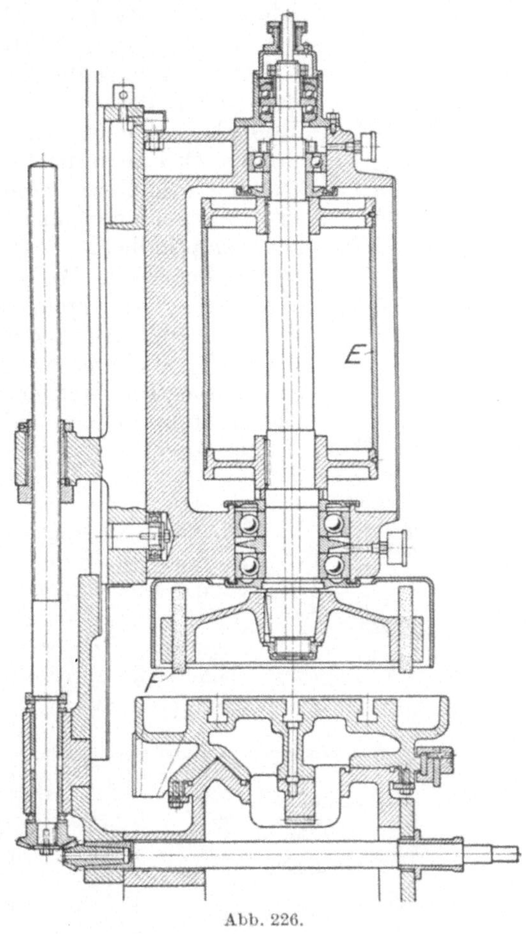

Abb. 226.

Wenn man nun auch Kugellager ausführt, die neben dem Querdruck auch geringe Längsdrücke aufnehmen können, so ist es doch im allgemeinen besser, die Längsdrücke durch besondere Kugellager aufzunehmen, wie es bei den Konstruktionen Abb. 225 und 226 auch durchgeführt ist. Als eine Hauptregel für den Einbau von Wälzlagern ist zu beachten, daß die Lager gegen das Eindringen von Staub zu schützen sind. Es geschieht dies durch Filzringe, die in entsprechende Eindrehungen der Lagergehäuse eingelegt werden. Diese Filzringe verhüten auch den Austritt des Schmiermaterials. Wenn eine Welle in mehreren Querlagern läuft, so ist nur eines der Lager am Außenring gegen Längsverschiebung festzuhalten.

Über die Tragfähigkeit der Wälzlager bei bestimmten Drehzahlen geben die Normenblätter und die Druckschriften der Kugellagerfirmen Aufschluß.

Abb. 227 zeigt die Anwendung eines Rollenlagers bei einem Drehbankantrieb von Gebr. Böhringer. Rollenlager können bei gleichem Außendurchmesser größere Drücke aufnehmen als Querkugellager, doch lassen die letzteren höhere Drehzahlen zu. Gegen etwa auftretende Längsdrücke sind die Rollenlager sehr empfindlich. Sodann darf auch ein Schiefstellen der Welle bei dem Lager mit zylindrischen Rollen nicht eintreten, da das Lager sonst klemmt. Eine Einstellbarkeit der Welle ist möglich, wenn die Rollen als Tonnen ausgebildet sind, wie Abb. 228 zeigt. Das Tonnenlager ist besonders für Schieberäderkasten zu empfehlen, da hier eine Durchbiegung der Wellen kaum zu vermeiden ist wegen der großen Abstände der mittleren Räder von den Lagern.

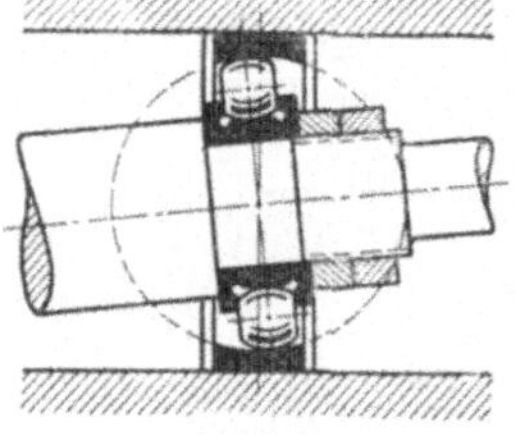
Abb. 228.

Als besonderes Beispiel einer Führung für einen kreisförmigen Weg sei noch die des Tisches oder der Planscheibe einer Karussellbank nach Abb. 229 wiedergegeben. Die Führung geschieht hier durch eine kräftige Spindel und in besonderer

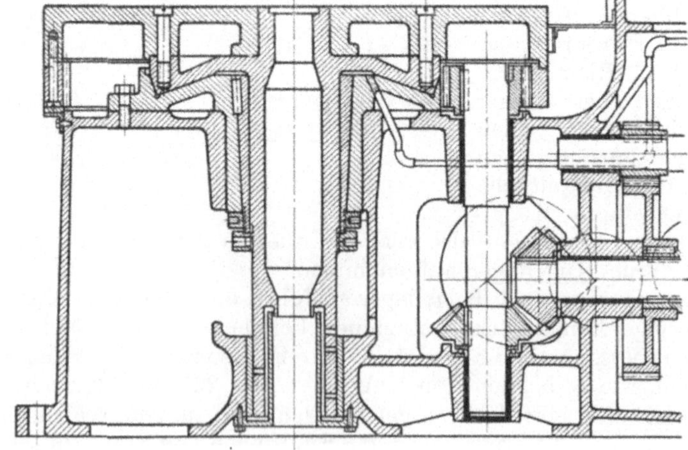
Abb. 229.

Winkelgleitbahn. Diese doppelkegelige Ringbahn besteht aus einem Flach- und einem Steilkegelstumpf. Der letztere nimmt die durch den Schnittwiderstand hervorgerufenen Seitendrücke auf und steigt im Winkel von 70° an, während der Winkel der Gleitbahn 90° beträgt. Es ist zu bemerken, daß diese Art der Rundführung für den Tisch heute auch bei kleineren Maschinen angewendet wird. Bei sehr großen Maschinen wird zwischen der Winkelgleitbahn und der Tischspindel noch eine Flachbahnführung angeordnet[1]). Bei der in Abb. 229 dargestellten Bauart, die von Sondermann und Stier stammt, ist die Gleitbahn aufgeschraubt und daher auswechselbar, während sie vielfach mit dem Untersatz aus einem Stück besteht.

## 2. Führungen für gerade Wege.

Zylindrische Geradführungen werden nur da verwendet, wo während der Verschiebung keine Drücke quer zur Achse auftreten. Nachstellbarkeit ist meist nicht vorgesehen. Bei eintretendem Verschleiß hilft man sich durch Ausbüchsen. Gegenseitige Verdrehung der Führungsteile wird durch Nut und Feder verhindert. Bei den Spindeln der Horizontalbohrmaschinen wird durch die Feder — bei großen Maschinen sind gewöhnlich zwei vorgesehen — auch die Mitnahme bewirkt. An größeren Maschinen genannter Art findet man die in Abb. 230 gezeigte Konstruktion für die Nachstellung bzw. Feststellung der Spindel. Eine Schlitzbüchse wird durch eine Mutter $m_1$, die zwei Gewinde verschiedener Gangzahl hat, verstellt. Die Mutter $m_2$ dient nur als Sicherung.

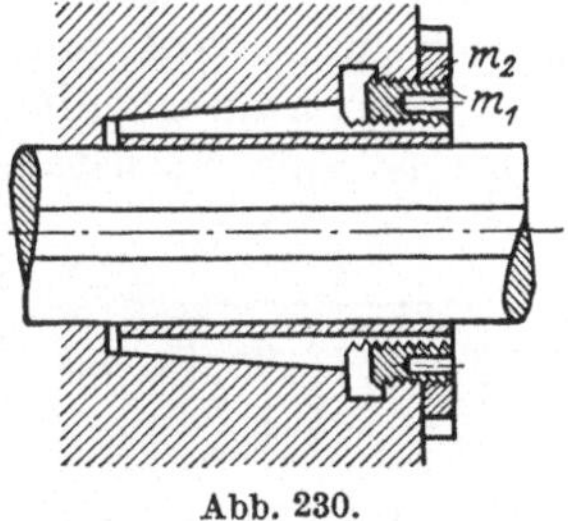

Abb. 230.

Ein weiteres Beispiel einer zylindrischen Geradführung bietet die des Reitnagels bei den Reitstöcken (s. S. 113) und die der Bohrspindelhülse bei Bohrmaschinen.

Prismatische Geradführungen haben den Vorteil, daß besondere Einrichtungen zur Verhütung der gegenseitigen Verdrehung der Führungsteile nicht nötig sind. Abb. 231 zeigt eine Führung mit quadratischem Querschnitt, wie sie bei den Kaltsägen verwendet wird, während Abb. 232 eine solche mit achteckigem Querschnitt veranschaulicht, die man bei den Stößeln der Karussellbänke und Vertikalfräsmaschinen findet. Das Hohlprisma ist hier der feste und das Vollprisma der bewegliche Teil. Da das Vollprisma unter Umständen weit aus dem Hohlprisma vorsteht, wird das letztere in der Richtung senkrecht zur Bildebene verhältnismäßig lang

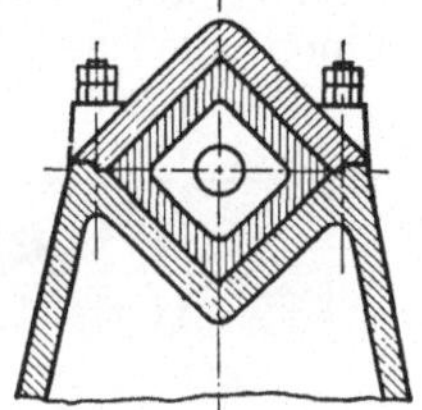
Abb. 231.

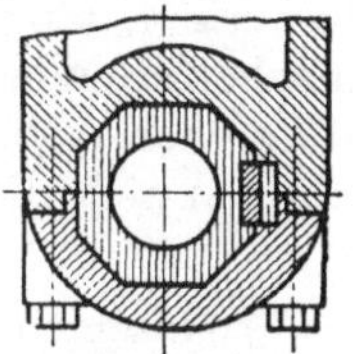
Abb. 232.

[1]) Schiess-Nachrichten, 1923/24, S. 60.

ausgeführt, um die Genauigkeit der Führung zu wahren (vgl. auch Abb. 172, S. 102). Die Länge beträgt im Verhältnis zur Diagonale des Quadrates (Abb. 231) etwa das 2,5fache. Nachstelleisten sind bei diesen Führungen nicht vorgesehen. Bei eintretendem Verschleiß werden die Fugenflächen nachgearbeitet wie bei zweiteiligen Lagern. Eine Stößelführung mit Nachstelleiste für eine sehr große Karussellbank zeigt Abb. 233.

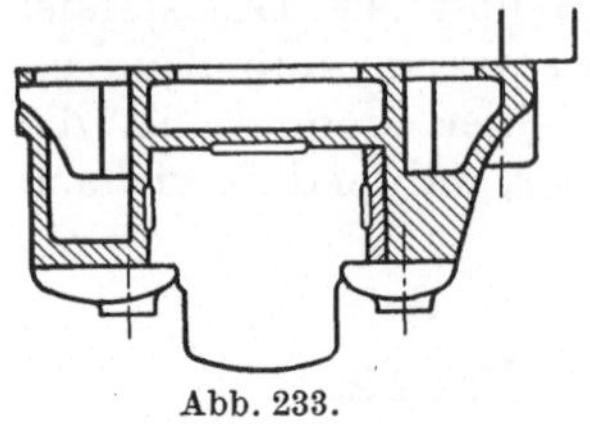

Abb. 233.

Bei den Führungen Abb. 231 und 232 sind die vollständigen Prismen verwirklicht. Bei den Schlittenführungen von Supporten usw. dagegen läßt man Teile der Prismen fort, wie auch schon bei Abb. 233. Solche Führungen sind wegen ihrer größeren Breite geeignet, größere Drehmomente aufzunehmen. So stellt Abb. 234 eine solche mit dreieckigem Querschnitt dar. Die größeren Teile der beiden nach unten gehenden Dreieckseiten sind, weil entbehrlich, fortgelassen, und dadurch wird an Bauhöhe gespart. Die Führung hat also schiefwinklige Prismen und wird auch als Schwalbenschwanzführung bezeichnet. Den Prismenwinkel nimmt ($\alpha$ in Abb. 236) man meistens zu $55^0$. Rechts ist eine Nachstelleiste von gleichbleibender Stärke angeordnet, die durch Schrauben nachgestellt wird, die man zweckmäßig durch Gegenmuttern sichert. Die Löcher für die Schrauben, mit welchen die Leiste am Schlitten befestigt wird, müssen länglich sein, damit nachgestellt werden kann. Die Gewinde für diese Schrauben sollen, wenn irgend möglich, in der Leiste sein, um den Zusammenbau zu erleichtern, wie in der Abbildung auch angenommen ist. Es empfiehlt sich, bei Nachstellung durch Schrauben den Arbeitsdruck, der parallel der Hauptebene der Führung wirkt, an der festen Leiste aufzunehmen, wie in der Abbildung durch Pfeilrichtung kenntlich gemacht, also nicht den Druck durch die Nachstellschrauben aufnehmen zu lassen[1]). Aus diesem Grunde ordnet man die Nachstellleisten an Bettschlitten der Drehbänke vorn an. Der Druck $W_2$ auf den Rücken des Werkzeugs wird dann an der festen Leiste aufgenommen. Bei der Nachstellung durch Keilleiste, die weiter unten beschrieben wird, ist man von der Druckrichtung unabhängig. Zu Abb. 234 wie auch zu den folgenden ist zu bemerken, daß die Pfeile die Druckrichtungen andeuten sollen, für welche die betreffende Führung hauptsächlich in Frage kommt. Bei der Führung nach Abb. 235, die bei kleineren Maschinen angewendet wird, erübrigen sich die Befestigungsschrauben für die Leiste. Toussaint[2])

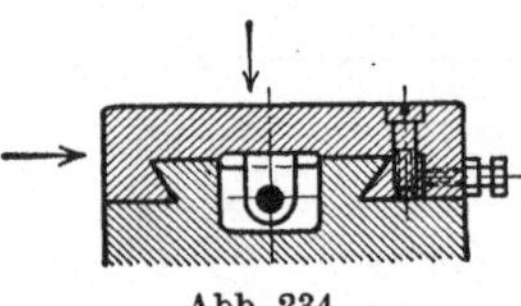

Abb. 234.

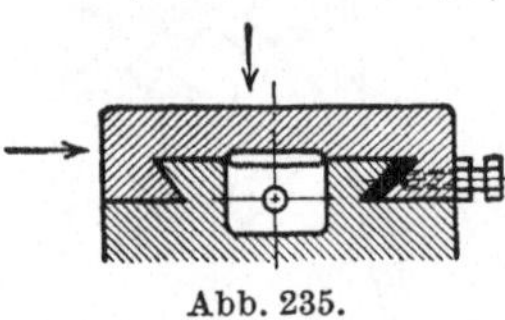

Abb. 235.

[1]) Maschinenbau, 1925, S. 1031.

[2]) Dubbels Taschenbuch für den Maschinenbau, 2. Aufl., S. 1351.

empfiehlt bei dieser Führung wie auch bei der nach Abb. 234 nur die unteren der wagerechten Flächen tragen zu lassen.

Der Vorteil des schiefwinkligen Prismas gegenüber dem rechtwinkligen ist die geringere Bauhöhe. Nachteilig ist aber die unvermeidliche Keilwirkung, die bei dem rechtwinkligen Querschnitt nicht auftritt.

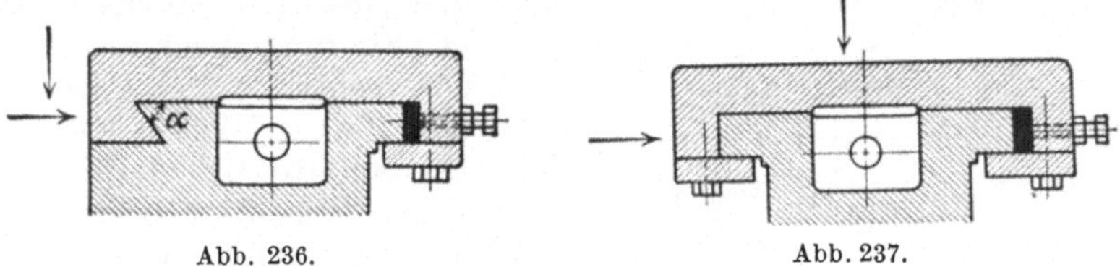

Abb. 236. Abb. 237.

Sodann ist die Führung gegen abhebende Kräfte und Momente sehr empfindlich[1]). Daher bei der Führung nach Abb. 236 links ein schiefwinkliges wegen der Bauhöhe, rechts ein rechtwinkliges, das größere Sicherheit gegen das Abheben bietet. Die Führung wird in senkrechter Anordnung bei den Supporten von Karussellbänken und Hobelmaschinen angewendet.

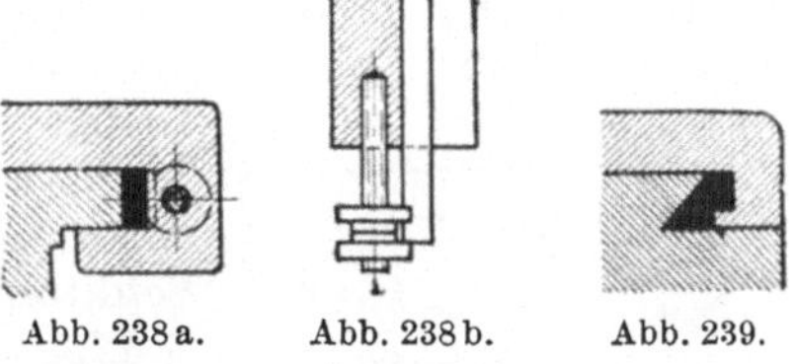

Abb. 238a. Abb. 238b. Abb. 239.

Abb. 237 zeigt nun eine Führung beiderseits mit rechtwinkligem Prismenquerschnitt. Der wagerechte Druck wird hier von der linken senkrechten Fläche der Führung, also ohne Keilwirkung, aufgenommen. Rechts ist eine Nachstelleiste gleichbleibender Stärke angeordnet, die durch die Zapfen der Stellschrauben mitgenommen wird. Die Abhebeleisten sind durch Schrauben am Schlitten befestigt. Man findet auch Ausführungen, bei welchen die rechte Abhebeleiste und die Nachstellleiste aus einem Stück bestehen, was aber kaum zu empfehlen ist. An die Stelle der gezeichneten Nachstellleiste kann eine Keilleiste treten, wie sie in Abb. 238 veranschaulicht ist. Man erreicht hierdurch ein gleichmäßiges Anliegen auf der ganzen Fläche der Leiste sowohl am Schlitten als auch an der Führungsbahn. Dieses gleichmäßige Anliegen wird auch durch ein Nachstellen nicht geändert. Die Keilleiste ist aber teurer als die andere Nachstelleiste, und einen einseitigen Verschleiß kann man nicht dadurch ausgleichen. Auch die Führungen Abb. 234 und 235 werden mit Keilleisten ausgeführt, die dann den Querschnitt nach Abb. 239 erhalten. Eine sehr solide Führung ist die nach Abb. 240, die rechteckigen Prismenquerschnitt aufweist. Schlitten und Abhebeleisten bestehen hier aus einem Stück. Allseitige Nachstellbarkeit ist durch-

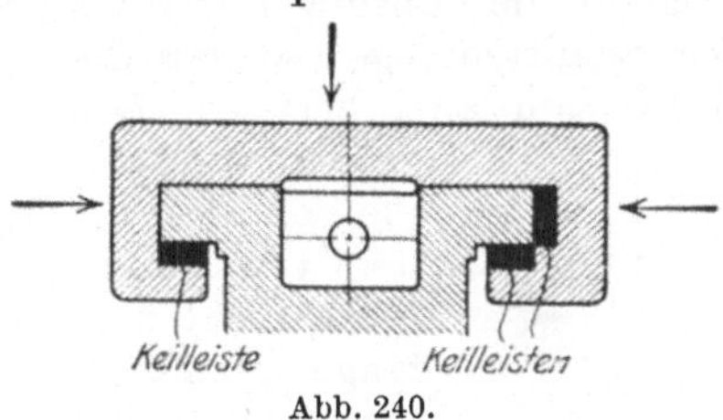


Abb. 240.

[1]) Maschinenbau, 1925, S. 1031.

Keilleisten gesichert, während bei der Führung nach Abb. 237 die angeschraubten Abhebeleisten bei entstehendem Verschleiß nachgearbeitet werden müssen. Ein weiterer Nachteil der angeschraubten Leisten ist der, daß sich die Schrauben, deren Muttergewinde in dem aus Gußeisen bestehenden Schlitten eingeschnitten sind, allmählich lockern. Wegen des bereits erwähnten gleichmäßigen Anliegens darf bei der Führung nach Abb. 240 auch von rechts ein Druck auf den Schlitten wirken. Wenn sich allerdings der Schlitten in der Richtung vom dicken zum dünnen Ende der Keilleiste verschiebt, so kann bei starkem Druck und ungenügender Schmierung ein Werfen (Krümmen) der Leiste stattfinden, wodurch ruckweise Fortbewegung eintritt[1]).

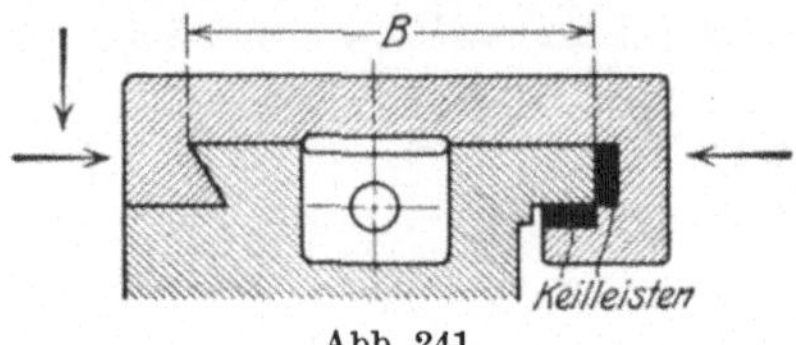

Abb. 241.

Führungen nach Abb. 240 sind auch für Shaping- und Stoßmaschinen geeignet, wobei dann der Schlitten der Abbildung zur festen Bahn und das Bett der Abbildung zum Stößel wird. Die in Abb. 241 dargestellte Führung entspricht der nach Abb. 236. Es besteht hier der Schlitten und die Abhebeleiste aus einem Stück, und dann sind Keilleisten vorgesehen.

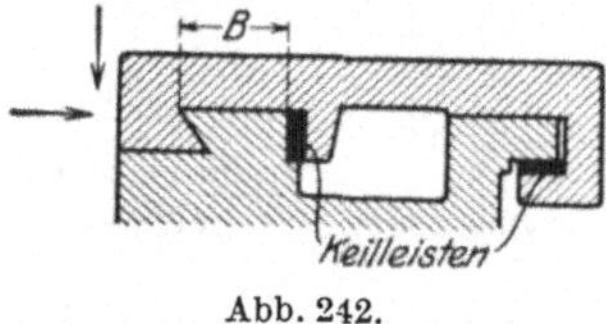

Abb. 242.

Fast immer treten bei Verschiebung eines Schlittens Momente auf, die den Schlitten zu drehen suchen, wie aus Abb. 244, S. 129, hervorgeht. Das entstehende Kräftepaar $N$ wirkt verschleißend auf die Enden der Schlittenführung. Bei Umkehrung der Verschiebung wandern die Kräfte $N$ nach dem oberen linken bzw. rechten unteren Ende. Die Folge ist, daß sich die Führungen nur an den Enden, aber nicht in der Mitte abnutzen. Brzoska[2]) empfiehlt deshalb, die Führungen in der Mitte auszusparen, und zwar auf 0,3÷0,4 der Schlittenlänge, so daß die Anlagelänge an jeder Seite 0,30÷,35 der Gesamtlänge beträgt. Dem Einwand, daß die spezifischen Drücke größer würden, begegnet er durch den Hinweis, daß die Schlitten ohnedies nur an den Enden anliegen. Aus dem erwähnten Grunde empfiehlt er auch, eine Keilleiste nicht aus einem Stück über die ganze Schlittenlänge auszuführen, sondern in zwei Teilen von je 0,3÷0,35 der Schlittenlänge. Jede Leiste kann dann dem Verschleiß entsprechend nachgestellt werden. In dem angezogenen Aufsatz befindet sich auch eine Abbildung und Beschreibung einer schweren Keilleiste, bei welcher die Nachstellung durch eine Schnecke erfolgt.

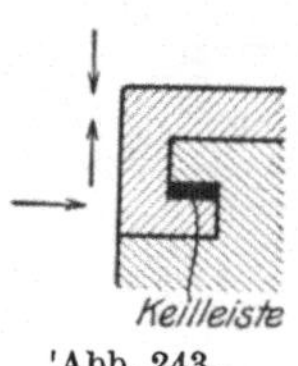

Abb. 243.

In Abb. 242 ist sodann eine sogenannte Schmalführung dargestellt, die der Abb. 241 entspricht. Es ist das Maß $B$ kleiner als bei Abb. 241, während die Schlittenlänge gleich ist. Soll eine derartige Führung auch

[1]) Maschinenbau, 1925, S. 1031.
[2]) Die Werkzeugmaschine, 1926, S. 1.

zeitweise Kräfte aufnehmen, die von unten wirken, so wird die linke Seite zweckmäßig nach Abb. 243 ausgeführt. Eine Schmalführung ist in bezug auf die Schiefstellung durch die drehenden Momente besser als die Breitführung[1]). Die geringere Winkelverstellung der beiden Führungsteile zueinander bringt auch eine geringere Abnutzung mit sich, wie weiter unten ausgeführt wird. Ob aber eine Führung schmal oder breit sein muß, hängt von der Lage derjenigen Kräfte ab, die parallel der Führungsmittellinie wirken. Es bezeichne in Abb. 244 $R$ den äußeren Widerstand, z. B. den Schaltdruck, und $P$ die angreifende Kraft. Unter dem Einfluß der Momente dieser Kräfte entsteht das Kräftepaar $N$. Der Verschiebung des Schlittens in Richtung von $P$ wirken daher außer $R$ noch die Reibungswiderstände $N\mu$ entgegen. Zur Vereinfachung ist angenommen, daß $R$ und $P$ in der gleichen Ebene $S$ liegen und $T$ reibungslos ist. Dann gelten die Beziehungen:

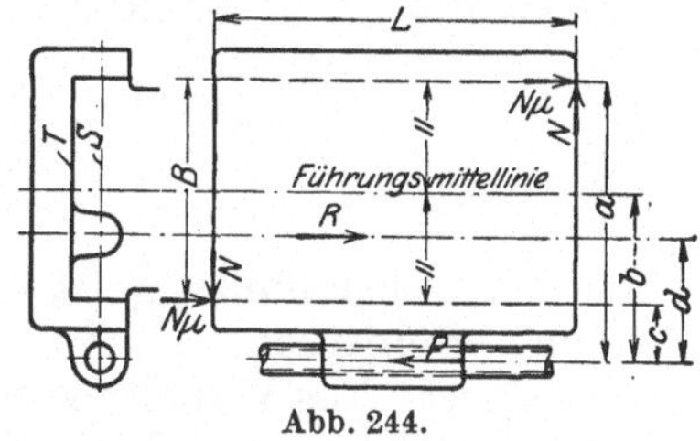

Abb. 244.

$$N \cdot \mu \cdot c + N \cdot \mu \cdot a + Rd - NL = 0 \quad \text{und} \quad P = R + 2\,N\mu,$$

wobei $\mu$ die Reibziffer ist. Aus den beiden Gleichungen erhält man nach einigen Umformungen:

$$P = R\left[1 + \frac{d}{\frac{L}{2\mu} - b}\right].$$

Hierbei ist $b = \frac{a+c}{2}$ die Entfernung der angreifenden Kraft $P$ von der Führungsmittellinie. $P$ wird ein Minimum, wenn $d = 0$ wird, also $P$ und $R$ in der gleichen Richtung liegen, und wenn $b = 0$ wird, der Antrieb also in der Führungsmittellinie liegt. Die beiden anderen Fälle, die $P$ zu einem Minimum machen, $L = \infty$ und $\mu = 0$, kommen praktisch nicht in Betracht. Selbsthemmend wird die Führung, wenn $b = \frac{L}{2\mu}$, dann muß $P = \infty$ sein. Unter der Annahme einer Reibziffer von 0,1 würde das bei $b = 5\,L$ eintreten. Greifen $R$ und $P$ wie in Abb. 244 an der gleichen Seite der Führungsmittellinie an, ist aber die Entfernung von $R$ von der Mittellinie größer als die von $P$, so lautet die entsprechende Formel:

$$P = R\left[1 + \frac{d}{\frac{L}{2\mu} + b}\right].$$

Ein praktisch erreichbares Minimum kann hier also nur eintreten, wenn $d = 0$ wird. An Hand der Abb. 245 und 246 sei nun eine Vergleichsrechnung ausgeführt. Abb. 245 zeigt die schmale Führung, Abb. 246

[1]) Maschinenbau, 1925, S. 1030.

die breite, die übrigen Größen wie auch der äußere Widerstand $R$ seien in beiden Fällen gleich.

Im ersten Falle ist dann

$$P = 2000 \left[1 + \frac{410}{\frac{530}{2 \cdot 0{,}1} + 65}\right] = 2302 \text{ kg}.$$

Im zweiten Falle erhält man

$$P = 2000 \left[1 + \frac{410}{\frac{530}{2 \cdot 0{,}1} + 225}\right] = 2286 \text{ kg}.$$

Bei der Schmalführung ist also hier eine größere Kraft zur Verschiebung erforderlich als bei der breiten, wenn auch der Unterschied nur gering ist. Das Verhältnis von $L : B$ (Abb. 244) kann man für die „breite" Führung gleich 3 : 2 nehmen.

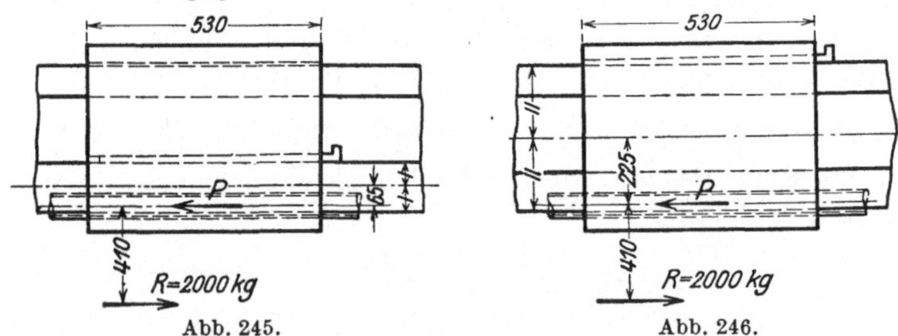


Abb. 245. Abb. 246.

Die Abnutzung der gleitenden Flächen wird stark durch den Spielraum zwischen den Flächen beeinflußt[1]). Wie bereits ausgeführt, wird der Schlitten beim Verschieben gedreht, so daß er nur an zwei Punkten anliegt, wie in Abb. 247 übertrieben dargestellt ist. Wären Bett und Schlitten aus hartem Gußeisen, so würde die Berührung nur an diesen Punkten stattfinden; da aber die beiden Teile mehr oder weniger weich sind, so werden sie etwas zusammengedrückt. Die Schlittenlänge sei 720 mm und der Spielraum zwischen Schlitten und Bett 0,05 mm. Sodann betrage die Zusammendrückung in den Berührungspunkten 0,00625 mm. Die beiden Flächen berühren sich also auf einer Länge von $\frac{720}{8} = 90$ mm. Wäre die Luft zwischen Bett und Schlitten anstatt 0,05 mm 0,025 mm, so würde die Berührungslänge 180 mm betragen, woraus zu ersehen ist, daß der Grad der Abnutzung wesentlich von dem Spielraum der gleitenden Flächen und von der Schiefstellung des Schlittens gegenüber dem Bett abhängt.

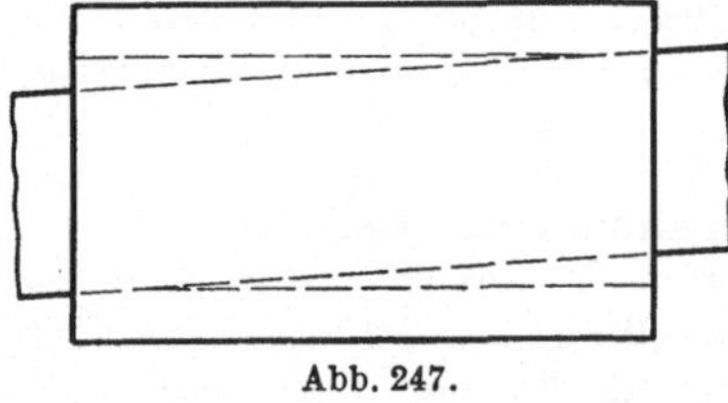

Abb. 247.

[1]) Maschinenbau, 1925, S. 1028.

Bei den oben dargestellten Führungen ist nur eine Nachstelleiste vorgesehen. In einigen wenigen Fällen werden an beiden Seiten Nachstelleisten eingebaut, wenn die Mittellinie des Schlittens oder Tisches stets genau mit der Hauptspindel übereinstimmen soll.

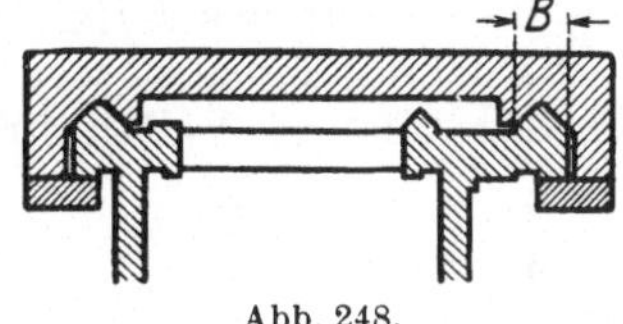

Abb. 248.

Neben den Schwalbenschwanzführungen und den mit rechteckigem Prisma werden dann noch Führungen mit Dach- oder Schweinsrückenquerschnitt ausgeführt, die auch als V-Bahnführungen bezeichnet werden. Abb. 248 zeigt eine solche am Bett einer Drehbank. Eine seitliche Nachstelleiste ist hier nicht erforderlich. Die Führungsbahn des Reitstockes ist von der des Supports getrennt, wodurch eine dauernde Genauigkeit der ersten erreicht wird. Die hintere Bahn des Supports wird manchmal auch flach ausgeführt. Die Führung des Bettschlittens wird dann sehr schmal und wird dann gleich *B* in Abb. 248. Ob das günstig ist, wäre noch an Hand der obigen Darlegungen zu untersuchen[1]). In neuerer Zeit wird der dargestellte Bettquerschnitt, der nur für kleine und mittlere Maschinen in Frage kommt und eigentlich

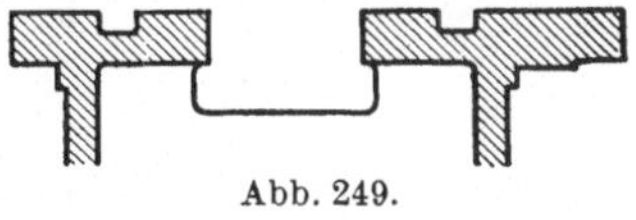
Abb. 249.

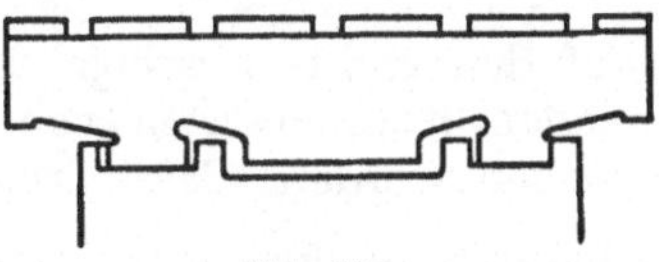
Abb. 250.

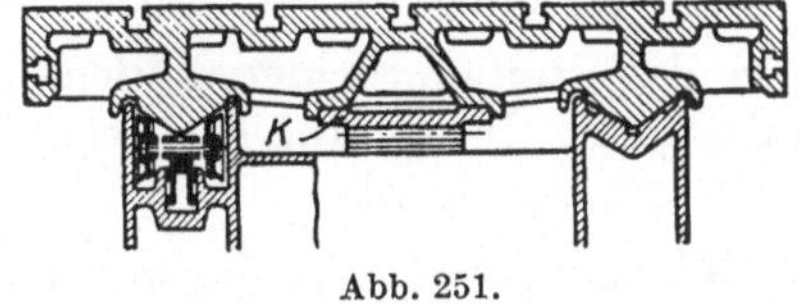

Abb. 251.

keine Vorteile bietet, auch bei diesen Maschinen zugunsten des rechteckigen Querschnittes verlassen, der bei großen Maschinen immer verwendet wurde. Der letztere ist auch leichter herzustellen. So zeigt Abb. 249 einen Rechteckquerschnitt für eine Bank von 150 mm Spitzenhöhe mit getrennten Führungsbahnen. Die Bahnen werden geschliffen, wodurch die teuere Schabearbeit in Fortfall kommt, was bei der V-Bahnführung auch möglich, aber naturgemäß schwieriger ist.

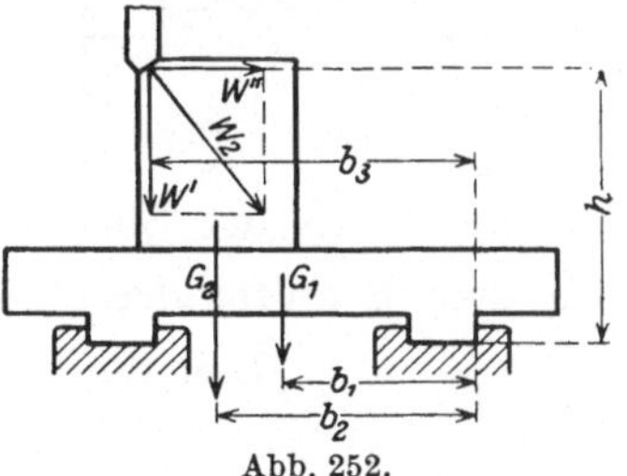

Abb. 252.

Die folgenden Abbildungen geben nun gebräuchliche Hobelmaschinenführungen wieder, so Abb. 250 die offene Flachbahnführung und Abb. 251 die offene V-Bahnführung. Als Vorteil der V-Bahnführung wird geltend gemacht, daß sie sich von selbst nachstellt, da eine Nachstelleiste nicht erforderlich ist. Die V-Bahnführung ist aber schwieriger herzustellen und läßt sich auch nicht so leicht schmieren wie die Flachbahnführung. Bei den offenen Führungen ist die Gefahr des Kippens nicht ausgeschlossen. Kippen[2]) wird nach Abb. 252

[1]) Vgl. Abb. 226, S. 123.
[2]) Fischer: Die Werkzeugmaschinen, 1905, S. 70.

eintreten, wenn $W'' \cdot h > G_1 \cdot b_1 + G_2 \cdot b_2 + W' \cdot b_3$. Hierbei sind $W'$ und $W''$ die Komponenten des Druckes $W_2$ auf den Rücken des Stahles, $G_1$ ist das Gewicht des Tisches und $G_2$ das Gewicht des Werkstückes. Um die Gefahr des Kippens zu mildern, wird man hohe und leichte Werkstücke möglichst weit nach links bzw. nach rechts aufspannen. Bei der offenen V-Bahnführung kann dann noch bei großem $W''$ Entgleisen eintreten. Es bezeichne in Abb. 253 $G_l$ den auf die linke Bahn entfallenden Anteil des senkrechten Druckes, der sich aus dem halben Tischgewicht und den durch ihre Hebelarme gegebenen Anteile des Werkstückgewichtes und der senkrechten Komponente $W'$ ergibt. $G_r$ ist der auf die rechte Bahn entfallende Anteil des senkrechten Druckes, $W_l''$ der Anteil links von $W''$ und $W_r''$ der rechts. Es ist $W_l'' + W_r'' = W''$, und man darf wohl annehmen, daß $W_l'' = W_r'' = \frac{W''}{2}$. Ein Entgleisen des Tisches wird dann eintreten, wenn:

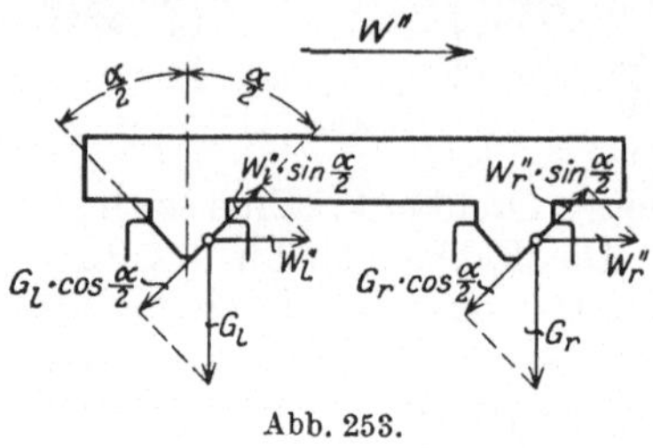

Abb. 253.

$$W_l'' \cdot \sin\frac{\alpha}{2} + W_r'' \cdot \sin\frac{\alpha}{2} > G_l \cdot \cos\frac{\alpha}{2} + G_r \cdot \cos\frac{\alpha}{2}.$$

Von den Reibungswiderständen, die auf den rechts ansteigenden Bahnen durch die darauf senkrecht stehenden Komponenten von $G$ und $W''$ erzeugt werden, ist hierbei abgesehen worden. Man erhält dann: $W'' \cdot \sin\frac{\alpha}{2} > G \cdot \cos\frac{\alpha}{2}$, wobei $G$ der gesamte Senkrechtdruck ist. Wenn kein Entgleisen eintreten soll, muß daher sein: $G > W'' \cdot \mathrm{tg}\frac{\alpha}{2}$.

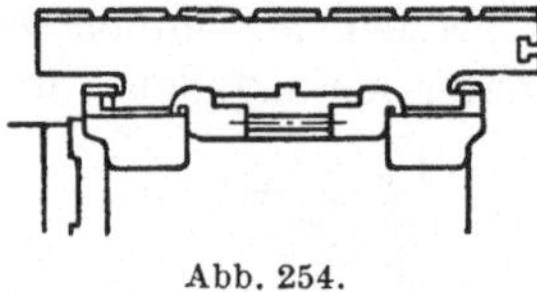
Abb. 254.

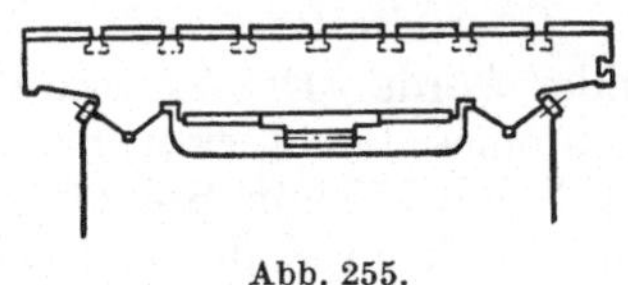
Abb. 255.

Setzt man noch der Sicherheit halber $W'' = W_2$ (Abb. 252) und $W_2$ gleich dem Schnittwiderstand $W_1$, so muß also sein: $G > W_1 \cdot \mathrm{tg}\frac{\alpha}{2}$ oder $\mathrm{tg}\frac{\alpha}{2} < \frac{G}{W}$. Den Winkel $\alpha$ nimmt man vielfach zu $90^0$.

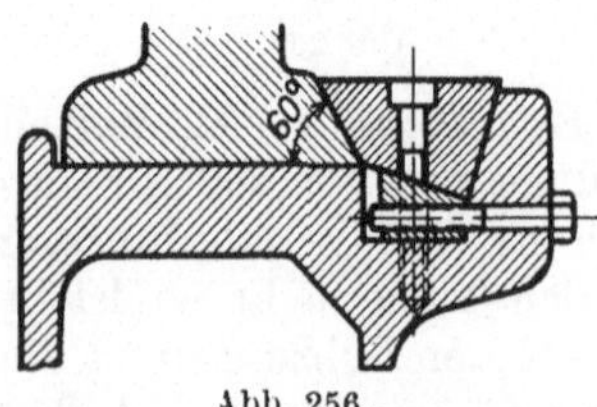

Abb. 256.

Soll Kippen und Entgleisen sicher verhütet werden, so sind geschlossene Führungen anzuwenden, wie Abb. 254 u. 255 zeigen. Auch Schwalbenschwanzführungen findet man bei Hobelmaschinen. So ist in Abb. 256 eine solche Führung veranschaulicht[1]). Die Nachstelleiste ruht hier nicht unmittelbar auf dem Bett, son-

[1]) Schiess-Nachrichten, 1923/24, S. 57.

dern ist durch eine untergesetzte Schrägleiste genau nachstellbar. Für leichte und für einständrige Maschinen sind geschlossene Führungen vorzuziehen. Doch werden solche auch bei schweren Maschinen angewendet, wie aus Abb. 257 ersichtlich, die die vierbahnige Führung einer sehr schweren Maschine der Maschinenfabrik Schiess darstellt. Die Führung ist hier eine solche mit normalem, schiefwinkligem Prisma.

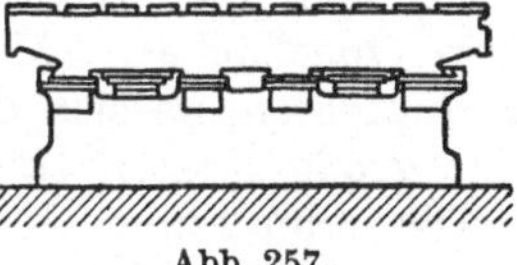
Abb. 257.

Auf einen Unterschied zwischen der Flachbahn- und der V-Bahnführung sei noch aufmerksam gemacht, wenn er auch nicht von großer praktischer Bedeutung ist. Der Reibungswiderstand des Tisches in der Bewegungsrichtung ist bei der Flachbahnführung gleich $G \cdot \mu$ und bei der V-Bahn gleich $G \cdot \frac{\mu}{\sin\frac{\alpha}{2}}$. Ist $\frac{\alpha}{2} = 45^0$, so erhält dieser Widerstand die Größe $G \cdot \frac{\mu}{0{,}707} = 1{,}42 G\mu$. Die auf S. 91 angegebenen Werte für den Überweg sind demnach mit 0,707 zu multiplizieren, wenn es sich um eine V-Bahnführung mit $\alpha = 90^0$ handelt. Bezüglich der Lage der Bahnen gegenüber der Tischbreite ist an Hand der Abb. 258 zu bemerken, daß das Maß $c$ vielfach zu $0{,}2 \cdot l$ genommen wird, wobei $l$ die Breite des Tisches bedeutet. Ist der Tisch gleichmäßig belastet, wie in der Abbildung angenommen, und $c = 0{,}207 \cdot l$, dann sind die Biegungsmomente in den Auflagerpunkten und das Moment in der Mitte von gleicher Größe. Nimmt man nach Abb. 259 $c = 0{,}233\, l$, so ist die Durchbiegung an den Enden $f_1$ gleich der Durchbiegung in der Mitte $f_2$ und ist dann am kleinsten[1]). Man kann in diesem Falle den Tisch etwas leichter halten, doch ist eine geschlossene Führung zu empfehlen.

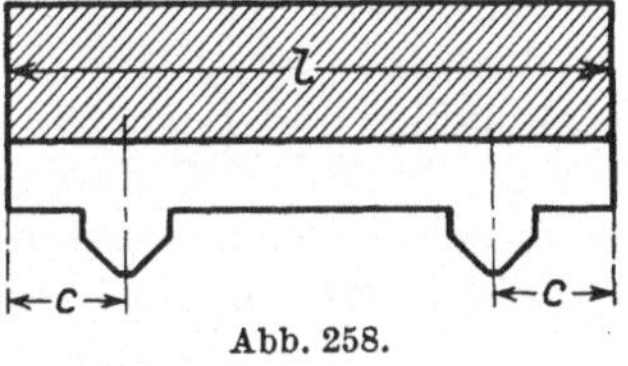

Abb. 258.

Nach Fischer[2]) ist eine gleichmäßige Abnutzung der aufeinandergleitenden Teile einer Führung nur dann zu erwarten, wenn beide Teile gleich lang sind, was aber nur selten verwirklicht werden kann. Im anderen Falle wird der längere der beiden Teile, z. B. das Bett einer Hobelmaschine, hohl und die Oberfläche des kürzeren Teiles, z. B. die Stößelbahn einer Shapingmaschine, nimmt eine gewölbte Form an. Bei der Hobelmaschine würde bei gleicher Länge von Tisch und Bett ein viel zu großes Freihängen des Tisches in den Endlagen stattfinden, worunter die Genauigkeit der Arbeit leiden würde. Nach Weil[3]) wäre es technisch am richtigsten, das Bett doppelt so lang zu machen wie den Tisch. Aus der Erwägung heraus, daß die größte Hobellänge

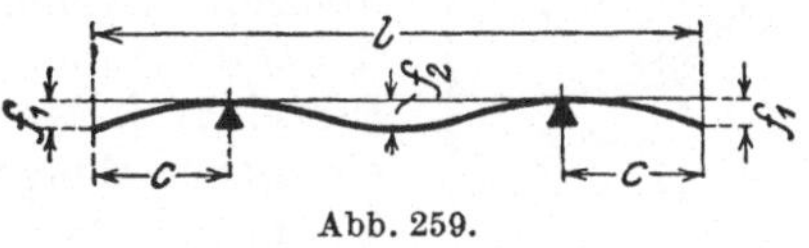

Abb. 259.

[1]) Der praktische Maschinenkonstrukteur, 1922, Heft 34.
[2]) Die Werkzeugmaschinen, 1905, S. 63.
[3]) Schiess-Nachrichten, 1923/24, S. 57.

seltener gebraucht wird, begnügt man sich mit einer Bettlänge von 1,5÷1,6 der Tischlänge.

Um den Verschleiß möglichst hintenan zu halten, führt man die Führungsprismen der Betten von Drehbänken und Hobelmaschinen in Kokillenguß aus und erhält dadurch eine vollkommen dichte und harte Oberfläche[1]). Als Material für die Nachstelleisten ist Gußeisen zu empfehlen, da sich derartige Leisten nach eingetretenem Verschleiß ohne große Kosten ersetzen lassen.

Die Abnutzung der aufeinandergleitenden Teile hängt natürlich von dem spezifischen Druck und von der Schmierung ab. Es läßt sich meistens ohne Schwierigkeit erreichen, daß die Pressung nicht größer wird als 3,5 kg/cm². Bei geeigneter Druckschmierung kann man nach Klapper[2]) bis 15 kg/cm² gehen. Über die Schmierung ist im Anschluß an das auf S. 118 Gebrachte noch zu sagen, daß die Schmierschicht im Mittel 0,0075 mm beträgt[2]). Die Unebenheiten der Flächen dürfen also nicht größer als dieser Betrag sein, da sonst Metall auf Metall läuft. Wie bei den Lagern darf nur der eine der gleitenden Teile mit Ölnuten versehen werden, die zweckmäßig die Form von Sinuslinien erhalten. Zu empfehlen ist auch die in Abb. 260 dargestellte Form, die sich auf der Bohr- oder Fräsmaschine leicht herstellen läßt. Der Querschnitt der Ölnuten sei stets kleiner als ein Halbkreis. Aus Abb. 251 ist die Schmierung durch Ölrolle zu erkennen, die durch Federn angedrückt wird. Diese Art der Schmierung wird auch bei der Flachbahnführung angewendet. In Abb. 261 ist die Druckschmierung des Tisches einer Karussellbank dargestellt. Hier erhält keine der Gleitflächen Ölnuten. Die Schmierung ist auch für Flachbahnen von Hobelmaschinen verwendbar. Es müssen dann die vom Tisch freigegebenen Ölzuführungsleitungen durch Ventile geschlossen werden. Für mittellange Maschinen genügt je eine Ölzuführung in der Mitte der Gleitbahnen. Abb. 262 zeigt die Druckschmierung für eine V-Bahnführung. Das Öl muß hierbei in so reicher Menge eintreten, daß die Rinne zwischen Tisch und Gleitbahn zur Aufnahme nicht ausreicht und das Schmiermittel zwischen beide Flächen dringt[3]). Pfauter[4]) führt bei seinen größeren Räderfräsmaschinen durch den Öldruck außer der Schmierung noch eine Entlastung des Tisches herbei.

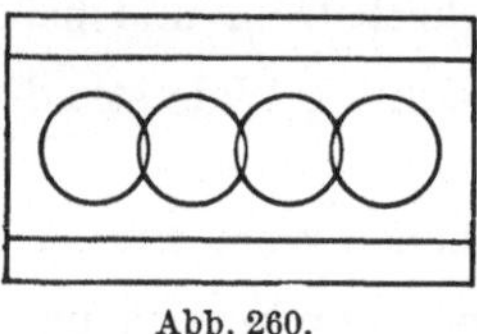
Abb. 260.

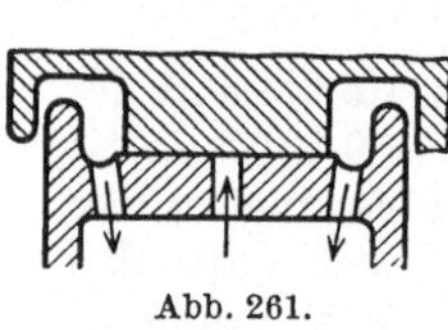
Abb. 261.

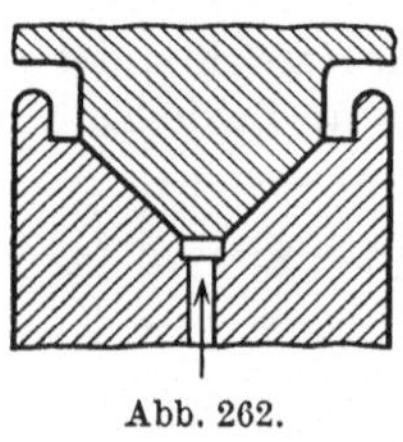
Abb. 262.

[1]) W. T. 1925, Sonderheft: Leipziger Messe, S. 1.
[2]) Maschinenbau, 1925, S. 1047. [3]) Maschinenbau, 1925, S. 1047.
[4]) W. T. 1926, S. 446.

# VII. Betten und Gestelle.

Die Querschnittshöhen und Wandstärken der Betten von Drehbänken, Horizontalbohrmaschinen usw. werden auf Grund von Erfahrungen gewählt. Es empfiehlt sich sodann eine Nachrechnung auf Festigkeit. Bei den spanabhebenden Maschinen sind zwar die Beanspruchungen weniger wichtig als die Formänderungen, die in zulässigen Grenzen bleiben müssen, wenn genaue Arbeit verlangt wird und keine Rattermarken am Werkstück entstehen sollen. Die Größe der Formänderung ist aber rechnerisch meist schwer zu erfassen, doch kann man aus der leichter zu bestimmenden Beanspruchung auf die Größe der Formänderung schließen. Man rechnet daher meist nur auf Festigkeit nach und hält die Beanspruchung in durch die Erfahrung gegebenen Grenzen. Dann hat man einige Sicherheit, daß auch die Formänderung das zulässige Maß nicht überschreitet.

Bei der Drehbank von 210 mm Spitzenhöhe, deren Bett in den Abb. 263 bis 268 zeichnerisch untersucht wird, beträgt der Durchmesser der größten Stufe der Stufenscheibe 280 mm, die Breite des Riemens 65 mm, die Übersetzung des Rädervorgeleges 1 : 12, der Wirkungsgrad sei $= 0{,}8$ angenommen. Der größten Spitzenweite entsprechend sei ein Werkstück von 1000 mm Länge angenommen, und zwar ein sogenanntes stabiles, dessen Durchmesser 100 mm beträgt. Die Belastung des Riemens sei 1,2 kg/mm. Der Riemen kann dann an der Schneide des Stahles einen Schnittwiderstand $W_1 = \frac{65 \cdot 1{,}2 \cdot 280}{100} \cdot 12 \cdot 0{,}8$ $= 2100$ kg überwinden. Den Schaftdruck kann man dann nach S. 6 zu $\frac{2100}{2} = 1050$ kg und den Vorschubdruck zu $\frac{2100}{4} = 525$ kg annehmen. Der Einspanndruck, der vom Arbeiter mit Hilfe des Handrades am Reitstock ausgeübt wird, betrage $2 \cdot 525 = 1050$ kg. Der Sicherheit halber ist dieser Druck reichlich hoch angenommen worden. Dann ist die Größe des wagerechten Druckes auf die Spindelstock-Körnerspitze gleich $525 + 1050 = 1575$ kg und auf die Reitstock-Körnerspitze gleich $1050 - 525 = 525$ kg. Hierzu kommen dann die durch die Keilwirkung der Körnerspitzen erzeugten Drücke, die in der gleichen Richtung wirken. Da die Schneide in der Mitte des Werkstückes steht, beträgt der senkrechte Druck auf jede Körnerspitze 1050 kg und der wagerechte 525 kg. Der resultierende Druck hat daher die Größe $\sqrt{1050^2 + 525^2}$ $= 1170$ kg. Die Körnerspitzen haben einen Spitzenwinkel von $60^0$, so daß auf jede Spitze ein wagerechter Druck von $1170 \cdot \text{tg}\, 30^0 = 675$ kg entfällt. Der gesamte wagerechte Druck auf die Körnerspitze am Spindelstock beträgt daher $1575 + 675 = 2250$ kg und auf die Reitstockspitze $525 + 675 = 1200$ kg. Durch den Vorschubdruck wird auf das Werkstück noch ein Moment in der wagerechten Ebene ausgeübt. Da dieser Einfluß aber nur gering ist, soll er vernachlässigt werden. Das Biegungsmoment, welches die Kraft von 2250 kg in der senkrechten Ebene auf das Bett ausübt, beträgt $2250 \cdot 30 = 67\,500$ kgcm (Abb. 263

und 264), wobei 30 cm die Entfernung der Werkstückachse bis zur neutralen Achse des Bettquerschnittes bedeutet. Das Moment der Kraft von 1200 kg beträgt 1200 · 30 = 36000 kgcm. Diese Momente sind in

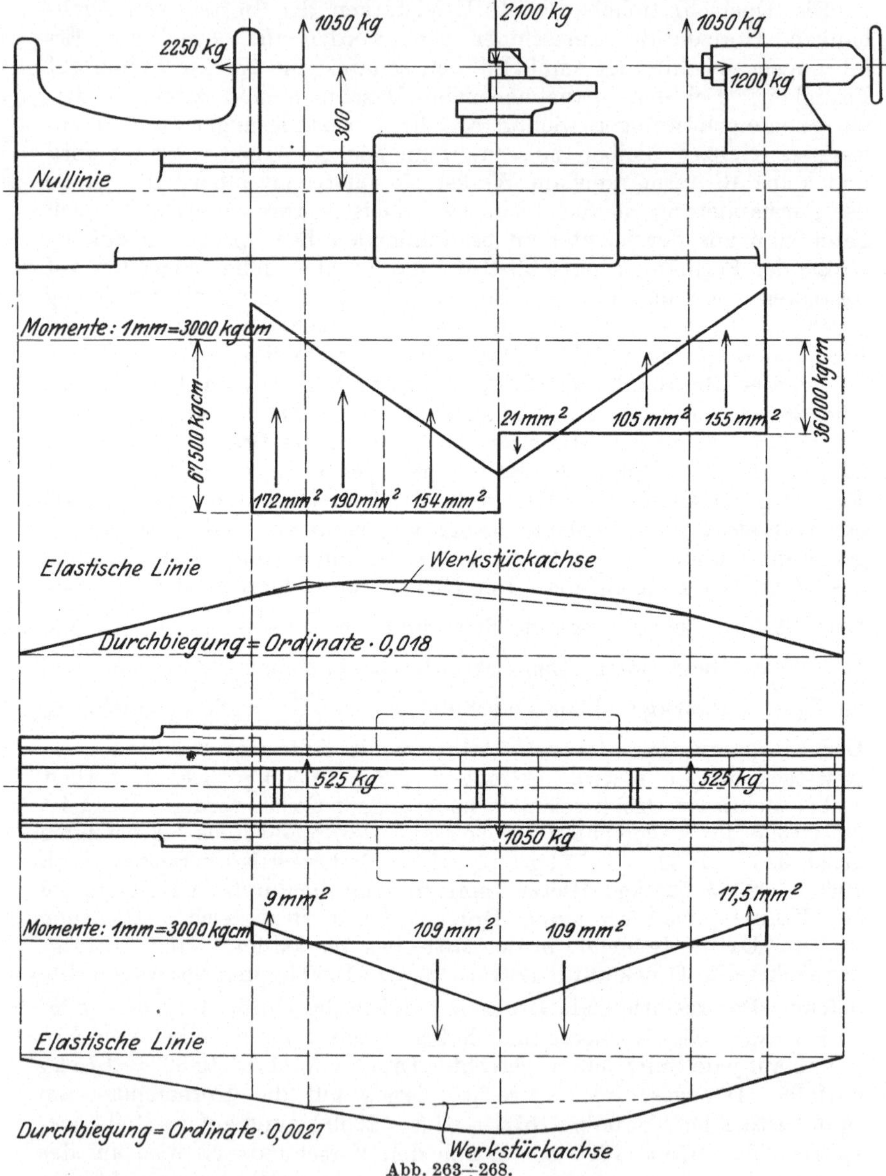


Abb. 263÷268.

Abb. 264 aufgetragen. Die beiden schrägen Linien der Momentenfläche werden mit Hilfe eines Kraftecks gefunden, dessen Maßstab und Polabstand durch den gewählten Momentenmaßstab bestimmt sind.

Abb. 267 zeigt die Fläche für die in der wagerechten Ebene des Bettes wirkenden Momente. Die Momentenflächen liefern dann nach dem Verfahren von Mohr die elastischen Linien. Aus dem Bettquerschnitt Abb. 269 wird das Trägheitsmoment $Jx = 9547\ \text{cm}^4$ und das Trägheitsmoment $Jy = 20926\ \text{cm}^4$ errechnet. Die Querschnittsfläche beträgt $118\ \text{cm}^2$ und das Widerstandsmoment $W_x = \frac{9547}{9} = 1060\ \text{cm}^3$. Das größte Biegungsmoment ist gleich 82000 kgcm (Abb. 264). Die resultierende Beanspruchung an der Zugseite $\sigma_r = \sigma_b + \sigma_z = \frac{82000}{1060} + \frac{2250}{118} = 96\ \text{kg/cm}^2$. Aus der Momentenfläche Abb. 264 und der elastischen Linie Abb. 265 ersieht man, daß das Bett nach oben durchgebogen wird.

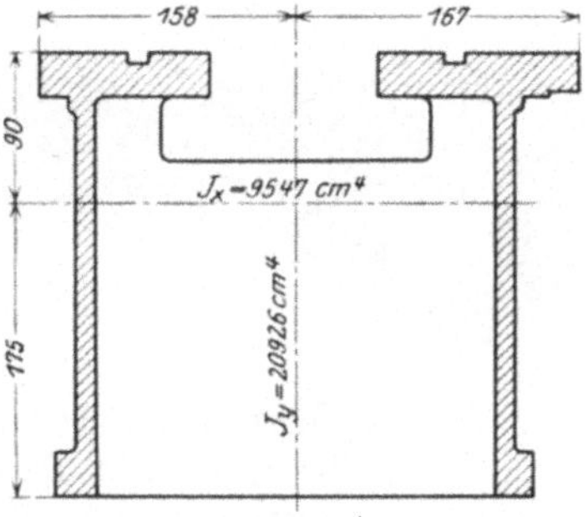

Abb. 269.

Die größte Durchbiegung beträgt 0,17 mm. Gegenüber der Werkstückachse beträgt die größte Durchbiegung 0,027 mm. Aus der elastischen Linie Abb. 268 wird die größte seitliche Durchbiegung zu 0,03 mm bestimmt.

Bei diesem Berechnungsbeispiel ist die ältere Art der Bettausführung angenommen, bei der nach Abb. 270 die beiden Wangen durch dazu

Abb. 270.

senkrecht stehende Querrippen verbunden sind. Neuerdings geht man mehr und mehr dazu über, die durch Patent geschützte Petersverrippung anzuwenden, die in Abb. 271 dargestellt ist. Versuche[1]) haben ergeben, daß die Durchbiegung in der senkrechten Ebene bei beiden Bettarten gleich ist. Daß die Durchbiegung in der wagerechten Ebene bei der

Abb. 271.

neuen Versteifungsart eine wesentlich kleinere ist, ist ohne weiteres klar. Bei den Versuchen zeigte es sich, daß das Zickzackrippenbett eine Widerstandsfähigkeit gegen Verdrehung aufweist, die rund 5mal so groß ist wie die der alten Bauart. Die Petersverrippung gewährleistet

[1]) W. T. 1920, S. 441.

also bei gleichem Gewicht eine bedeutend größere Steifigkeit als die Ausführungsart mit Querrippen. Obiges Rechnungsbeispiel zeigt nun, daß die Durchbiegung in der Senkrechtebene bedeutend größer ist als die seitliche Durchbiegung. Es wäre also wohl, wenigstens bei oben geschlossenen Betten, zu erwägen, ob man nicht die Zickzackverrippung gegenüber der Abb. 271 um 90° gedreht anordnet. Über die Berechnung auf Verdrehung bei Gußkörpern sei auch auf den Aufsatz von Wolff hingewiesen[1]).

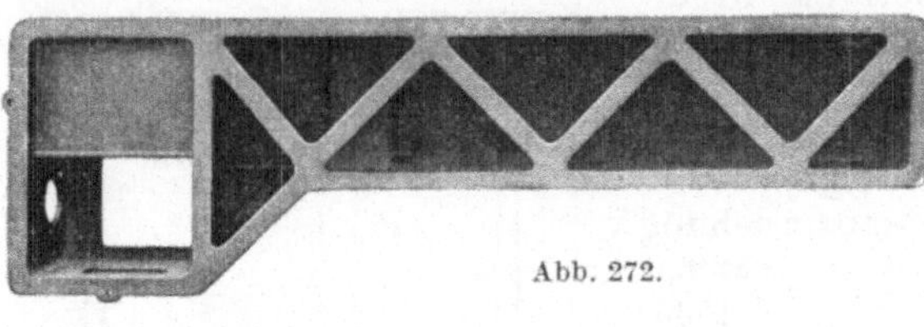

Abb. 272.

Abb. 272 zeigt das Bett einer Wagerecht-Bohr- und Fräsmaschine der Union, Chemnitz, mit Petersverrippung.

Die Breite eines Drehbankbettes kann man gleich 1,5 der Spitzenhöhe nehmen und die Höhe des Bettes bei normalen Drehbänken

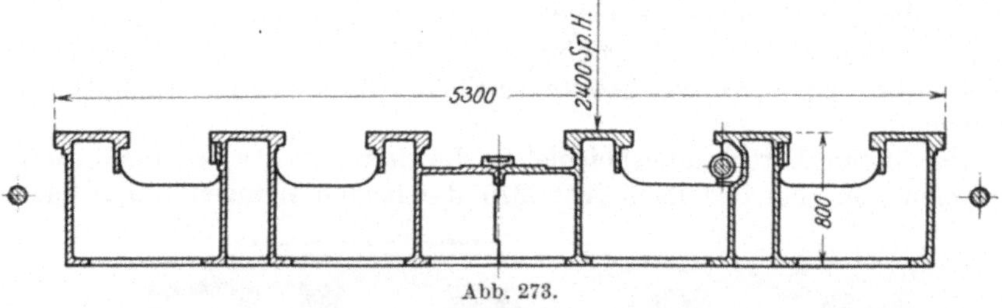


Abb. 273.

ebenfalls gleich 1,5 der Spitzenhöhe. Die Spitzenhöhe über Flur beträgt etwa 1100 mm. Die Hauptführungsfläche für den Support wird bei Bänken, bei denen große Schnittdrücke auftreten, z. B. Vielstahlbänken, nicht mehr wagerecht angeordnet, so wie dies Abb. 269 zeigt, sondern nach innen geneigt, so daß der aus Schnittwiderstand und Schaftdruck resultierende Druck senkrecht auf die Führungsfläche gerichtet ist[2]).

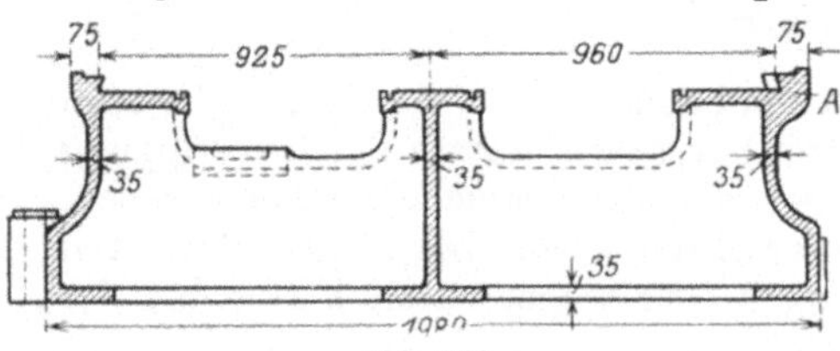


Abb. 274.

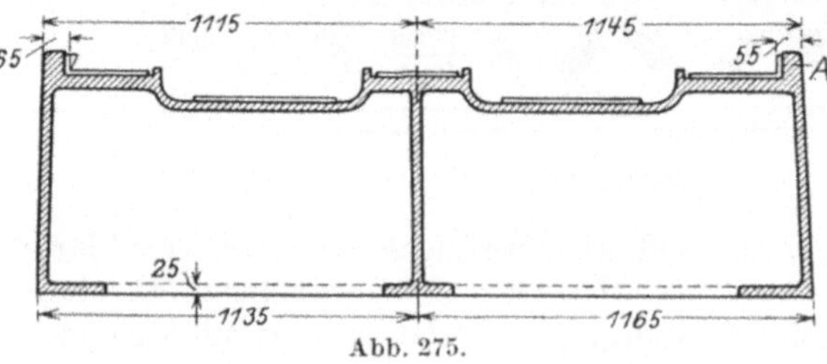


Abb. 275.

Die Betten großer Maschinen ruhen nicht auf Füßen, sondern unmittelbar auf dem Fundament. So zeigt Abb. 273 den Quer-

[1]) W. T. 1925, S. 356. [2]) Die Werkz.-Masch., 1926, S. 490.

schnitt des Bettes einer Großdrehbank der Firma Schiess-Defries, Düsseldorf. Die Wandstärke der Betten und Gestelle nimmt man bei kleinen Maschinen zu 12÷15 mm, bei mittleren zu 18÷20 mm und bei größeren gleich 22÷25 mm. Die Schwierigkeiten der dünnen Wandstärken liegen nicht so sehr auf konstruktivem als auf gießtechnischem Gebiet[1]). Durch geeignete Formgebung läßt sich noch viel an Gewicht gewinnen, da die Widerstandsfähigkeit der betreffenden Teile in der Hauptsache vom Widerstandsmoment abhängt, das mehr von der äußeren Form, besonders von der Höhe als von der Stärke der Wände beeinflußt wird. Die Höhen der Betten wie auch der Tische sind deshalb bei neuen Ausführungen bedeutend größer. Abb. 274 stellt ein Hobelmaschinenbett älterer Bauart und Abb. 275 ein solches neuerer Bauart dar. Während das erste eine Wandstärke von 35 mm aufweist, hat das letztere eine solche von 28 mm. Die senkrechten Wände der älteren Art sind durch Rippenkasten mit U-Querschnitt verbunden, bei der zweiten sind die Wände durch eine durchgehende wagerechte Wand verbunden, die durch eine Reihe einfacher Querrippen gestützt ist. Die Stoffanhäufung bei $A$ der alten Konstruktion ist bei der neuen vollständig vermieden. Bemerkenswert ist weiterhin

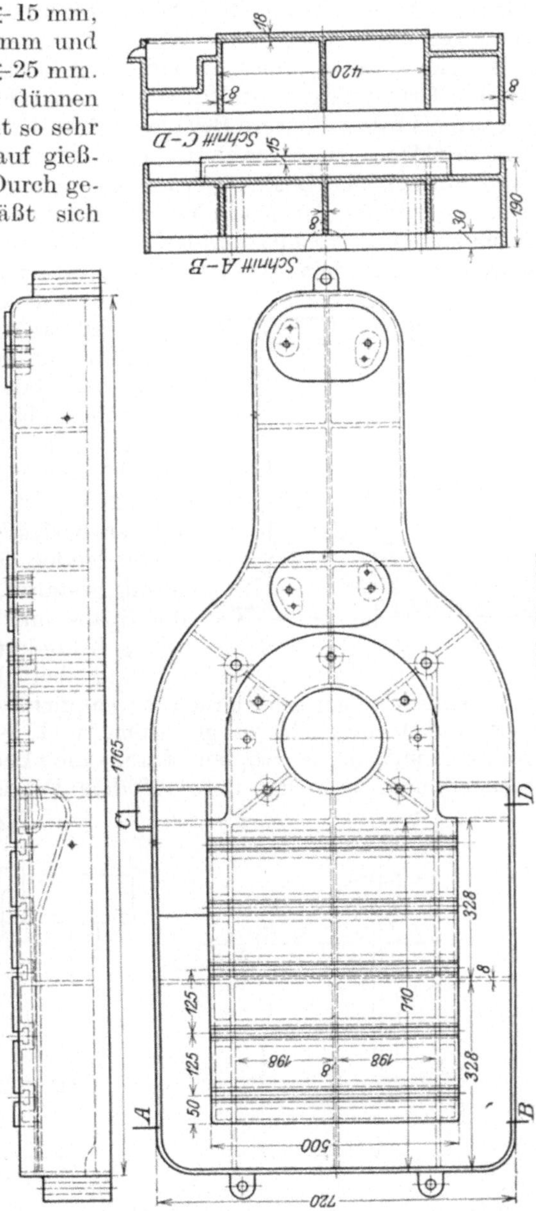

Schnitt C–D

Schnitt A–B

Abb. 276÷279.

[1]) Maschinenbau, 1925, S. 275.

die viel einfachere Form des neuen Bettes, die nicht nur Ersparnisse in der Modelltischlerei, sondern auch in der Gießerei mit sich bringt. Es werden heute überhaupt die ebenflächigen oder leicht gekrümmten Formen gegenüber den geschweiften bevorzugt, die früher üblich waren. Ein Beispiel eines besonders hohen, aber dünnwandigen Querschnittes bietet die Grundplatte einer Ständerbohrmaschine der Firma „Webo" (Abb. 276 bis 279). Weitere Beispiele neuzeitlicher Formgebung enthält der in der Anmerkung erwähnte Aufsatz von Weil[1]).

Die Formen der Betten werden aber auch durch den besonderen Zweck der betreffenden Maschinen beeinflußt. So sind die Betten von Bohrbänken oben geschlossen, damit die stark zerkleinerten und durch Seifenwasser aus dem Werkstück herausgespülten Späne nach dem Bettende abfließen können. Durch ein Sieb wird das Wasser der Pumpe wieder zugeführt. Andere Arten von Betten sind oben stark durchbrochen, so die von Schruppbänken. Späne und Kühlwasser fallen durch die Öffnungen und können seitlich entfernt werden. Abb. 280 zeigt den Querschnitt eines solchen Bettes. Die die beiden Wangen verbindenden Stege sind oben dachförmig gestaltet, damit das Durchfallen der Späne und des Wassers möglichst wenig behindert wird.

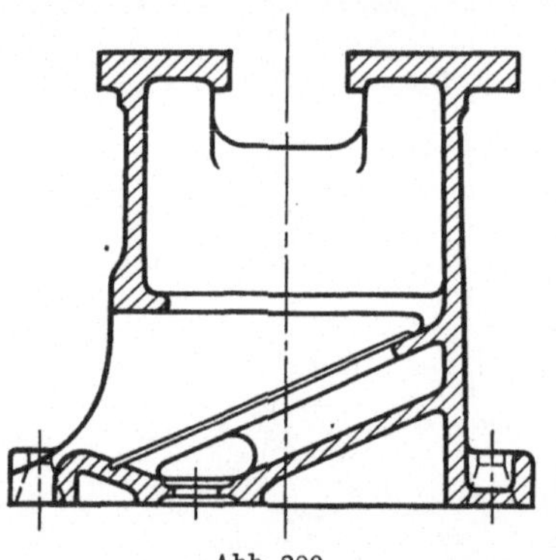
Abb. 280.

Sind bei Betten und Gestellen Fundamentschrauben erforderlich, so empfiehlt es sich, die Löcher für die Schrauben länglich zu gestalten, und zwar derartig, daß die Schrauben mit ihren Köpfen durch die Löcher hindurchgesteckt werden können, wenn das Bett auf dem Fundament aufgebracht ist.

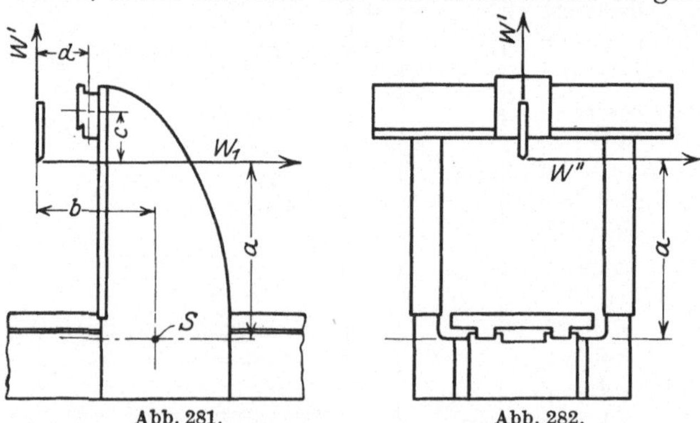

Abb. 281. Abb. 282.

An Hand der Abb. 281 und 282 soll nun die Nachrechnung der Ständer einer Hobelmaschine gezeigt werden. Die Maschine hat einen Durchgang von 1500 mm zwischen den Ständern. Der Antriebsmotor leistet

[1]) S. auch Maschinenbau, 1923, S. G 192.

15 PS, die kleinste Schnittgeschwingkeit beträgt 8 m/min. Nimmt man an, daß die volle Leistung an einem Stahl zur Wirkung kommt, so berechnet sich der Schnittwiderstand $W_1 = \frac{15 \cdot 60 \cdot 75 \cdot 0{,}6}{8} = 5000$ kg, wenn der Wirkungsgrad zu 0,6 genommen wird. Wie bei der Nachrechnung des Drehbankbettes, sei wieder der Druck in Richtung des Meißelschaftes $W' = \frac{W_1}{2} = 2500$ kg und der Widerstand $W'' = \frac{W_1}{4} = 1250$ kg. Auf einen Ständer wirkt dann das Moment $\frac{W_1 \cdot a + W' \cdot b}{2}$ biegend. Außerdem wird der Ständer durch $\frac{W'}{2}$ auf Zug beansprucht. Der Ständer wird aber auch durch $\frac{W''}{2} \cdot a$ auf Biegung beansprucht, wobei die Längsachse des gefährdeten Querschnittes die Biegungsachse ist. Im vorliegenden Falle ist $\frac{W_1 \cdot a + W' \cdot b}{2} = \frac{5000 \cdot 160 + 2500 \cdot 112}{2} = 540000$ kgcm.

Das Widerstandsmoment, bezogen auf die in $S$ senkrecht stehende Achse beträgt auf der Zugseite 16500 cm³ und die Fläche des Querschnittes 500 cm². Die resultierende Beanspruchung beträgt daher: $\sigma_r = \sigma_b + \sigma_z = \frac{540000}{16500} + \frac{2500}{2 \cdot 500} = 33 + 2{,}5 = 35{,}5$ kg/cm². Das Moment $\frac{W''}{2} \cdot a = \frac{1250}{2} \cdot 160 = 100000$ kgcm, das diesem Moment entsprechende Widerstandsmoment des Querschnittes beträgt 4400, so daß die Beanspruchung hier gleich $\frac{100000}{4400} = 23$ kg/cm². Die Beanspruchungen sind niedrig. Man kann wohl bis 100 kg/cm² gehen, ohne daß unzulässige Durchbiegungen stattfinden. Der Querbalken der Maschine wird durch $W_1$ nach hinten durchgebogen und durch $W'$ nach oben. Sodann wird er durch das Moment $W_1 \cdot c - W' \cdot d$ verdreht. Die Ständer von Einständerhobelmaschinen werden außer auf Biegung und Zug auch noch auf Drehfestigkeit beansprucht. Ist der Querschnitt des Ständers kreisringförmig, so berechnet sich die Drehspannung $\tau_d$ aus $M_d = \frac{\pi}{16} \frac{D^4 - d^4}{D} \cdot \tau_d$, worin $M_d$ das Drehmoment, $D$ den Außendurchmesser und $d$ den Innendurchmesser des Querschnittes bedeuten. Wenn der Querschnitt ein hohles Rechteck ist, kann man die Annäherungsformel benutzen $M_d = \frac{2}{9} \frac{B^3 \cdot H - b^3 \cdot h}{B} \cdot \tau_d$. $B$ und $b$ sind die kurzen Seiten und $H$ und $h$ die langen Seiten des Hohlrechteckes. Die größte Drehspannung tritt in der Mitte der langen Seiten auf. Die gefundene Drehspannung ist mit den Normalspannungen zur ideellen Spannung zusammenzusetzen, die innerhalb der zulässigen Grenzen bleiben muß. Die Nachrechnung auf Drehfestigkeit ist außer für den Kreisquerschnitt schwierig[1]).

Abb. 283 und 284 zeigen die Ausführung von Billeter u. Klunz. Die Verdrehung des Auslegers auf der runden Säule wird durch eine Nase

[1]) W. T. 1925, S. 356.

verhindert. Der Ausleger kann auf der Säule durch Schrauben festgeklemmt werden. Da der Ausleger auch auf Verdrehung beansprucht wird, würde sich eine Kreuz- oder Zickzackverrippung empfehlen.

Abb. 285 stellt die Ausführungsform der Firma Hersenmüller dar. Der Querschnitt weist eine breite Schlittenführung für den Ausleger und eine Hilfsklemmung für den Versteifungsrahmen auf. Der letztere nimmt die auf den Ausleger biegend wirkenden Kräfte auf.

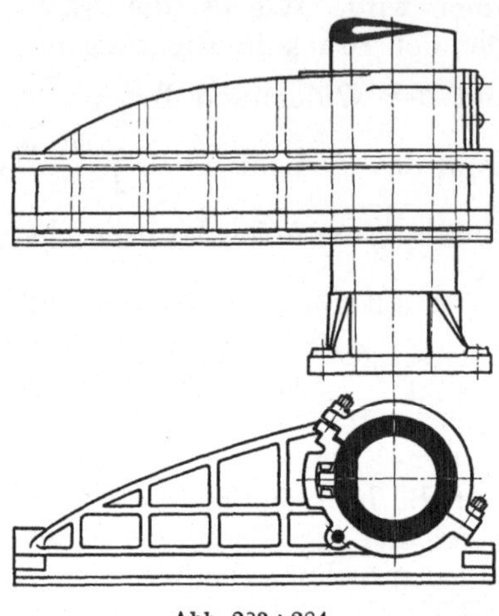

Abb. 283÷284.

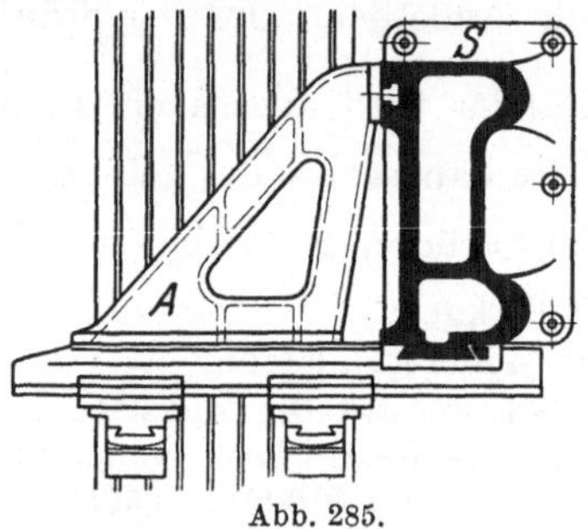


Abb. 285.

Stoßmaschinenständer werden auf zusammengesetzte Festigkeit untersucht. Hat der vom Triebwerk ausgeübte Druck die Größe $P =$ Schnittwiderstand $W_1$, das von dieser Kraft erzeugte Moment die Größe $M$, so ist $\sigma_r = \sigma_b + \sigma_z = \frac{M \cdot e}{J} + \frac{P}{F}$, wobei $J$ das Trägheitsmoment des gefährdeten Querschnittes, $F$ seine Fläche und $e$ den Abstand der Biegungsachse von der äußersten gezogenen Faser bedeutet. Wenn nach Abb. 286 $P = 2500$ kg, $M = 2500$ $(55 + 19{,}8 + 2) = 192000$ kgcm, $\frac{J}{e} = \frac{61\,900}{19{,}8} = 3100$ cm$^3$ und $F = 255$ cm$^2$, dann beträgt $\sigma_r = \frac{192\,000}{3100} + \frac{2500}{255} =$ 72 kg/cm$^2$, ein Wert, der nach dem oben Gesagten auch bei einer spanabhebenden Maschine durchaus zulässig ist.

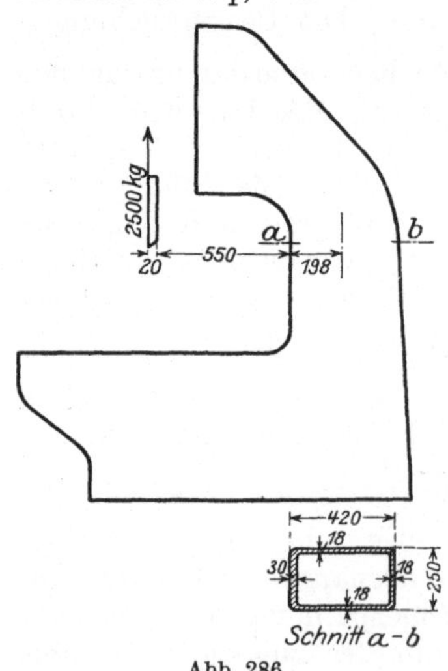


Abb. 286.

Bohrmaschinenständer werden, wenn sie statisch bestimmt sind, in der gleichen Weise berechnet. Hier ist $P$ der Vorschubdruck, dessen Berechnung auf S. 7 behandelt wurde. Bei Berechnung des Trägheitsmomentes kann man sich des zeichnerischen Verfahrens von Mohr bedienen[1]),

[1]) W. T. 1923, S. 445.

wie Abb. 287 bis 289 zeigen. Hierbei wird die Querschnittsfläche $F_1$ in eine Anzahl von Streifen zerlegt und die Inhalte der Streifen in einem Krafteck aufgetragen. Der Polabstand wird zu $\frac{F_1}{2}$ genommen. Durch Aufzeichnung des Seilecks und Verlängerung seiner äußersten Seiten findet man die Schwerlinie $BD$. Das Produkt $F_1 \cdot F_2 \cdot$ Zeichenmaßstab$^4$ ist dann das Trägheitsmoment, bezogen auf diese Schwerlinie. Ist $F_1 = 30{,}9$ cm² bei Maßstab 1 : 5 und $F_2 = 32{,}2$ cm², dann ist $J = (30{,}9 \cdot 5^2) \cdot (32{,}2 \cdot 5^2) = 622500$ cm⁴.

Abb. 287÷289.

Bei Auslegerbohrmaschinen mit Doppelsäule (Abb. 71, S. 51) wird die Doppelsäule als ein Ganzes aufgefaßt und das Trägheits- bzw. Widerstandsmoment dementsprechend bestimmt.

Hat die Maschine eine Form, wie in Abb. 290 dargestellt, die von Burkhardt & Weber ausgeführt wird, so ist der Ständer statisch unbestimmt. Abb. 291 stellt ihn schematisch dar. Das System ist dreifach statisch unbestimmt. Über Behandlung dieses und weiterer Fälle sei auf den Aufsatz von Schlesinger hingewiesen[1]).

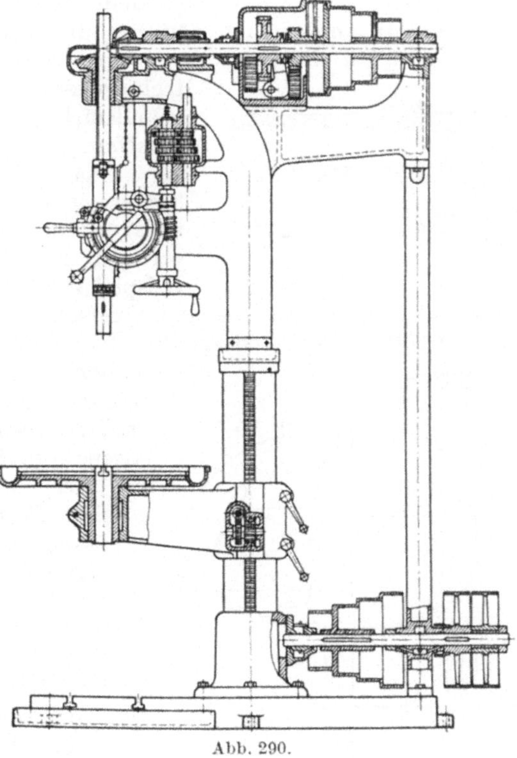

Abb. 290.

[1]) W. T. 1923, S. 441.

Die Ausleger von Radialbohrmaschinen werden auf Biegung und Verdrehung beansprucht. Zwecks guter Materialausnutzung gibt man dem Ausleger häufig die Form des Trägers gleicher Festigkeit (Abb. 292).

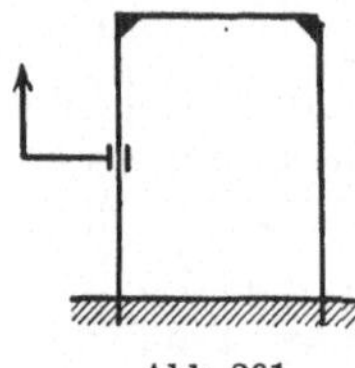
Abb. 291.

Um das Drehmoment möglichst klein zu halten, ordnet man die Bohrspindel möglichst nahe am Ausleger an und legt auch den Schwerpunkt des Bohrschlittens so nahe heran wie nur möglich. Auch bei den Auslegern wird mit bestem Erfolg die Zickzackverrippung angewendet. So zeigt Abb. 292 den Ausleger der Raboma[1]), der gegenüber seiner früheren Ausführung eine drei- bis vierfach größere Steifigkeit hat.

Die Ständer von Scheren und Pressen werden ebenso nachgerechnet wie oben beschrieben. Da die Formänderungen hier nicht von so großer Wichtigkeit sind, kann man mit den zulässigen Beanspruchungen höher gehen, und zwar bis 300 kg/cm², wenn es sich um Gußeisen handelt, und bis 650 kg/cm², wenn der Ständer aus Stahlguß besteht. Damit das Biegungsmoment möglichst klein wird, häuft man das Material an der Zugseite an, um den Schwerpunkt des gefährdeten Querschnittes recht nahe an die Zugseite heranzubringen. Es ist aber aus gießtechnischen Gründen erforderlich, in den Wandstärken allmählich Übergänge zu schaffen und mit der Stärke der Wand an der Zugseite nicht über 100÷120 mm hinauszugehen, da durch ungünstige Materialverteilung schwammiges Eisen sehr geringer Festigkeit erzeugt wird[2]). Ein Beispiel zweckmäßigster Materialverteilung gibt Abb. 293 wieder, die den Querschnitt des Ständers einer Schere für 250000 kg Druck darstellt. Hier nehmen die Wandstärken allmählich von 120÷50 mm ab. In die Ständer von Scheren und Pressen mit großer Ausladung werden manchmal sogenannte Schrumpfanker eingezogen. Bei der Berechnung auf zusammengesetzte Festigkeit kann man dann bei Gußeisen bis 400 kg/cm² gehen und bei Stahlguß bis 850 kg/cm², wobei die Nachrechnung ohne Berücksichtigung der Schrumpfanker vorgenommen wird.

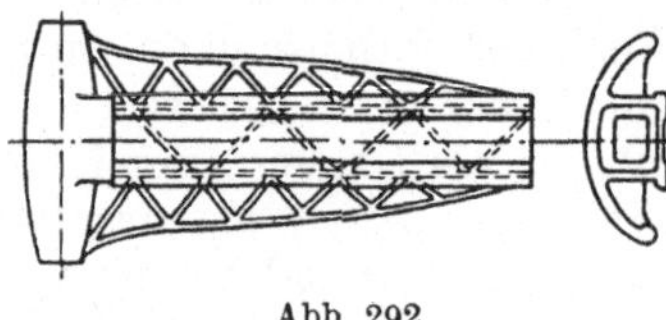
Abb. 292.

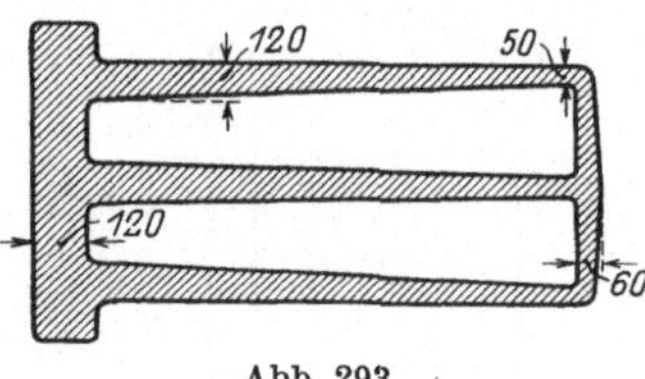

Abb. 293.

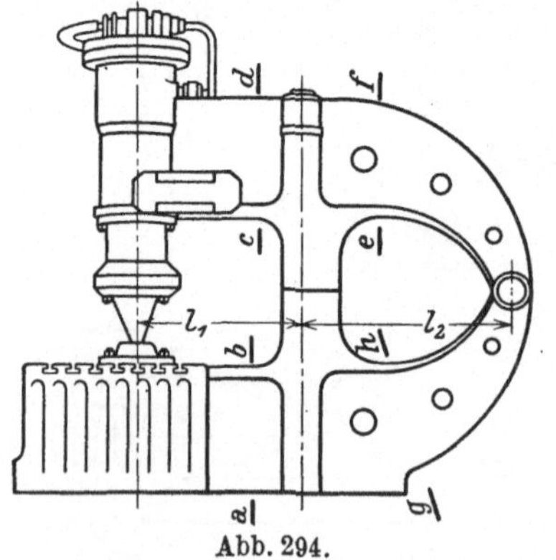

Abb. 294.

Wenn der Ständer aus zwei Teilen besteht, wie bei der schweren Presse von Banning (Abb. 294), so müssen natürlich die Anker den ganzen Zug aufnehmen. Wenn $P$ den Druck der Presse bedeutet, $Pa$ den Zug, den

[1]) Die Werkz.-Masch. 1925, S. 108. [2]) Maschinenbau, 1925, S. 278.

die Anker aufnehmen sollen, und $Pg$ den Druck auf das Gelenk, so ist $Pa = \frac{P \cdot (l_1 + l_2)}{l_2}$. Der Druck auf das Gelenk beträgt $Pg = \frac{P \cdot l_1}{l_2}$. Die Querschnitte $a$—$b$, $c$—$d$, $e$—$f$, $g$—$h$ müssen auf Biegung berechnet werden.

Ist die Form eines Ständers stark hakenförmig gekrümmt, wie z. B. an Kreisscheren, so ist es richtiger, bei der Nachrechnung statt der Formel $\sigma_r = \frac{M e}{J} + \frac{P}{F}$ die Theorie der Träger mit gekrümmter Mittellinie anzuwenden, da die erste Formel zu kleine Werte für die resultierende Spannung ergibt[1]).

Wenn auch, wie bereits oben gesagt, die Formänderungen an den Pressen und Scheren nicht die große Rolle spielen, wie bei den spanabhebenden Maschinen, so ist es doch erwünscht, daß die Gestellfederung nicht größer ist als $2 \div 3$ vT der Ausladung. Es ist hier zu bemerken, daß in bezug auf die Federung Gußeisen günstiger ist als Stahlguß oder S. M.-Stahl, daß aber natürlich die Gefahr eines Bruches bei einem Gußeisenständer weit größer als bei einem aus Stahlguß oder aus Stahlplatten zusammengesetzten Ständer. Ein Apparat zur Feststellung der Durchfederung an ausgeführten Maschinen ist in den Schiess-Nachrichten 1920/21, Heft 4, beschrieben.

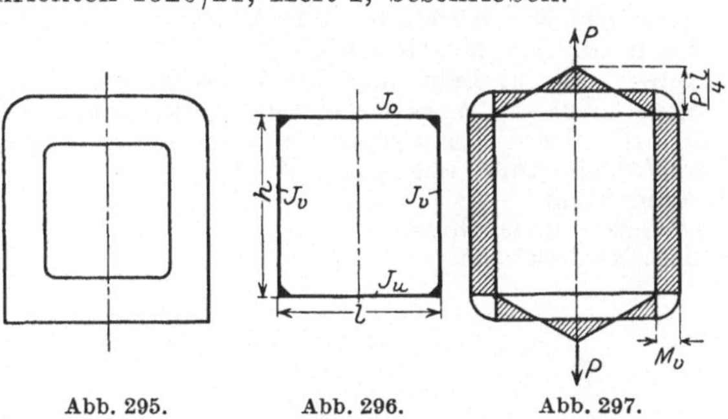

Abb. 295. Abb. 296. Abb. 297.

Torartige Gestelle nach Abb. 295, die aus einem Stück bestehen, sind statisch unbestimmt. Man kann ein solches Gestell als einen Rahmen mit steifen Ecken nach Abb. 296 auffassen. Dieser Linienzug ist die Schwerpunktslinie des Gestells. Es bedeutet $Jo$ das Trägheitsmoment des Querschnittes des oberen Querriegels, $Ju$ das des unteren und $Jv$ die der Säulen. Alle Trägheitsmomente beziehen sich auf die zur Bildebene senkrechten Schwerachsen der betreffenden Querschnitte. Setzt man nun $h' = h \frac{Ju}{Jv}$, $l' = l \cdot \frac{Ju}{Jo}$ und $Fo = P \cdot \frac{l^2}{8}$, so ist das Biegungsmoment der Säulen und der Ecken $M_v = \frac{F_o (l + l')}{l(l + l' + 2h')}$. Die Säulen werden außerdem noch auf Zug beansprucht. Es ist also $\sigma_z = \frac{P}{2F}$, wobei $F$ die Querschnittsfläche einer Säule sein soll. Die resultierende Spannung ist dann: $\sigma_r = \frac{M_v \cdot e}{J} + \frac{P}{2F}$. Die Riegel werden an den Ecken durch das Moment $M_v$ und in der Mitte durch das Moment $\frac{P \cdot l}{4} - M_v$ be-

[1]) Die Werkz.-Masch., 1926, S. 419.

anspruchte. Abb. 297 stellt die Momentenflächen dar[1]). Die Säulen werden nach innen und die Riegel nach außen gebogen.

Torartige Ständer bestehen häufig aus mehreren Teilen, die durch Schrumpfanker in den Säulen zusammengehalten werden, was schon im Hinblick auf den weniger kostspieligen Ersatz im Falle des Bruches eines Teiles zu empfehlen ist. Das Gestell kann dann als statisch bestimmt aufgefaßt werden, d. h. die Säulen werden auf Zug beansprucht und die Riegel mit $\frac{P \cdot l}{4}$ auf Biegung.

[1]) S. auch Z. 1909, S. 289.

## Quellenverzeichnis.

Fischer, Hermann: Die Werkzeugmaschinen.
Hülle, Fr. W.: Die Werkzeugmaschinen.
Toussaint, E.: Abschnitt über Werkzeugmaschinen in Dubbels Taschenbuch für den Maschinenbau.
Hegner, Kurt: Lehrbuch der Vorkalkulation.
Preger, Ernst: Werkzeuge und Werkzeugmaschinen.
Zeitschrift des Vereins deutscher Ingenieure, abgekürzt Z.
Werkstattstechnik, abgekürzt W.-T.
Maschinenbau.
Die Werkzeugmaschine.
Schiess-Nachrichten.

## Druckfehlerverzeichnis.

Seite 17, 15. Zeile v. o. lies Drehdurchmesser statt Durchdurchmesser.

Seite 25, 9. Zeile v. o. lies $J = \frac{1}{\varphi^{\frac{6}{2}}}$ statt $y = \frac{1}{\varphi^{\frac{6}{2}}}$.

Seite 27, 8. Zeile v. u. lies kg/cm statt kgcm.

Seite 30 in der Überschrift lies 100 kg/cm² statt 10 kg/cm².

Seite 57, 17. Zeile v. u. lies Bahnmotorgehäusen statt Bohrmotorgehäusen.

**Die Werkzeugmaschinen,** ihre neuzeitliche Durchbildung für wirtschaftliche Metallbearbeitung. Ein Lehrbuch. Von Prof. **Fr. W. Hülle,** Dortmund. Vierte, verbesserte Auflage. Mit 1020 Abbildungen im Text und auf Textblättern, sowie 15 Tafeln. VIII, 611 Seiten. 1919. Unveränderter Neudruck. 1923. Gebunden RM 24.—

---

**Die Grundzüge der Werkzeugmaschinen und der Metallbearbeitung.** Von Prof. **Fr. W. Hülle,** Dortmund. In zwei Bänden.

Erster Band: **Der Bau der Werkzeugmaschinen.** Fünfte, vermehrte Auflage. Mit 457 Textabbildungen. VIII, 234 Seiten. 1926. RM 5.40; gebunden RM 6.60

Zweiter Band: **Die wirtschaftliche Ausnutzung der Werkzeugmaschinen.** Vierte, vermehrte Auflage. Mit 580 Abbildungen im Text und auf einer Tafel, sowie 46 Zahlentafeln. VIII, 310 Seiten. 1926. RM 9.—; gebunden RM 10.50

---

**Leitfaden der Werkzeugmaschinenkunde.** Von Prof. Dipl.-Ing. **Herm. Meyer,** Magdeburg. Zweite, neubearbeitete Auflage. Mit 330 Textfiguren. VI, 198 Seiten. 1921. RM 4.—

---

(W) **Moderne Werkzeugmaschinen.** Von Ing. **Felix Kagerer.** Zweite, verbesserte Auflage. Mit 155 Textfiguren und 16 Tabellen. 265 Seiten. 1923. (Technische Praxis, Band III.) Pappbd. gebunden RM 3.—

---

**Automaten.** Die konstruktive Durchbildung, die Werkzeuge, die Arbeitsweise und der Betrieb der selbsttätigen Drehbänke. Ein Lehr- und Nachschlagebuch von Ober-Ing. **Ph. Kelle,** Berlin. Zweite, verbesserte Auflage. Mit etwa 800 Figuren im Text und auf Tafeln, sowie 34 Arbeitsplänen. Erscheint im Frühjahr 1927.

---

**Zeitsparende Vorrichtungen im Maschinen- und Apparatebau.** Von **O. M. Müller,** Beratender Ingenieur, Berlin. Mit 987 Abbildungen im Text. VIII, 357 Seiten. 1926. Gebunden RM 27.90

---

**Vorrichtungen im Maschinenbau** nebst Anwendungsbeispielen. Von Ober-Ing. **Otto Lich,** Berlin. Mit 647 Figuren im Text. Zweite, vollständig umgearbeitete Auflage mit in der Praxis erprobten Vorrichtungen. Erscheint im Juni 1927.

---

**Die Bearbeitung von Maschinenteilen** nebst Tafel zur graphischen Bestimmung der Arbeitszeit. Von **E. Hoeltje,** Hagen i. W. Zweite, erweiterte Auflage. Mit 349 Textfiguren und einer Tafel. IV, 98 Seiten. 1920. RM 3.—

---

**Die Werkzeuge und Arbeitsverfahren der Pressen.** Mit Benutzung des Buches „Punches, dies and tools for manufacturing in presses“ von **Joseph V. Woodworth** von Prof. Dr. techn. **Max Kurrein,** Charlottenburg. Zweite, völlig neubearbeitete Auflage. Mit 1025 Abbildungen im Text und auf einer Tafel, sowie 49 Tabellen. X, 810 Seiten. 1926. Gebunden RM 48.—

---

**Das mit (W) bezeichnete Werk ist im Verlag von Julius Springer in Wien erschienen.**

**Die Satzrädersysteme der Evolventenverzahnung.** Grundlagen und Anleitung zu ihrer Berechnung von Dr.-Ing. **Paul Krüger.** Mit 30 Abbildungen. VI, 88 Seiten. 1926. RM 8.40

---

**Mehrfach gelagerte, abgesetzte und gekröpfte Kurbelwellen.** Anleitung für die statische Berechnung mit durchgeführten Beispielen aus der Praxis. Von Prof. Dr.-Ing. **A. Gessner,** Prag. Mit 52 Textabbildungen. IV, 96 Seiten. 1926. RM 8.10

---

**Neue Riementheorie** nebst Anleitung zum Berechnen von Riemen. Von Prof. **G. Schulze-Pillot,** Danzig. Mit 79 Abbildungen im Text und auf einer Tafel. IV, 94 Seiten. 1926. RM 9.—

---

**Die Ermittlung der Kegelrad-Abmessungen.** Berechnung und Darstellung der Drehkörper von Präzisions-Kegelrädern und kurzer Abriß der Herstellung. Tabellen aller Abmessungen für die gebräuchlichsten Übersetzungsverhältnisse. Von Ober-Ing. **Karl Golliasch.** Mit 96 Abbildungen im Text. 61 Seiten. 1923. Gebunden RM 15.75

---

**Maschinenelemente.** Leitfaden zur Berechnung und Konstruktion für Technische Mittelschulen, Gewerbe- und Werkmeisterschulen sowie zum Gebrauch in der Praxis. Von **Hugo Krause,** Ingenieur. Vierte, vermehrte Auflage. Mit 392 Textfiguren. XII, 324 Seiten. 1922. Gebunden RM 8.—

---

**Keil, Schraube, Niet.** Einführung in die Maschinenelemente von Dipl.-Ing. **W. Leuckert,** Berlin, und Dipl.-Ing. **H. W. Hiller,** Magistrats-Baurat in Berlin. Dritte, verbesserte und vermehrte Auflage. Mit 108 Textabbildungen und 29 Tabellen. V, 113 Seiten. 1925. RM 4.50

---

**Aufgaben aus der Maschinenkunde und Elektrotechnik.** Eine Sammlung für Nichtspezialisten nebst ausführlichen Lösungen. Von Ing. Prof. **Fritz Süchting,** Clausthal. Mit 88 Textabbildungen. XVI, 235 Seiten. 1924. RM 6.60; gebunden RM 7.50

---

**Freytags Hilfsbuch für den Maschinenbau** für Maschineningenieure sowie für den Unterricht an technischen Lehranstalten. Unter Mitarbeit zahlreicher Fachleute herausgegeben von Prof. **P. Gerlach.** Siebente, vollständig neubearbeitete Auflage. Mit 2484 in den Text gedruckten Abbildungen, 1 farbigen Tafel und 3 Konstruktionstafeln. XII, 1490 Seiten. 1924. Gebunden RM 17.40

---

**Taschenbuch für den Maschinenbau.** Unter Mitarbeit von Fachleuten, herausgegeben von Prof. **H. Dubbel,** Ingenieur, Berlin. Vierte, erweiterte und verbesserte Auflage. Mit 2786 Textfiguren. In zwei Bänden. XI, 1728 Seiten. 1924. Gebunden RM 18.—